Michael Angrick, Klaus Kümmerer, Lothar Meinzer (Hg.)

Nachhaltige Chemie

Ökologie und Wirtschaftsforschung

Band 66

Nachhaltige Chemie

Erfahrungen und Perspektiven

Herausgegeben von

Michael Angrick, Klaus Kümmerer, Lothar Meinzer

Metropolis-Verlag
Marburg 2006

Bibliografische Information der Deutschen Nationalbibliothek

Die Deutsche Nationalbibliothek verzeichnet diese Publikation in der Deutschen Nationalbibliografie; detaillierte bibliografische Daten sind im Internet über http://dnb.d-nb.de abrufbar.

Metropolis-Verlag für Ökonomie, Gesellschaft und Politik GmbH
Bahnhofstr. 16a, D-35037 Marburg
http://www.metropolis.verlag.de

ISBN 3-89518-565-5

Inhalt

Vorwort

Von der Sprachlosigkeit zum Dialog

Als in den 60er Jahren des vergangenen Jahrhunderts eine industriekritische Diskussion in der Bundesrepublik Deutschland einsetzte, stand bald auch die Rolle der chemischen Industrie zu Debatte. Erhebliche Störfälle führten in den Folgejahren zu scharfen Kontroversen und den Forderungen nach einem Ende bestimmter Zweige der chemischen Industrie, insbesondere der Chlorchemie und ihrer Produkte. Stand am Anfang auf Seiten der chemischen Industrie Unverständnis und Ärger über die breit einsetzende Kritik, zeichneten sich doch bereits in den 70er Jahren erste Kontakte zwischen Kritikern und Kritisierten ab. Die „Chemiediskussion" begann und die evangelischen Akademien nahmen dabei eine wichtige Rolle ein. Die kontroversen Diskussionen hatten ein öffentliches Forum gefunden. Die Diskussion gipfelte in der „Tutzinger Erklärung zur umweltorientierten Unternehmenspolitik" von 1990. Ebenfalls in Tutzing boten Vertreter der chemischen Industrie den Kritikern einen offenen Dialog an, unter der Voraussetzung, dass sich beide Seiten um eine mehr wissenschaftliche Gesprächskultur bemühen würden (Weise et al. 1999).

Die Enquete-Kommission „Schutz des Menschen und der Umwelt" hat sich in der 12. Legislaturperiode des Deutschen Bundestages das Leitbild einer nachhaltigen zukunftsverträglichen Entwicklung zu eigen gemacht und grundlegende Regeln für den Umgang mit Stoffen formuliert. Zur Umsetzung dieser Regeln wurden Handlungsansätze beschrieben, die von einer Neuorientierung der Forschung und technischen Entwicklung über den integrierten Umweltschutz, ökologisches Design von Stoffen und Produkten, die Weiterentwicklung der Kreislaufwirtschaft und einen ökologischen Strukturwandel bis zum Umwelt- und Stoffstrommanagement sowie einem Wandel der Wertvorstellungen und Lebensstile reichten (Weise et al. 1999).

Die „Chemiediskussion" hatte sich längst zum „Chemiedialog" weiterentwickelt. Die Diskussion um „Nachhaltige Chemie", die in den USA als „Green Chemistry" oder als „Sustainable Chemistry" bezeichnet wird, hat national und international dazu beigetragen, gemeinsam das Ziel zu verfolgen, Umwelt- und Gesundheitsbelastungen zukünftig weitgehend zu vermeiden und die Entwicklung und Herstellung sowie den Gebrauch umwelt- und gesundheitsverträglicher Chemikalien und Produkte voranzutreiben. Eine wichtige Rolle dabei spielte die internationale Tagung „Sustainable Chemistry – Integrated Management of Chemicals, Products and Processes“ im Jahre 2004, die vom Umweltbundesamt in Zusammenarbeit mit der Organisation für wirtschaftliche Zusammenarbeit und Entwicklung (OECD) und der Bundesanstalt für Arbeitsschutz und Arbeitsmedizin (BAuA) veranstaltet wurde.

Die Fortsetzung dieses Dialogs fand nunmehr – wiederum in der Evangelischen Akademie Tutzing – statt. Gemeinsam von der BASF, der Universität Freiburg, Sektion Angewandte Umweltforschung und dem Umweltbundesamt veranstaltet, trafen sich die Dialogpartner um über die weiteren Schritte bei der Umsetzung der Nachhaltigen Chemie zu beraten und sich auch der Frage zu stellen, wie neue Techniken (beispielsweise die Weiße Biotechnik oder die Nanotechnik) von Anfang an eine Akzeptanz in der breiten Bevölkerung finden können.

Die BASF, die Universität Freiburg und das Umweltbundesamt haben gemeinsam die Aufgabe übernommen, die Beiträge der Tagung in dem vorliegenden Band zusammenzuführen, um den Stand des Dialogprozesses zu dokumentieren und zu zeigen, dass der gesellschaftliche Diskurs in der Bundesrepublik Deutschland möglich ist und „gelebt“ wird.

Im Namen der Herausgeber möchte ich mich an dieser Stelle bei allen Autorinnen und Autoren für die Abfassung und Überarbeitung ihrer Beiträge und für viele anregende Diskussionen bei der Entstehung dieses Sammelbandes bedanken. Insbesondere danke ich an dieser Stelle Frau Susanne Dressler, Frau Rahel Jurisch und Frau Anika Malitz, die bei der Erstellung der Manuskripte, der Kommunikation mit den Mitherausgebern, Autorinnen und Autoren sowie der Gestaltung des gesamten Bandes eine Stütze gewesen sind.

Den Leserinnen und Lesern dieses Sammelbandes wird ein hohes Maß an Erkenntnisgewinn bei der Lektüre der Beiträge und viele weitgehende Anregungen gewünscht.

Dessau im Oktober 2006

Michael Angrick

Literatur

Weise, Eberhard; Friege, Henning; Henseling, Karl Otto und Meerkamp van Embden, Jan C.: Von der Chemiediskussion zum Chemiedialog. In: Gesellschaft Deutscher Chemiker e.V. (Hg.) (1999): Chemie erlebt – 50 Jahre GDCh. Gesellschaft Deutscher Chemiker e.V., Frankfurt a.M., S. 244-263

Geleitwort

Eine nachhaltige Chemiepolitik gestalten

Es war ein weiter Weg von den ersten kritischen Betrachtungen des Verhältnisses Chemie (genauer gesagt chemischer Industrie) und Umwelt zu gemeinsam getragenen Fachveranstaltungen, wie derjenigen, die im Januar 2006 in der Evangelischen Akademie in Tutzing stattfand.

Unter der Überschrift „Nachhaltige Chemie – Erfahrungen und Perspektiven" stand besonders die Frage der nachhaltigen Entwicklung im Mittelpunkt und welche Beiträge die Chemie hierzu leisten könne. Die Teilnehmerinnen und Teilnehmer der Tagung kamen aus Wirtschaft und Wissenschaft, aus Verbänden und Behörden. Die Vorträge liegen nun in diesem Band vor, sie sind – soweit erforderlich – aktualisiert und zeigen auch für diejenigen, die an der Tagung nicht teilgenommen haben, die Bandbreite und Fülle der behandelten Themen.

Die Beispiele aus der Praxis vom Einsatz nachwachsender Rohstoffe in Wasch- und Reinigungsmitteln bis hin zum „Chemikalien-Leasing" sind von besonderer Bedeutung, weil sie Aufschluss über Hemmnisse geben, die einer weiteren Verbreitung im Wege stehen und Ansatzpunkte zur Überwindung dieser darstellen.

Ebenso wichtig wie die Perspektiven auf der internationalen Diskussion sind auch die Versuche, gemeinsam Kriterien für eine nachhaltige Chemie zu formulieren.

Tagungen, wie diejenige in Tutzing, sind wichtig, um eine nachhaltige Chemiepolitik zu gestalten. Aus Sicht des Umweltschutzes ist das Ziel einer nachhaltigen Chemie, die Umweltbelastung durch chemische Produktion und Produkte zu verringern. Dies betrifft nicht nur die Gefahrenmerkmale der Chemikalien in chemischen Produkten, sondern auch den Ressourcenverbrauch und die Einträge von Rest- und Schadstoffen in die Umwelt. Bisher haben Rechtsvorschriften, auch ökonomische Anreize sowie freiwillige Maßnamen der chemischen Industrie dabei geholfen, die Situation zu verbessern. Um die nachhaltige Chemie voranzubringen, ist es erforderlich, langfristige ökologische Zielsetzungen – dazu zählen auch langfristige Effekte der Umweltinanspruchnahme und Gesundheitsbeeinträchtigungen bei Mensch und Tier – nicht durch kurzfristige ökonomische Betrachtungen zu konterkarieren.

Die Entwicklung hin zu einer nachhaltigen Chemiepolitik darf sich nicht nur auf einige Chemiezweige beschränken, wie in der Vergangenheit beispielsweise auf die Chlorchemie und deren Produkte. Vielmehr ist die chemische Produktion insgesamt zu betrachten. Zwar hat die Chlorchemie den Eintrag zahlreicher gefährlicher Stoffe in die Umwelt zu verantworten, eine einseitige Konzentrierung auf diesen Produktionszweig ist jedoch nicht sinnvoll. Nutz- und Schadeffekte chemischer Produktion und chemischer Produkte insgesamt, die sich nicht auf einzelne Sektoren beschränken, würden ansonsten vernachlässigt.

Für die Gestaltung einer nachhaltigen Chemie ist es wichtig, die Chemikalien- und Produktpolitik sowie die Verfahrensentwicklung eng miteinander zu verzahnen. In allen Bereichen ist zu analysieren, auf welche Weise über die gesetzlichen Anforderungen hinaus Risiken gemindert, Ressourcen geschont und Einträge in die Umwelt reduziert werden können. Beispiele hierfür sind die Richtlinie zur Vermeidung und Verringerung von Umweltbelastungen und das künftige Chemikalienrecht. Nur im Zusammenwirken aller maßgeblichen Akteure lassen sich Fortschritte erzielen. Das vorliegende Buch ist ein Beispiel für dieses Zusammenwirken und leistet damit einen Beitrag zur Gestaltung einer nachhaltigen Chemiepolitik.

Prof. Dr. Andreas Troge
Präsident des Umweltbundesamtes

Geleitwort

Kann Chemie nachhaltig sein?

„Schneller, höher, weiter" – das Motto der antiken Olympioniken scheint heute auch die Handlungsmaxime der Industrie im Zeitalter der Globalisierung zu sein. Ist in diesem Konzept noch Platz für bleibende Werte und Nachhaltigkeit? Klingt das Wort „Nachhaltigkeit" nicht speziell in Kombination mit Chemie nach einem immanenten Widerspruch? Aus Sicht der Politik und Wirtschaft bin ich der Meinung, dass Nachhaltigkeit und Chemie miteinander vereinbar sind. Als ehemaliger Vorsitzender der Enquete-Kommission „Schutz des Menschen und der Umwelt" sowie heute als Leiter des Kompetenzzentrums Umwelt, Sicherheit und Energie der BASF AG habe ich beide Sichtweisen kennengelernt und bin davon überzeugt, dass die Chemie bereits viel zur Nachhaltigkeit beigetragen hat und diesen Weg auch weiter verfolgt. Seit der industriellen Revolution hat die chemische Industrie eine Schlüsselrolle sowohl in der wirtschaftlichen als auch in der sozialen Entwicklung gespielt und ist heute für unseren hohen Lebensstandard und die wachsende Lebensqualität einer immer größer werdenden Zahl an Menschen im wesentlichen verantwortlich.

Fest steht jedoch: Viele Menschen begegnen bereits dem Wort „Chemie" mit Skepsis, sei es als Nachbarn chemischer Produktionsanlagen oder als Verbraucher. So ist der öffentliche Meinungsbildungsprozess zu Chemie-Themen von Anfang an stark emotionalisiert. Wie kaum eine andere Branche steht die chemische Industrie im Mittelpunkt der Diskussion über Chancen und Risiken des industriellen Fortschritts. Ein Gefühl von Unsicherheit wird ausgerechnet einem Industriezweig entgegengebracht, der in seiner langjährigen Geschichte den sicheren und verantwortlichen Umgang auch mit sehr gefährlichen Stoffen erlernt hat und statistisch gesehen weitaus weniger Arbeitsunfälle als andere Branchen in Deutschland verzeichnet. Um dieses auch weiterhin leisten zu können, braucht die chemische Industrie jedoch die entsprechenden Rahmenbedingungen. Denn Nachhaltigkeit hat drei Säulen; die Ökologie ist nur eine davon. Nachhaltigkeit bedeutet die Sicherung von Wohlstand und Arbeitsplätzen für die Menschen in Europa und hier in Deutschland. Uns allen ist es bewusst, dass soziale Kohäsion und Umweltschutz nur in einer wachsenden Wirtschaft ermöglicht werden können.

Die erste Anforderung an solche Rahmenbedingungen lautet deshalb: Innovationen fördern! Nur durch stetige Innovation kann unsere Gesellschaft zur Lösung von Problemen finden, das hohe Wohlstandsniveau aufrechterhalten sowie sich den Herausforderungen des Umweltschutzes stellen. Die Chemie leistet hier mit ihren innovativen Produkten einen zusätzlichen Beitrag zur Nachhaltigkeit, sei es bei der Wärmedämmung am Bau, dem Einsatz von Kunststoffen im Automobilbereich oder bei der Fermentation von Biomasse. Dabei sind Perspektiven für nachhaltige Chemie in der ganzen Wertschöpfungskette erkennbar – angefangen von der Rohstoffbasis bis hin zu komplexen Modellen wie Chemical Leasing. Innovationsförderung bedeutet auch, dass wir einen vorurteilsfreien Umgang mit neuen Technologien benötigen. Natürlich soll die Risikobewertung von neuen Produkten und Materialien weiterhin sehr ernst genommen werden. Jedoch können Chancen und Risiken nicht allgemein, sondern müssen anhand von klar definierbaren Anwendungen und Produkten diskutiert werden. Eine Gesellschaft mit Null-Risiko wird es nicht geben.

Ein breiter gesellschaftlicher Dialog ist die nächste Anforderung, denn die Akzeptanz der neuen Technologien muss dauerhaft gesichert sein. Wir müssen in Deutschland eine Kultur entwickeln, in der wir lernen, innovative Verfahren und Produkte zunächst einmal als Chance zu begreifen und nicht als potenzielles Risiko abzukanzeln. Dabei sind wir auf die Unterstützung der Politik angewiesen. Wir brauchen eine konstruktive Wirtschaftspolitik, die sich für eine nachhaltige Entwicklung auf allen Ebenen einbringt. So hat sich die Europäische Kommission mit der neuen Chemikalienverordnung das Ziel gesetzt, den Schutz von Mensch und Umwelt zu erhöhen und gleichzeitig die Wettbewerbsfähigkeit der europäischen Industrie zu verbessern. Das Ziel ist unbestritten; die Suche nach praktikablen Lösungen bei der Umsetzung bleibt weiterhin von immenser Bedeutung.

Nur wenn alle gesellschaftlichen Akteure zusammenwirken, entstehen die geeigneten Rahmenbedingungen für die Anforderungen der Zukunft. Dieses Buch zeigt, wie Wissenschaft, Politik und Industrie gemeinsam an der Verwirklichung des Leitbildes der nachhaltigen Chemie arbeiten können.

Ernst Schwanhold
Leiter des Kompetenzzentrums Umwelt, Sicherheit und Energie,
BASF AG

Geleitwort

Den Übergang zu einer nachhaltigen Chemie aktiv einleiten

Nichtnachhaltige Entwicklung bedeutet, dass diese Entwicklung nicht dauerhaft möglich ist. Es fällt immer noch schwer, diese Erkenntnis ernst zu nehmen. Zu stark ist die Attraktion des bisher dominanten Entwicklungspfades noch immer, zu sehr ist die Vorstellung vorherrschend, dass ein Weiter-so (business-as-usual) ohne weiteres auf unbestimmte Zeit möglich wäre. Geht man jedoch von dieser einfachen und zugleich grundlegenden Einsicht aus, stellt sich nicht mehr das Ob einer nachhaltigen Entwicklung, sondern es stellen sich andere Fragen: Wie lange könnte der derzeit vorherrschende Pfad der nichtnachhaltigen Entwicklung noch weiter gehen? Welche Folgen wird ein Versuch haben, diesen Pfad zu verlängern? Was müsste man aktiv dafür tun, um das fossile, auf in menschlichen Zeitskalen nicht erneuerbaren Rohstoffen beruhende Wirtschaften auch nur um eine kleine Weile zu verlängern?

Die Chemie ist wie alle anderen Bereiche von diesen Fragen gleichermaßen betroffen. Einerseits basiert sie ressourcenseitig bezogen auf den stofflichen Input in starkem Maße auf Erdöl bzw. energetisch auf unterschiedlichen fossilen Kohlenwasserstoffen. Andererseits sind die Folgen der darauf aufbauenden synthetischen Chemie in besonderem Maße für eine nachhaltige Entwicklung relevant, wenn man die Handlungsgrundsätze nachhaltiger Entwicklung ernst nimmt. Der entsprechende Grundsatz wurde in der UBA-Studie „Nachhaltiges Deutschland" (2. Auflage 1998) folgendermaßen formuliert: „Gefahren und unvertretbare Risiken für den Menschen und die Umwelt durch anthropogene Einwirkungen sind zu vermeiden."

Nachhaltige Chemie hat damit neben den allgemeinen, für alle Branchen und Bereiche geltenden Herausforderungen wie dem Übergang zu erneuerbaren Ressourcen auch chemiespezifische Besonderheiten. Dabei kann auf eine lange Erfahrung etwa der in geschlossenen Systemen ablaufenden Synthese im Unterschied zur bestimmungsgemäßen Freisetzung von Produkten aufgebaut werden. Hinzu kommen im letzten Jahrzehnt neuere Ansätze, wie sie im Bereich der „grünen Chemie" (*green chemistry*) etwa bezogen auf veränderte Synthesegrundsätze und damit einer inhärent besseren Ausbeute und besseren Abbaubarkeit in unterschiedlichsten Anwendungsfeldern demonstriert werden konnten.

Dieses Beispiel macht zugleich klar, dass wir erst am Anfang des anstehenden, aktiv zu betreibenden Übergangs von einer überwiegend nichtnachhaltigen Chemie zu einer im Kern nachhaltigen Chemie stehen. Diese Beispiele belegen die praktische Umsetzbarkeit der grundlegenden Kriterien nachhaltiger Chemie für Einzelfälle. Sie sind in Zukunft jedoch in der ganzen Bandbreite der Chemie anzuwenden; oder anders formuliert: von einzelnen gelungenen, wirtschaftlich bereits konkurrenzfähigen Beispielen zur Normalität zu machen.

Für diesen Übergang zu einer nachhaltigen Chemie kann man neben den aktuellen Ergebnissen der *green chemistry* zugleich auch auf die langjährigen Erfahrungen etwa in der Naturstoffchemie zurückgreifen. Dabei bedeutet eine Nutzung erneuerbarer Rohstoffe, etwa im Bereich Feinchemikalien und Waschmittel nicht definitorisch eine Verträglichkeit mit den Kriterien nachhaltiger Chemie, nach dem Motto „erneuerbar = nachhaltig". Vielmehr sind auch da die grundlegenden Funktionen der entsprechenden Ökosysteme und damit etwa natürliche Reproduktionsraten, biologische Vielfalt etc. zu beachten.

Der Übergang zu einer nachhaltigen Chemie ist aus anderen Gründen nicht einfach ein Selbstläufer, der im Gefolge steigender Ölpreise als eine der wichtigen stofflichen und energetischen Grundlagen „von selbst" kommt. Vielmehr sind Auseinandersetzungen über die anstehenden Entwicklungspfade *innerhalb* einer Ausrichtung auf Prinzipien der nachhaltigen Entwicklung erforderlich. Ein Beispiel: Ein besonders vielversprechender Teil nachhaltiger Chemie geht in die Richtung, die aktuell mit „weißer Biotechnik" umschrieben wird. Dabei ist zwischen der Entwicklung zunehmend effizienterer und ein breiteres Anwendungsspektrum ermöglichender Bioreaktoren als geschlossene Systeme und der Nutzung von Biomasse unter Nutzung von Gentechniken im Freiland zu unterscheiden.

Nachhaltige Chemie geht weit über die Umstellung auf erneuerbare Rohstoffe und bezüglich der Emissionen für Mensch und Natur verträgliche Produkte hinaus. Es stellt sich nämlich gleichermaßen die in der früheren Chemiepolitik noch weniger beachtete Frage: Welchen Beitrag kann die Chemie ihrerseits zu einer generellen nachhaltigen Entwicklung leisten? Das beinhaltet beispielsweise den Nachhaltigkeitskriterien entsprechende Innovationen, die für nachhaltige Lebensstile geeignet sind: etwa eine für unterschiedliche Wetterlagen gute Kleidung, die Fahrradfahren und zu Fuß gehen komfortabler macht und dadurch nachhaltige Mobilität fördert. Ebenso gehört dazu, durch Innovationen in unterschiedlichsten Produktbereichen und Branchen deren Nachhaltigkeit zu verbessern. Kraftstoffadditive zur Verbesserung der Energieeffizienz und Reduktion der schädlichen Emissionen von Kraftfahrzeugtreibstoffen sind dafür nur ein kleines, anschauliches Beispiel.

Die anstehende Aufgabe ist „Das Management von Stoffströmen" (so der Titel eines von Henning Friege, Claudia Engelhardt und Karl Otto Henseling 1998 herausgegebenen Buchs) in den gesamten Wertschöpfungsketten entsprechend den Prinzipien nachhaltiger Entwicklung. Dafür ist gemäß dem Stakeholder-Prinzip, das die auf der UN-Konferenz „Umwelt und Entwicklung" in Rio verabschiedete Agenda-21 prägt, das Zusammenspiel aller Akteure wichtig. In diesem Verständnis wurde die Tutzinger Tagung zur nachhaltigen Chemie gemeinsam vom Umweltbundesamt, der BASF und der Evangelischen Akademie Tutzing ausgerichtet. Im vorliegenden Band werden die Tagungsbeiträge einer breiteren Öffentlichkeit vorgestellt, um die Diskussion anzuregen.

Die chemische Wertigkeit von fossilen Kohlenwasserstoffen wie dem Erdöl ist höher als der reine Verbrennungswert etwa für Kraftfahrzeuge und Flugzeuge. Deshalb wird das aktive Angehen des Übergangs zu einer nachhaltigen Chemie, verglichen etwa mit dem Verkehrsbereich, in der Chemie bisher noch als weniger dringlich angesehen. Wenn man sich jedoch vergegenwärtigt, wie weit weg noch Ende der 1990er Jahre die Thematik auch für den Verkehrsbereich erschien und heutige Sorgen um Energieversorgungssicherheit, Erreichen des Ölfördermaximums und die rasch zunehmenden Wetterextreme als erste Vorboten des Klimawandels damit kontrastiert, wird deutlich: um nicht einfach auf äußeren Druck zu reagieren, ist der Übergang von einer überwiegend nichtnachhaltigen Chemie zu einer nachhaltigen Chemie heute zu beginnen.

Martin Held
Studienleiter Wirtschaft und nachhaltige Entwicklung,
Evangelische Akademie Tutzing

The politics and practice of sustainable chemistry in the United Kingdom

The Royal Society of Chemistry

Jeff Hardy

The Royal Society of Chemistry has been in existence since the formation of the Chemical Society of London in 1841. During this time the Chemical Society had a number of distinguished presidents, perhaps none more so than in 1861 when distinguished German chemist August Wilhelm von Hofmann was elected President.[1]

Alongside the rapid growth of the UK chemical industry in the 19th century two further bodies were formed to represent the chemical sciences, The Society for Analytical Chemistry, with a remit to improve the science of analytical chemistry and the Royal Institute of Chemistry, with a remit to work towards the advancement of the profession of chemistry.

The separate bodies (including the Faraday Society formed in 1903) continued their work well into the 20th century and only merged as recently as 1980 into what is now the Royal Society of Chemistry (RSC) and a new Royal charter was granted. In accordance with its first Royal Charter, granted in 1848, the RSC continues to pursue the aims of the advancement of chemistry as a science, the dissemination of chemical knowledge, and the development of chemical applications. However, over the years its responsibilities have broadened and its activities have become more extensive.

Today the RSC's work spans a wide range of activities connected with the science and profession of chemistry. It is actively involved in the

1 http://www.rsc.org/AboutUs/History/ABriefHistory.asp

spheres of education, qualifications and professional conduct. It runs conferences and meetings at both national and local level. It is a major publisher, and is internationally regarded as a provider of chemical databases. In all its work, the RSC is objective and impartial, and it fulfils a role independent of government, trade associations and trade unions. It is recognised throughout the world as an authoritative voice of chemistry and chemists.

1 Environment, Sustainability and Energy at the RSC

The RSC science and technology team[2] aims to secure the best environment for the chemical sciences to flourish the RSC develops and supports science and technology policy and activities in chemical biology; environment, sustainability and energy; industry and technology; materials chemistry and analytical sciences as well as the in the core chemical sciences of inorganic, organic and physical chemistry.

RSC Science and Technology activities are grouped into four key areas:

- Science and Technology Policy
- Networking
- RSC Conferences and Meetings
- Awards

Many RSC members share common goals of establishing and promoting research, education and training and are recognised by the RSC as the primary source of expertise and policy advice on a huge range of issues.

In addition, strong links with Parliament help the RSC to influence and guide policy in partnership with the chemical sciences community.

Within Science and Technology, the Environment, Sustainability and Energy Forum (ESEF)[3] was formed in 2003 in order to support, manage and co-ordinate more effectively on behalf of the members, and in line with the RSC Charter, the various important activities that take place re-

[2] http://www.rsc.org/ScienceAndTechnology

[3] www.rsc.org/ESEF

lated to health & safety, environmental chemistry, toxicology, hazard management, green chemical technology, energy and sustainability.

The role of ESEF is to set, drive and deliver the strategy for environmental, sustainability and energy issues within the RSC and in doing so increase coherency and enhance current activities within RSC committees, special interest groups and other bodies in environmentally related affairs.

To address the broad remit, ESEF activities have been divided into four project areas:

- *Chemistry of the Natural Environment* – including activities such as an international conference on Environmental Forensics (University of Durham, September 2006)[4] and a Parliamentary event on the science behind the Gleneagles G8 summit in 2005.[5]
- *Sustainable Energy* – including activities such as the publication of a report 'Chemical science priorities for sustainable energy technologies'[6] in 2005 and an international conference on sustainable energy with a focus on the chemical sciences (University of Nottingham, September 2007).[7]
- *Sustainable Water* – including the publication of a report 'Chemical science priorities for sustainable water' in March 2007 and a European conference on the role of the chemical sciences in the Sustainable water directive (Lille, April 2007).
- *Green Chemical Technology*

2 Green Chemical Technology at the RSC

American chemists Prof. Paul Anastas and Prof. John Warner first coined the term green chemistry in the 1990's. The RSC has been involved in green chemical technology since 1998 when it funded the start-up of the UK Green Chemistry Network (GCN) whose hub is at the University of York (to be described in the following section).

[4] http://www.rsc.org/ConferencesAndEvents/RSCConferences/EnvForen/index.asp
[5] http://www.rsc.org/ScienceAndTechnology/Parliament/Events/linksday2005.asp
[6] http://www.rsc.org/ScienceAndTechnology/Policy/index.asp
[7] http://www.rsc.org/ConferencesAndEvents/index.asp

The RSC launched the Journal of Green Chemistry[8] in 1999, the first of its kind anywhere in the world. Green Chemistry is at the frontiers of this science and welcomes all research that attempts to reduce the environmental impact of the chemical enterprise by developing a technology base that is inherently non-toxic to living things and the environment. The journal welcomes submissions on all aspects of research & policy relating to green chemistry. The journal has grown in popularity and impact over years and currently enjoys an impact factor of 3.5.

The RSC has also published a number of books with subjects relating to green chemical technology including technical publications and books aimed at educating students.[9]

The RSC has also run a portfolio of conferences that related to green chemical technologies over recent years, including:

- Towards Sustainability (Manchester, 2000)
- Green Chemistry: Sustainable Products and Processes (Swansea, 2001)
- 1st International Conference on Green and Sustainable Chemistry (Tokyo, 2003)
- Ionic Liquids (London, 2004)
- 2nd International Conference on Green and Sustainable Chemistry (Washington, 2005)
- Catalysis and Biocatalysis in Green Chemistry (Cambridge, 2005)
- Environmental Forensics (Durham, 2006)
- 3rd International Conference on Green and Sustainable Chemistry (Delft, 2007)
- Sustainable Energy (Nottingham, 2007)

Green Chemistry: Sustainable Products and Processes in 2001 was the first ever-international conference on green chemical technology.

As well as managing a portfolio of green chemical technology products the RSC is supports and participates in a wide range of national and

[8] http://www.rsc.org/publishing/journals/GC/Index.asp

[9] http://www.rsc.org/Publishing/Books/index.asp

international activities in this field. What follows is a summary of the key activities.

3 The Green Chemistry Network[10]

The Green Chemistry Network was launched by the Royal Society of Chemistry and is based within the Department of Chemistry at the University of York. The GCN director is Professor James Clark and the administrator is Dr Helen Coombs.

The main aim of the GCN is to promote awareness and facilitate education, training and practice of Green Chemistry in industry, commerce, academia and schools. To achieve this the GCN:

- Provides links to other organisations and government departments.
- Organises conferences/workshops and training courses.
- Provides educational material for universities & schools.
- Writes newsletters and books with close links to the Green Chemistry journal
- Provides prizes and awards for companies & university researchers.
- Runs specific-themed projects targeting key areas and groups.

The GCN now has over 1000 members, over 50% of which are outside of the UK. Since the GCN started it has been responsible for delivering a number of key projects in the field of green chemistry[11], including:

- MRes in Clean Chemical Technology[12] – the first Masters level course on green chemical technology in the UK;
- Green Chemistry Centre for Industry[13] – the centre acts as a one-stop-shop for companies to access world-class green chemical technology R&D in an efficient individually tailored manner;

[10] http://www.chemsoc.org/networks/gcn/

[11] www.greenchemistry.net

[12] http://www.york.ac.uk/res/gcg/Mres/home.htm

[13] http://www.york.ac.uk/inst/greenchemcic

- Greener Industry[14] and Sustain-ed[15] – educational websites aimed at raising the awareness of school children about green chemical technology and providing case studies for teachers;
- Worldwide University Network[16] – an international alliance of research-leading universities who are working together to take advantage of research and educational opportunities arising from green chemical technologies.
- Green Chemistry and the Consumer[17] – sponsored by the RSC, Marks and Spencer, GlaxoSmithKline the project is aimed at delivering knowledge and understanding of Green Chemistry to consumers and retailers, and covers all chemical-dependant consumer products including clothing, furnishing, electronic goods, personal care products and food.

4 UK centres of green chemical technology excellence

There are a number of UK centres of research excellence in green chemical technology including the Clean Technology Centre at the University of Nottingham[18], the York Green Chemistry Group , the Queens University Ionic Liquid Laboratories[19], the University of Leicester[20], Imperial College London[21] and the University of Manchester[22].

[14] www.greener-industry.org
[15] http://www.sustain-ed.org/
[16] http://www.wun.ac.uk/greenchem/index.htm
[17] http://www.chemsoc.org/networks/gcn/industry.htm#consumer
[18] http://www.nottingham.ac.uk/supercritical/beta/
[19] http://quill.qub.ac.uk/
[20] http://www.le.ac.uk/ch/greenchem/
[21] http://www3.imperial.ac.uk/chemistry/research/researchsections/catalysis
[22] http://www.ceas.manchester.ac.uk/research/researchthemes/theenviron mentandsustainabletechnology/

4.1 Transferring green chemical technology research into industry

4.1.1 Crystal Faraday

It is widely recognised in order to exploit world-class research there must be a mechanism for converting ideas into useable products. In the 1997 the UK Department of Trade and Industry (DTI) launched an initiative called the Faraday Partnerships[23] with an aim to enable companies, universities and independent organisation to work together on areas in sectors of major national importance.

Crystal Faraday[24] was launched in 2001 and has three hub partners, the RSC, the Institution of Chemical Engineers (IChemE) and the Chemical Industries Association (CIA). Crystal Faraday is the UK's innovation centre for green chemical technology. Crystal Faraday aims to unite industry and academics in a common purpose: successful innovation through green chemical technology leading to a profitable, sustainable future. Crystal provides practical, expert support to companies facing critical challenges such as supply and regulation, and helps them to take advantage of new markets driven by sustainability. Crystal also helps academics and funders to focus on the most critical technical problems, including biological feedstocks, energy and atom efficiency.

Crystal Faraday has aided the Engineering and Physical Science Research Council (EPSRC)[25] in establishing over sixty research projects in green chemical technology, worth £10 million. Students funded through the EPSRC in programme run by Crystal Faraday become Faraday associates. There is now a network over 60 young researchers in the scheme. The associates regularly meet in networking events organised by Crystal faraday.

[23] http://www.faradaypartnerships.org.uk/

[24] http://www.crystalfaraday.org

[25] EPSRC is part of the UK's research council, which is the body that funds academic research in the UK – www.epsrc.ac.uk

4.1.2 Chemistry Innovation Knowledge Transfer Network

In February 2006 a new Chemistry Innovation Knowledge Transfer Network (CI KTN) was launched[26]. Three Faraday Partnerships (Crystal, Insight and Impact) are integrating with the CI KTN and the DTI has invested £4.7m in this venture over three years. The RSC will be acting as the host organisation for the CI KTN.

The Knowledge Transfer Networks are an initiative from the DTI[27] as part of the technology programme (see next section) with an objective to improve the UK's innovation performance by increasing the breadth and depth of the knowledge transfer of technology into UK-based businesses and by accelerating the rate at which this process occurs.

The CI KTN aims to make it easier for UK companies to innovate, and lower risk. It will provide a single, independent point of access to a huge range of expert people and organisations that can assist with large or small science, engineering or manufacturing changes in businesses. The network will identify key areas of technology that need developing and will help facilitate knowledge transfer and collaborative working between business and the science-base. Initially the CI KTN will have five technology platforms:

- Sustainable Manufacturing
- High Throughput technology
- Colloid/ Particle Technology
- Sustainable Technology
- Analytical Science and Measurement

Further technology platforms will be added as the CI KTN develops.

4.1.3 DTI Technology Programme

The DTI Technology Programme[28] is the combination of business support products and information that are offered to business in response to

[26] http://ktn.globalwatchonline.com/epicentric_portal/site/menuitem.4a44a1cccbb4eea21ef52110eb3e8a0c/
[27] http://www.dti.gov.uk/ktn/
[28] http://www.dti.gov.uk/technologyprogramme

the UK DTI Technology Strategy. A Technology Strategy Board, comprising mainly experienced business leaders, identifies new and emerging technologies critical to the growth of the UK economy into which the Government can direct funding and activities. Over the period 2005-2008, £320 million is available to businesses in the form of grants to support research and development.

The Technology Programme offers two mechanisms for funding research and development, the KTN programme (as discussed previously) and collaborative research and development. The objective of Collaborative Research & Development is to assist the industry and research communities to work together on R&D projects in strategically important areas of science, engineering and technology, from which successful new products, processes and services can emerge. The programme supports three categories of research, pure or oriented basic or basic research, applied research and experimental development. Typically Government provides up to 50% funding for Core Research projects, 75% funding for Feasibility Studies, and 25% for nearer market Development projects, with in each case the balance of support coming from business. Two calls for proposals are made annually (Spring and Autumn) and as an example of the programmes relevance to green chemical technology in the Spring 2006 call, applications under the following headings were invited:

- Emerging Energy Technologies (total funding £17 million)
- Sustainable Production & Consumption (total funding £12 million)

Funding for UK collaborative R&D in the can also be obtained through competitive themed programmes such as the LINK programme[29] and through the Department of the Environment, Food and Rural Affairs (Defra)[30].

4.2 International Collaboration

There are a number of mechanisms through which the UK interacts with international green chemical technology stakeholders, including:

[29] http://www.ost.gov.uk/link
[30] http://www.defra.gov.uk/

- Interaction between learned and professional bodies (such as between the RSC and GDCh);
- European (such as FPVI) and international research and exchange programmes (see section on SusChem below);
- Interaction between green chemical technology networks (such as between the GCN and the American green chemistry institute, GCI);
- Organising and attending international conferences (the RSC sponsors the international green and sustainable chemistry conference – the next meeting is to be held in Delft in 2007);
- Exchanging educational best practice and sharing green chemical technology teaching materials;

4.2.1 European Technology Platform for Sustainable Chemistry (SusChem)

In areas where research has a vital role to play in addressing major economic, technological or societal challenges European Technology Platforms can provide a means to foster effective public-private partnerships between the research community, industry and policy makers.

SusChem seeks to boost chemistry and chemical engineering research, development and innovation in Europe.[31] SusChem's objectives are to:

- Maintain and strengthen the competitiveness of chemical industry in Europe based on technology leadership;
- Meet society's needs in close cooperation with all stakeholders;
- Boost and sustain chemistry research in Europe;
- Improve EU framework economic and regulatory conditions to inspire chemical innovation; and
- Contribute to Sustainable Development in Europe.

To achieve these objectives SusChem has set a Strategic Research Agenda in three prioritised chemical technology areas, industrial biotechnology, materials technology and reaction and process design. In ad-

[31] www.suschem.org

dition a Horizontal Issues group is addressing barriers and constraints generic to EU chemistry innovation, such as research infrastructure and innovation framework conditions, which are cross-cutting and are best managed on a pan-platform level. The RSC is supporting the Horizontal Issues group.

Currently work is focussing on drawing up the Action Plan, which will define how the research themes, as identified in the Strategic Research Agenda, are to be implemented and how the innovation framework conditions in Europe need to be altered to enable or accelerate innovation to directly promote the competitiveness of the EU chemical industry and optimise the benefits for all stakeholders.

The draft Implementation Action Plan will be finalised by mid-2006. The document will then be put out to consultation before being finalised in the Autumn.

The immediate focus is defining priorities for the Commission's Framework 7 programme but the focus is also the longer term and national initiatives technical themes underpinning the industry's future in Europe.

5 Success stories and barriers to progress

There are a number of UK and international examples of the philosophy of green chemistry and green chemical technologies in practice in both the UK and abroad. It is encouraging to see that the examples are no longer limited to academia or to a few converted companies, but now the philosophy has been adopted by some much bigger organisations.

Marks and Spencer (M&S), a famous British retail store, has an active programme aimed at reducing the environmental impact of the use of their products throughout their supply chain[32]. Quoting from the M&S website – *Chemicals are used in the production of every product we sell. Our approach of "science on tap, not on top" helps us to balance views and advice and then place each chemical in one of four categories:*

1. No concerns – no action required.
2. Banned – either altogether or in certain uses.

[32] http://www.marksandspencer.com

3. Being replaced – a lower level of concern leading to phase out.
4. Monitoring – when no definite evidence yet suggests a chemical should be replaced or banned but there are some concerns or scientific research that suggest we need to watch developments carefully.

This process has already lead to the replacement potentially harmful phthalates and alkyl phenol ethoxylates used in motif transfers and printed panels in childrens' clothing and to to launch a complete range of own-brand household cleaning products without the use of any synthetic cleaning ingredients or artificial colours.

Uniqema have developed a synthetic lubricant technology[33] that is now used in 500 million refrigeration compressors has contributed to:

- Reduction in energy consumption by up to 25%
- Simplification of compressor system design
- Reduction in noise levels by up to 50%
- Significant improvements in environmental quality
- Reduction of over 25 million tonnes carbon emissions

It is also interesting to note that the Nobel Prize in 2005 in chemistry was awarded to Yves Chauvin, Robert H. Grubbs and Richard R. Schrock for the development of the metathesis method in organic synthesis[34]. Quoting from the official website "[metathesis]...represents a great step forward for "green chemistry", reducing potentially hazardous waste through smarter production. Metathesis is an example of how important basic science has been applied for the benefit of man, society and the environment."

However, whilst green chemical technology is making huge strides forward in many respects, there remain significant barriers to its widespread adoption and success, including:

- *Financial constraints* – in the UK there is a significant funding gap between the proof of principle research stage and the construction of a working prototype or demonstration plant. Typically industry or venture capitalists are risk averse and will not invest heavily into un-

[33] http://www.uniqema.com
[34] http://nobelprize.org

proven technology and current research council and Government funding programmes fall short of filling this gap. This leads to a number of promising technologies falling short of fulfilling their potential.

- *Lack of time* – a number of UK companies need to employ all their resources just to maintain their market share; there is simply no time or resources to innovate or diversify into new products.
- *Skills gaps* – green chemical technologies are often cutting edge and require new skills when compared to traditional chemical technologies. Currently, the principles and practice of green chemistry are only taught in a few UK academic institutions and therefore there is a perceived shortage of skilled green chemists. For example there are still limited numbers of chemists and biochemists with an excellent skills base in both biocatalysis and industrial organic synthesis.
- *Knowledge gaps* – green chemical technologies are still being developed, and whilst knowledge in areas such as ionic liquids and renewable feedstocks is growing at a substantial rate, there are still significant knowledge gaps that require researching.
- *Mindset* – green chemistry is still considered a fringe discipline by many and whilst some excellent examples exist where the adoption of its principles have resulting in significant cost reduction and increase in market share it is not yet widely seen as a mechanism for commercial success.

Innovations ahead

Måns Lönnroth

I appreciate very much the opportunity to participate in this seminar on sustainable chemistry organised by die Evangelische Akademie Tutzing, BASF, UmweltBundesAmt and Universitätsklinikum Freiburg.

Let me state from the outset that I regard myself as an outsider tonight. Sweden is, as you well know, not known for being a "Standort" for world leading chemicals industries. This is of course a disadvantage when giving a speech in Germany. So are there any comparative advantages?

Comparative Advantages

I believe there are three comparative advantages.

First, Sweden is at the receiving end of the chemicals industry. Sweden does have world leading companies that depend on advanced chemicals for their production and their products. – down the supply chain, which means up the value added chain. Let me just mention consumer product companies such as IKEA, H&M, packaging companies such as TetraPak, construction companies such as Skanska, transport companies such as Volvo, Scania and so on and so forth. These companies and many others are extensive users of sophisticated chemicals both for their production lines as well as in their products. This is quite a market for the chemical industry. These companies are also increasingly concerned with chemicals as part of the environment component of their brand names. Having listened to and learnt from their concerns and amount to, I believe, my first comparative advantage.

My second comparative advantage comes from coming from a country on the receiving end of chemicals pollution. The Baltic Sea is, I have noticed, somewhat of a peripheral Sea on the German environment agenda but this is not so on the Swedish agenda. The Baltic Sea does have some peculiar ecological characteristics which makes it one of the two or three full scale world laboratories of accumulation of chemicals in the environment and thus also in the human food-chains. This has, among other things, pushed Swedish natural scientists into becoming world class experts on chemicals in the environment. So what from an environmental point of view is a comparative disadvantage turns out to be an advantage from the point of view of policy. Provided one is listened to. Chemistry was also one of the three areas of science pointed out by Alfred Nobel in his testament that lead to the Nobel prizes. The prestige of the Nobel Prize in chemistry, awarded by the Swedish Academy of Science, may also demonstrate the strength of chemistry as a science in Sweden.

I believe that I have a third comparative advantage. I have over the years encountered nearly all problems on the environmental agenda during my professional career. This has given me some impressions about how different industrial sectors respond to environment pressures and also about how individual companies respond to the rearranging of competitive advantages and disadvantages that new regulation inevitably brings.

Let me give a few examples from other industries.

First, flue gas desulphurisation. Japan started to develop clean air legislation way ahead of Germany. Thus, in 1983 Japan had some 1400 plants installed while Germany had only ten. Naturally, Japanese companies derived a competitive advantage from this.

Second, car emissions. Japan and the US developed stringent car emission standards in the early 1970's. When the time finally was ripe in Europe some 15 years later, a huge row developed within the European car industry. The dividing line turned out to presence or not on the California market, since this was – and is – where the most stringent standards are being set. The European companies on this market had to compete head on with Japanese companies. Thus German and Swedish car companies were in favour of strong European standards while French, Italian, British and Spanish companies were against. Now, some twenty years later the European car industry is totally in favour of emission standards.

A third case concerns the CFC regulations to protect the ozone layer. This struggle also occurred in the late 1980's as the scientific evidence started to accumulate. The chemicals industry as a whole dragged its feet until the ranks were broken by DuPont. This company had developed an alternative to CFC and thus stood to have a competitive advantage of new regulations. After that a world wide agreement was reached rather rapidly.

I could give other examples, but I believe three cases are sufficient to illustrate my main point: innovation and environmental regulation are not necessarily mutually destructive but can in fact be mutually reinforcing. Companies ahead in innovation more often than not stand to gain from new regulation. Companies that lag the most tend to be those that resist the most.

I do not know the trade organisations of the chemical industry, but I do have some experience of how trade organisations in other areas respond to prospects of new regulation. My conclusion is: trade organisations tend to reflect the least common denominator of the members and thus generally tend to lag behind the innovators.

This brings me to the chemicals industry. My impression is that the chemicals industry is second to none when it comes to pursuing innovations that will maintain and increase plant safety for both workers and the environment. Chemicals plants generally operate at conditions of high pressure and high temperature and frequently have potentially harmful intermediates in the synthesising processes. Many plants are thus inherently dangerous. Accepting this fact have made chemical plants in industrialised countries very safe indeed. I am reminded of the aviation industry. We all agree that flying is inherently dangerous; it is only by accepting this fact head on that flying has been able to develop into the world transforming industry it now is.

This illustrates the strength of the combination of technology designed for safety, careful monitoring of potential and real releases to the environment and a strong, independent and impartial legal system. I would like to emphasise the last point – this is where the greatest differences can be found between countries.

Let us take the three components technology, environment monitoring and the legal system as one interdependent system. I would call this an innovation system. As the monitoring of safety risks advances, the legal system responds with new demands on the technology; as industries look at monitoring data and their potential impact on regulators, board of directors make their own assessments of the strategic positioning of the company and thus the need for further technological innovation as well as the impact on comparative competitiveness viz-a-vi other companies.

New Regulations

New regulation in fact rearranges competitive advantages and disadvantages. When carefully designed, the innovation system amounts to a virtuous circle. When badly designed, the circle is vicious. Delay and perhaps paralysis is the consequence.

Which brings me to chemicals products. While the chemicals industry is second to none when it comes to process safety in plants, the response towards product safety is much more contentious. I have been amazed at the resistance of the chemicals industry to the proposed REACH legislation. The amounts of verbal abuse reached levels not seen since the early 1980's. The only comparison I can think of is the abuse within some sectors of the US towards climate change and the Kyoto protocol.

My view is that the REACH proposal, once implemented, will stimulate innovation. It will do this primarily through

- Doing away with the completely artificial difference between new and existing chemicals that exist in the legislations in the EU, the US, Canada and Japan.
- Defining criteria under which chemicals will be authorised for different uses
- Developing testing systems for cost-effective risk assessment and management of chemicals.

Much remains to be done, however. There is not yet any final agreement between the Council and the Parliament. Many details will be delegated to the new agency and to commitology. The potential for acrimonious debates is still there.

Let me mention just two examples:

First, what should the cut-off point be between vPvB and just PB? And should the vPvB substances be allowed to be marketed at all?

Second, how should the testing system is designed? Massive efforts have been directed towards defining and agreeing on single tests. Much less efforts have been directed, as I have seen it, to define systems of tests that can rapidly differentiate between the need for further advanced testing. The existing chemicals regulation in Europe has been designed upon a rather artificial division between assessment and management which is anything but cost-effective. Much professional pride has been invested here and needs to be divested.

I would like to give some advertisement for a research program that my foundation, Mistra has funded for the last seven years. This program is called NEWS and aims at developing more cost-effective strategies for both assessment and management of chemicals. I believe that this is one of the comparative advantages of a country like Sweden. You can read more on www.mistra.org.

I believe that a well administered REACH program will amount to a major competitive advantage for the European chemicals industry in general and the German industry in particular. Not to mention, of course, the BASF. I want to repeat, however, that the remaining nuts and bolts of the system have to be well designed. I hope that there will be a critical mass of forward looking companies. REACH is a system that can provide for a fresh start on chemicals design.

Let me now turn to another area where I can see major opportunities for innovation ahead. I believe there is also the possibility of a fresh start in how chemicals are produced.

The chemicals industry is a young industry with roots only in the late 19th century – the first truly science-based industry. Its origins lie in coal chemistry but its evolution towards petro-chemistry was early. The achievements have been tremendous both in terms of the industry itself, in terms of the products developed and their importance for other industrial sectors and for chemistry as an engineering science.

However, present production methods also have their drawbacks. They are energy-intensive, they generate large amounts of complex waste streams and they depend on petroleum as feed-stocks. Gradually, the case for a fresh start accumulates.

So are there any alternatives with less inherent drawbacks? Perhaps based on other industrial traditions that can produce chemicals with the same or perhaps even improved market characteristics and with lower life cycle costs to the environment? I believe biotechnology offers the opportunity to such a fresh start for the chemicals industry.

Biotechnology already plays a major role in pharmaceuticals and medicine. It has old roots in food industries. Now is the time for industrial applications on a larger scale.

Let me mention a couple of examples.

- Enzymes can probably replace heavy metals in marine anti-fouling paints.
- Micro-organisms can replace chemical fungicides in agriculture and the same time enhances crop productivity.
- Enzymes can help produce surfactants, wax esters and epoxides for a very large range of industrial chemicals.

These examples are close to my heart since my foundation funds the research. But we are not alone, of course. Die Deutsche Bundestiftung Umwelt does this as well. Many companies are getting involved, including BASF. The European Commission through its white bio-technology initiative as well.

Mistra's experience is that an innovation system for new chemical processes using fermentation and enzymes has to be based on a very close cooperation between researchers, regulators and the chemicals using industry. Just one example: the wax esters mentioned above are developed with IKEA as the main potential user.

I started out stating that Sweden never did develop a major chemicals industry. Swedish industry grew up around hydro power, iron ore and wood as basic raw materials rather than coal or oil.

Biotechnology originally emerged around agriculturally based industries. We see this in the American Mid West. The fermentation industry is a platform for developing and producing amino acids, bio-polymers and many other products. Denmark is a leading enzyme biotechnology country in the EU, based as it is on a large agricultural industry.

A Scandinavian bio-tech industry could well grow out of the wood-based forestry industries. The Swedish, Finnish and Norwegian forest industry has traditionally been based on paper and pulp for the European market. With the globalisation of the forest industry and the forest product markets there arises the opportunities to walk up the value chain and convert the forestry industry into a bio-technology industry with pulp mills as the core of new bio-refineries. It is quite possible that such bio-refineries could produce fibres, liquid fuel production – through gasification or enzyme-based – as well as various fine chemicals. Over the years and decades bio-refineries could develop into major new industries that bypass many of the environmental problems that the existing petro-chemical sector now has to grapple with.

My concluding words would be the following: there is an enormous scope and need for innovation also within the European chemicals industry. This scope concerns chemicals as products as well as the processes that produce these chemicals. I also believe that there is the need to develop more precise criteria for sustainable development that can guide this process of innovation. We are right now at a formative moment. Let us take the opportunity!

Kriterien nachhaltiger Chemie

Karl Otto Henseling

1 Nachhaltigkeit und chemische Industrie

Seit der Erstellung des Berichtes der UN-Kommission für Umwelt und Entwicklung (Brundtland-Kommission) 1987 und der Konferenz der UN für Umwelt und Entwicklung im Juni 1992 in Rio de Janeiro ist der Begriff „Sustainable Development" weltweit bestimmend für die Umweltdiskussion geworden. Der Begriff „Sustainable Development" wird unterschiedlich übersetzt als „nachhaltige", als „dauerhaft-umweltgerechte" oder als „dauerhaft-zukunftsfähige Entwicklung". Grundsätzlich wird darunter eine umwelt- und gesellschaftsverträgliche Wirtschafts- und Lebensweise verstanden, die global über Generationen hinweg Bestand hat.

Die chemische Industrie in Deutschland gibt mit ihren Berichten zu „Responsible Care" bereits einige Antworten zur Frage der Entwicklung nachhaltiger Lösungen. Nach Auffassung des Verbandes der Chemischen Industrie (VCI) ist neben den ordnungsrechtlichen Instrumenten die Innovationskraft der Chemischen Industrie ein zentraler Stellhebel für nachhaltige Lösungen.

Unter welchen Bedingungen kann die chemische Industrie zu einer umwelt- und gesellschaftsverträglichen Wirtschafts- und Lebensweise beitragen, die global über Generationen hinweg Bestand hat?

2 Leitplanken einer nachhaltigen Entwicklung

Alles Wirtschaften – und damit auch die Wohlfahrt im klassischen Sinne – steht unter dem Vorbehalt der ökologischen Tragfähigkeit. Nur innerhalb des Spielraums, den die Natur als Lebensgrundlage zur Verfügung stellt, ist Entwicklung und damit auch Wohlfahrt dauerhaft möglich. Die Tragekapazität des Naturhaushalts muss daher als letzte, unüberwindliche Schranke für alle menschlichen Aktivitäten akzeptiert werden (Umweltbundesamt 2002).

Der Wissenschaftliche Beirat der Bundesregierung Globale Umweltveränderungen (WBGU) vertritt hierzu das Konzept der „Leitplanken“:

> „Nachhaltige Transformationspfade werden durch so genannte ‚Leitplanken‘ begrenzt. Der WBGU definiert mit diesen Leitplanken jene Schadensgrenzen, deren Verletzung so schwerwiegende Folgen mit sich brächte, dass auch kurzfristige Nutzenvorteile diese Schäden nicht ausgleichen könnten. Beispielsweise würde eine zu späte Umsteuerung im Energiesektor zugunsten kurzfristiger wirtschaftlicher Vorteile die globale Erwärmung so weit vorantreiben, dass durch die zu erwartenden wirtschaftlichen und sozialen Verwerfungen die Kosten des Nicht-Handelns langfristig deutlich höher wären. Leitplanken sind keine Ziele: Es handelt sich nicht um anzustrebende Werte oder Zustände, sondern um Minimalanforderungen, die im Sinn der Nachhaltigkeit erfüllt werden müssen.“ (WBGU 2003)

Um dramatische Schäden zu vermeiden, muss der Temperaturanstieg dauerhaft auf maximal 2 Grad Celsius gegenüber dem vorindustriellen Niveau begrenzt werden. Um diesen Wert einzuhalten, ist es notwendig, die Konzentration der Treibhausgase in der Atmosphäre bei 400 parts per million (ppm) CO_2-Äquivalente zu stabilisieren. Dies bedeutet: Der Anstieg der globalen Emissionen muss in den nächsten 10 bis 20 Jahren gestoppt werden. Anschließend müssen die Emissionen bis 2050 auf unter die Hälfte des heutigen Niveaus und auf ein Viertel des „Business as usual Trends“ (das sind knapp 20 % Emissionsanstieg pro Dekade) sinken. Die Gerechtigkeit gegenüber den sich entwickelnden Ländern gebietet, dass die Emissionen der Industriestaaten bis 2050 überproportional um 80 % gegenüber dem Ausgangsniveau von 1990 zurückgehen müssen (Umweltbundesamt 2005).

Es stellt sich für die chemische Industrie wie für alle Branchen die Frage, was sie dazu beitragen kann, dass diese Leitplanke nicht durchbrochen wird. Der nächstliegende Handlungsansatz, der von der deutschen Chemischen Industrie seit Jahren konsequent und erfolgreich verfolgt wird, heißt Energieeffizienz in der Produktion.

Nun ist es leider so, dass Steigerungen bei der Energieeffizienz in der Produktion nur einen begrenzten Beitrag zum Klimaschutz leisten können, da die größten Energieverbräuche im Bereich der Endnutzer stattfinden. Die größten Einzelposten sind die Bereiche Bauen und Wohnen sowie Verkehr. In beiden Bereichen kann die chemische Industrie durch ihre Produkte zu nachhaltigen Transformationspfaden beitragen. Sie ist hier allerdings nur ein – wenn auch sehr wichtiges – Glied in den Wertschöpfungsketten.

2.1 Chemie und nachhaltiges Bauen und Wohnen

Die chemische Industrie trägt zu einem nachhaltigen Bauen und Wohnen nicht nur durch Bereitstellung von Materialien für die energetische Sanierung und Modernisierung des Wohnungsbestandes und energieeffiziente Neubauten bei. In der Tradition des Werkswohnungsbaus hat sich beispielsweise die BASF durch vorbildliche eigene Projekte einer nachhaltigen Modernisierung hervorgetan.

Um das Brunckviertel in Ludwigshafen, eine Werkssiedlung der BASF aus den 1930er-Jahren, die rund 500 Wohneinheiten umfasst, langfristig attraktiv zu halten und einen Wegzug von BewohnerInnen zu verhindern, erfolgt im Zeitraum von 1997 bis 2006 eine grundlegende städtebauliche Aufwertung der Siedlung. Bei der Modernisierung dieses Viertels hat die LUWOGE, das Wohnungsunternehmen der BASF, an einem Gebäude exemplarisch gezeigt, welches Energiesparpotential heute bei der Altbausanierung realisierbar ist. Die Wohnungsgesellschaft entwickelte mit Partnerunternehmen ein Gesamtkonzept aus optimaler Dämmung, effizienter Energieerzeugung und innovativer Gebäudetechnologie, wodurch der Wärmeenergiebedarf auf 30 kWh/qm pro Jahr („3-Liter-Haus“) sinkt. Ein Wert, der bisher nur in Neubauvorhaben erreicht wird (LUGOWE 2001).

Für das Bedürfnisfeld Bauen und Wohnen hat das Umweltbundesamt zeigen können, dass durch konsequente Realisierung der Strategien Bestandsmanagement, energetische Modernisierung und Stadterneuerung bei erheblich steigender Qualität der Wohnraumversorgung die zusätzliche jährliche Flächeninanspruchnahme bis 2025 gegenüber 2000 um bis zu 85 % reduziert werden kann. Die jährlichen Kohlendioxidemissionen können gleichzeitig um mehr als 50 % gesenkt werden (Henseling/Penn-Bressel 2005).

Bei richtiger Rahmensetzung durch den Staat und aktiven Anstrengungen der Akteure ist in diesem Bereich ein nachhaltiger Transformationspfad möglich, bei dem die zu erwartende Nachfrage unter Einhaltung der Umwelterfordernisse und Schaffung von Arbeitsplätzen befriedigt werden kann.

2.2 Chemie und nachhaltige Mobilität

Die chemische Industrie ist auch ein wichtiger Akteur in der Wertschöpfungskette „Automobil“. Mit gewichtsreduzierenden Werkstoffen, verbrauchssenkenden und verschleißmindernden Kraftstoffadditiven, effizienteren Lacksystemen etc. trägt die chemische Industrie wesentlich dazu bei, dass spezifische Umweltbelastungen in der Fertigung und bei der Nutzung von Kraftfahrzeugen gesenkt werden können. Leider entspricht diesen spezifischen Umweltentlastungen in dem wichtigen Bereich des Klimaschutzes keine absolute Minderung der Emissionen:

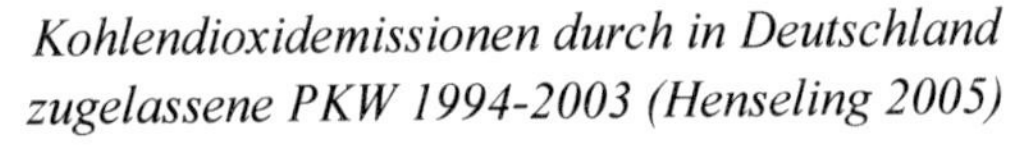

Kohlendioxidemissionen durch in Deutschland zugelassene PKW 1994-2003 (Henseling 2005)

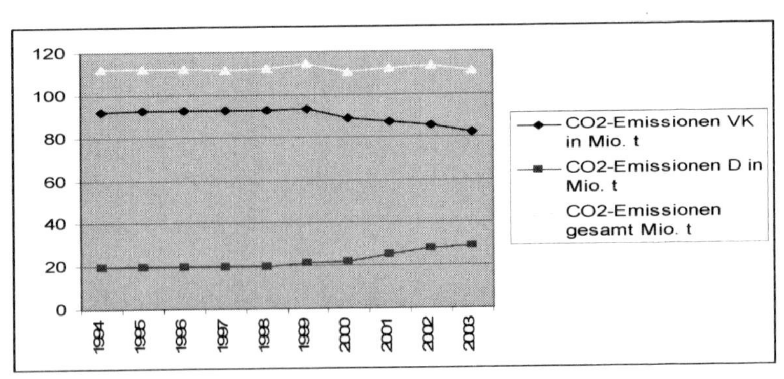

Die Autoindustrie und die Mehrheit der Autofahrer sind von einem Transformationspfad zur Nachhaltigkeit daher noch weit entfernt. Die Modellentwicklung hin zu immer schwereren und stärkeren Autos steht in diametralem Gegensatz zu den Anforderungen einer nachhaltigen Entwicklung. Für die Nichtnachhaltigkeit der Autoindustrie kann die chemische Industrie jedoch nichts.

2.3 Notwendige und hinreichende Bedingungen nachhaltiger Entwicklung

Aus diesen Beispielen wird deutlich, dass die Nachhaltigkeit oder Nichtnachhaltigkeit einer Entwicklung in der Regel nicht nur von einem Akteur in der Wertschöpfungskette abhängt, sondern der kooperativen Anstrengung einschließlich der Endkunden und des rahmensetzenden Staates bedarf.

> *These:* Nachhaltigkeit im Sinne dauerhaft ökologisch, ökonomisch und sozial vertretbarer Entwicklung kann letztlich nur bei Betrachtung der gesamten Wertschöpfungsketten einschließlich der Nutzungsmuster der Konsumenten in den relevanten Bedürfnisfeldern attestiert werden.

Bei der Diskussion von Kriterien einer nachhaltigen Chemie sollten dementsprechend zwei Ebenen berücksichtigt werden.

Die *erste Ebene* betrifft unmittelbar die Produktion und die Produkte der Chemischen Industrie. Auf dieser Ebene werden nach dem üblichen Sprachgebrauch solche Innovationen als nachhaltig bezeichnet, die als Verbesserungen ökologischer, ökonomischer und/oder sozialer Art für eine nachhaltige Wirtschafts- und Lebensweise im oben definierten Sinn *notwendig* sind. Ob solche Verbesserungen dafür *hinreichend* sind, kann auf dieser Ebene nicht beurteilt werden.

Die *zweite Ebene* betrifft die Rolle der Chemischen Industrie beim Übergang zu nachhaltigen Transformationspfaden in den einschlägigen Wertschöpfungsketten und Bedürfnisfeldern. Eine Entwicklung, die insgesamt zu einer Wirtschafts- und Lebensweise führt, die global über Generationen hinweg Bestand haben kann, kann von einer einzelnen Branche wie der Chemischen Industrie nur unterstützt, nicht jedoch alleine bewirkt werden. Ob Schritte in Richtung einer nachhaltigen Entwicklung auch wirklich *hinreichend* sind dieses Ziel zu erreichen, kann –

wie die beiden Beispiele gezeigt haben – erst auf der nächsten Ebene gesamter Wertschöpfungsketten und Bedürfnisfelder beurteilt werden.

3 Chemiespezifische Leitplanken einer nachhaltigen Entwicklung?

Die begrenzte Belastbarkeit der Atmosphäre mit Treibhausgasen ist nur eine der umweltbezogenen Leitplanken nachhaltiger Entwicklung. Andere quantifizierbare Leitplanken entsprechen den aus der Ökobilanzdiskussion bekannten Wirkungskategorien wie Versauerung, Eutrophierung oder Schädigung der Ozonschicht.

Jedoch ausgerechnet hinsichtlich der für die chemische Industrie wichtigsten Wirkungskategorien der ökotoxischen und humantoxischen Wirkungen sind solche Leitplanken nur sehr schwer zu beschreiben.

Ein Rückblick in die Vergangenheit zeigt, dass es im Bereich chemiespezifischer Risiken gravierende Abweichungen vom Pfad einer nachhaltigen Entwicklung gegeben hat. An Beispielen wie Benzol, Asbest, PCBs, FCKW, Holzschutzmittel, Antibiotika als Wachstumsförderer oder den hormonellen Wirkungen von Tributylzinn bei Meeresorganismen kann dargelegt werden, welch gewaltigen Umfang die ökologischen und gesundheitlichen Schäden und damit auch ökonomische Schäden angenommen haben, die durch die weite Verbreitung derartiger Schadstoffe entstanden sind (Umweltbundesamt 2004).

Ersten Hinweisen folgte oft jahrzehntelange wissenschaftliche und gesellschaftliche Diskussion, immer begleitet jedoch von politischer Untätigkeit. Zögerlichkeit, Unentschlossenheit und bereitwillige Nachgiebigkeit gegenüber Lobbyinteressen führte in vielen Fällen zu kaum mehr absehbaren Kosten für die betroffenen Volkswirtschaften. Asbestruinen, die allenthalben unsere städtischen Landschaften zieren, und die in unschöner Regelmäßigkeit wiederkehrenden Nachrichten über die Belastung von Gebäuden mit giftigen Holzschutzmitteln sind sichtbare Denkmale für versäumte vorsorgende Politik.

In vielen dieser Fälle überschreiten die Schäden diejenigen Kosten bei weitem, die zu ihrer Vermeidung notwendig gewesen wären. Unmessbar und – im eigentlichen Sinne des Wortes – unermesslich sind jedoch die vermeidbaren Schäden am menschlichen Leben und an seiner Gesundheit. Fallstudien zu Radioaktivität, Benzol, Holzschutzmitteln, Hormonpräparaten (DES) und BSE zeigen dies mit bedrückender Deutlichkeit (Luhmann 2001).

Diese Beispiele zeigen, dass wir uns um Leitplanken, die uns vor dem Risiko ökotoxischer und humantoxischer Wirkungen schützen sollen, in der Vergangenheit nur sehr unzureichend gekümmert haben und dass wir mehr tun müssen. Reparatur und Nachsorge sind überholte „end-of-pipe-Strategien".

Es ergeben sich aus dieser Situation zwei Fragen:

– Wie können wir solche Leitplanken deutlicher erkennen?

und

– Wie kann das Schiff einer nachhaltigen Entwicklung in den trüben Gewässern mangelhaften Wissens einigermaßen auf Kurs gehalten werden?

3.1 Hindernisse, die der Früherkennung „chemischer" Risiken entgegen stehen

Die Analyse von Fallbeispielen nicht nachhaltiger Entwicklung zeigt, dass bisher noch keine ausreichenden Anstrengungen zur Früherkennung chemischer Risiken unternommen worden sind. Es ist daher erforderlich, zunächst die Umstände zu beleuchten, unter denen es zu dieser spezifischen Form gesellschaftlicher Blindheit kommen konnte.

Den analysierten Fällen ist gemeinsam, dass Folgenwissen, das zur Vermeidung weit reichender Schäden dringend erforderlich gewesen wäre, entweder nicht erhoben oder seine Erhebung gar verhindert wurde. Warum wurde so gehandelt? Hierzu einige Beobachtungen:

– Die Entdeckung eines Umwelt- oder Gesundheitsproblems liest sich im Rückblick regelmäßig als eine Geschichte verzögerter Wahrnehmung, einer temporären Blindheit.

– Katastrophenberichte enden meist mit der Äußerung der Verantwortlichen: „Wir haben es uns nicht vorstellen können. Wir haben von der Existenz dieses Risikos nichts gewusst" oder „Es war unvorhersehbar, es war höhere Gewalt".

– Oft hätte es heißen müssen: „Wir haben es nicht wissen wollen."

- Nichtwissen ist entweder ein Fall des Nichtvorhandenseins von Daten und Fakten, damit ein echtes Nichtwissen, oder ist es ein Fall defizitärer Wahrnehmung eigentlich vorhandenen Wissens: Wir wissen heute über viele Chemikalien zu wenig, aber wir ignorieren auch einiges von dem, was wir eigentlich schon wissen. Diese Unterscheidung ist wichtig, denn sie verlangt unterschiedliche Therapien. Einmal muss man etwas dafür tun, um unser Wissen zu erweitern – wobei klar sein sollte, dass wir nicht alles untersuchen können, unser Nichtwissen wird immer größer sein als das Wissen – das andere mal muss man organisieren, dass schon vorhandenes (Erfahrungs-)Wissen für Entscheidungen bewusst wird. Letzteres ist auch nicht so einfach, denn Entscheidungen können auch mit einem Übermaß an (oft schwer verständlicher und interpretierbarer) Information verzögert werden.
- Wissen und Unwissen sind keine „gegebenen" Zustände. Sie sind vielmehr Ergebnisse von dynamischen Prozessen, der Erkundung bzw. der Nichterkundung. Und die werden gesteuert, im persönlichen Bereich vom Willen, im gesellschaftlichen Bereich von den institutionellen Mandaten bzw. den Sanktionen bei ihrer Verfehlung. Letzteres signalisiert, wie ‚ernst' sie gleichsam ‚gemeint' sind.
- Schäden, wie die durch Holzschutzmittel, Contergan, Asbest oder BSE verursachten, können einen Umfang annehmen, der eine wohl organisierte rechtzeitige Folgenwahrnehmung auch unter dem Gesichtspunkt der ökonomischen Nachhaltigkeit dringend erforderlich erscheinen lässt. Angenommen, das Schadensausmaß des Holzschutzmittel-Falles (ca. 200 Milliarden €)[1] würde in zehn weiteren Stoff- oder Produktgruppen „schlummern", dann könnten durch rechtzeitiges Erkennen und Handeln Schäden in Höhe von 2 Billionen € vermieden werden. Das wäre ein Vermögenswert, der dem Doppelten der Staatsverschuldung Deutschlands entspricht.

Institutionelle Mängel und gegenläufige Interessen haben verhindert, dass erheblicher Gefahren rechtzeitig erkannt wurden. Verantwortlich dafür ist eine kollektive „Täterschaft". Täterschaft ist dabei nicht als individuelle Schuldzuschreibung zu verstehen, sondern als „institutionell bedingte Kollaboration". Bei dieser Kollaboration spielen die einzelnen

[1] Schätzung der Interessengemeinschaft der Holzschutzmittel-Geschädigten für das Jahrzehnt von 1970 bis 1980, nach Luhmann 2001, S. 105.

Akteursgruppen Wissenschaft, Unternehmen, Behörden, Justiz, Politik und Medien ihre je eigene spezifische Rolle (Luhman 2001).

Wie weit unsere Gesellschaft von einer einheitlichen Wahrnehmung „chemischer“ Risiken entfernt ist, zeigt sich auch in den extrem unterschiedlichen Angaben zu Kosten und Nutzen des EU-Gesetzesvorschlags zur Registrierung, Evaluierung und Autorisierung von Chemikalien (REACH). Seitens der Umwelt- und Verbraucherverbände werden die ökonomischen Vorteile auf mehrstellige Milliardenbeträge geschätzt: „Wenn wir Einsparungen durch einen höheren Verbraucherschutz, geringere Umweltschäden und einen geringeren Schutzaufwand vor gefährlichen Chemikalien einbeziehen, belaufen sich die positiven Effekte auf bis zu 200 Milliarden Euro.“ (Müller 2006) Der europäische Chemieverband CEFIC kann dagegen keine wesentlichen Schäden durch Chemikalien erkennen: „… there is little direct evidence of widespread ill health or ecosystem damage being caused by the use of man-made chemicals.“ (Perroy 2001)

Diese extreme Diskrepanz in der Wahrnehmung „chemischer Risiken“ verweist auf eine bisher vernachlässigte gesellschaftliche Verständigungsaufgabe. Um hier inhaltlich und methodisch weiter zu kommen, hat das Umweltbundesamt vom Fraunhofer-Institut ISI (Karlsruhe) und von Oekopol (Hamburg) eine Studie „Analyse der Kosten und Nutzen der neuen Chemikalienpolitik“ erstellen lassen, in der anhand ausgewählter Branchen Wirkungen der im damaligen Entwurf von REACH vorgesehenen Maßnahmen auf Wettbewerbsfähigkeit, Innovation, Umwelt und Gesundheit untersucht wurden (Fraunhofer ISI, Karlsruhe und Oekopol, Hamburg 2004).

Zu der überfälligen Verständigung über Struktur, Größenordnung und Vermeidungsmöglichkeiten „chemischer Risiken“ gehört auch das Aufarbeiten von Fällen katastrophal „übersehenen“ Folgenwissens. Eine solche Aufarbeitung hat jedoch bisher allenfalls am Rande der etablierten Wissenschaft stattgefunden. Für diese hoch bedeutsame Aufgabe existieren in der Wissenschaft bisher keine angemessenen strukturellen Voraussetzungen. Um den notwendigen Lernprozess aus Katastrophen der Vergangenheit angemessen zu organisieren, bedarf es wissenschaftlicher Strukturen, die die Grenzen der Fachwissenschaften überwinden. Erforderlich sind für diesen gesellschaftlichen Lernprozess ein neues Wissenschaftsverständnis und ein von der Politik initiierter Verständigungsprozess mit den relevanten gesellschaftlichen Gruppen (Luhmann/Henseling 2004).

Um welche Art von Folgenwissen geht es bei chemiebedingten Risiken?

Zunächst einmal geht es um das toxikologisch abschätzbare Wissen um mögliche negative Wirkungen neuer Stoffe und Produkte. Die frühzeitige Ermittlung von gesundheitlichen Risiken durch toxikologische Untersuchungen hat jedoch eine systematische Grenze: Die Toxikologie ist prinzipiell nicht in der Lage, einen negativen Kausalnachweis zu führen – sie kann nur frühzeitig warnende Hinweise nach dem Motto liefern: Wenn schon Ratten und Mäuse Schaden nehmen, was ist dann erst beim Menschen zu erwarten?

Da Menschen keine Ratten sind und auch andere Tiere oder Pflanzen nicht immer so reagieren wie die für Labortests ausgewählten Organismen, ist regelmäßig mit Überraschungen hinsichtlich der Wirkung neuer Stoffe und Produkte auf Menschen, pflanzliche und tierische Lebewesen und Ökosysteme zu rechnen. Die Einführung und offene Anwendung einer neuen Chemikalie oder eines neuen Arzneimittels hat insofern unvermeidlich den Charakter eines „Großversuchs mit historisch einmaligen Subjekten“ und erfordert die Erfassung und Auswertung von Folgewirkungen durch Rückmeldungen. Bei Arzneimitteln wird dieser Tatsache durch die systematische Erfassung von Nebenwirkungen berücksichtigt.

Das Wissen um unerwartete (Neben-)Wirkungen ist von grundsätzlich anderer Art als das im Labor gewonnene toxikologische Wissen. Hier handelt es sich um Erfahrungswissen, das auf den Wahrnehmungen einzelner Betroffener oder Beobachter beruht. Produktentwickler und Konsumenten sind die ersten, die solche Nebenwirkungen feststellen und einen Zusammenhang mit Produkteigenschaften vermuten können. Der Verdacht liegt damit zunächst nicht öffentlich vor. Der Hersteller und gegebenenfalls noch eine Regulierungsinstanz – beim Holzschutzmittelfall war es das Bundesgesundheitsamt – sind als erste in der Lage, systematisch, d.h. aufgrund erhöhter Fallzahlen, Verdacht zu schöpfen. Für die Folgenwahrnehmung relevante Daten sind aber in der Regel private Daten von Unternehmen oder Betroffenen. Für die Aufdeckung von Folgewirkungen sind daher die Wahrnehmungen von „Laien“ (z.B. Betroffenen) entscheidend. Diese werden aber weder von der Wissenschaft noch von der Justiz, die auf die „Sachverständigen" hört, hinreichend ernst genommen.

Die „klassische" Wissenschaft ist aufgrund ihres Objektivitätsideals sowie aufgrund ihres damit zusammenhängenden engen Verständnisses von „Wissen" als sicherem Wissen besonders anfällig dafür, die Rolle eines Agenten gesellschaftlicher Blindheit zu spielen. Die Blindheit der Gesellschaft ist mit der Blindheit der Experten für übergeordnete Zusammenhänge verbunden. Die Qualitätssicherung in der Wissenschaft ist in der Regel nicht an der Relevanz der Frage, sondern an der fachlichen methodischen Exaktheit orientiert. Die Qualitätssicherung bei fachübergreifenden Fragestellungen kann daher nicht Fachexperten allein überlassen werden.

Die Grenzen der gesellschaftlichen Wahrnehmbarkeit von möglichen Folgen durch die etablierte Wissenschaft ergeben sich:

1. aus der begrenzten Verfügbarkeit von relevanten Daten, die zunächst private Daten sind,
2. durch das Verständnis von Wissen als sicherem objektivem und reproduzierbarem Wissen, das übersieht, dass „Großexperimente mit historisch einmaligen Subjekten" nicht reproduzierbar sind,
3. durch die Begrenzung der Wahrnehmung durch die Wissenschaft aufgrund der hohen Spezialisierung und der damit verbundenen Beschränkung auf den eigenen stark begrenzten Kompetenzbereich (Arbeitsteilung ist auch Verantwortungsteilung und daher sehr bequem),
4. durch die Verquickung von Wissenschaft und Verwertungsinteressen, die sich u.a. in der Abhängigkeit mancher wissenschaftlichen Zeitschrift von Inserenten zeigt und
5. Angst vor wirtschaftlicher und/oder politischer Macht (Luhmann/Henseling 2004).

3.2 Wege zu einer Früherkennung „chemischer" Risiken: Leitbild reflexive Umweltforschung

Wie sind diese Hemmnisse, die bisher einer Früherkennung chemischer Risiken und rechtzeitigen Reaktionen entgegenstanden, zu überwinden?

Die europäische Umweltagentur hat aus den Fallstudien die folgenden – hier verkürzt wiedergegebenen – Lehren gezogen:

1. Unkenntnis, Unsicherheit und Risiken bei der Beurteilung von Technologien … erkennen und ihnen entgegentreten.
2. Langfristige Umwelt- und Gesundheitsüberwachung sowie Forschung aufgrund von Frühwarnungen durchführen.
3. Schwachpunkte und Lücken in der Wissenschaft erkennen und reduzieren.
4. Interdisziplinäre Hindernisse für die Lernentwicklung erkennen und beseitigen.
5. Sicherstellen, dass die realen Bedingungen … berücksichtigt werden.
6. … Vorzüge … gegenüber potentiellen Risiken abwägen.
7. … alternative Möglichkeiten zur Befriedigung von Bedürfnissen bewerten und anpassungsfähigere Technologien fördern …
8. Wissen von „Laien" sowie lokal verfügbares Wissen heranziehen.
9. Werte und Ansichten unterschiedlicher sozialer Gruppen berücksichtigen.
10. Unabhängigkeit von Behörden sicherstellen.
11. Institutionelle Hindernisse für die Lernentwicklung und Handlungsmöglichkeiten erkennen und beseitigen.
12. „Paralyse durch Analyse" durch Vorsorge vermeiden (Umweltbundesamt 2004).

Die Umweltwissenschaften sind aufgefordert, diese Lehren anzunehmen und produktiv umzusetzen. Sie sind dabei in der schwierigen Lage, einerseits fachwissenschaftlichen Ansprüchen (Grundlagenforschung) genügen und andererseits die aus der Gesellschaft an sie gerichtete Nachfrage nach praktischem Orientierungswissen befriedigen zu sollen.

Diesen Herausforderungen kann die Umweltforschung nur begegnen, wenn sie in ihrem Selbstverständnis deutlich über die Grenzen der klassischen Leitlinien der Naturwissenschaften hinausgeht. Hierzu ist das Leitbild der „reflexive Umweltforschung" entwickelt worden. Dieses neue Leitbild unterscheidet sich von den Leitlinien der klassischen Naturwissenschaften in zentralen Aspekten (Scheringer 2001):

Aspekte	**Klassische Naturwissenschaften**	**Reflexive Umweltforschung**
Im Zentrum der Naturerkenntnis	Naturgesetze und Ordnungsschemata	Naturgesetze und Ordnungsschemata
Regulative Idee	*Welterkenntnis:* Anspruch reiner Naturerkenntnis	*Welterschließung*: Verständnis und verantwortliche Gestaltung des Mensch-Natur-Verhältnisses
Beobachter-perspektive zur Natur-Umwelt	*Subjekt-Objekt-Trennung:* Gegenüberstellung	*Subjekt-Objekt-Verbindung:* Eingebundensein in Umwelt und Gesellschaft
Entscheidungsbezug	*Ausklammerung:* Handlungsbezüge unreflektiert	*Anbindung:* reflektierter Handlungsbezug und – soweit möglich – entscheidungsorientierte Komplexitätsreduktion
Umgang mit Nicht-Wissen	*Nicht-Wissen als potentielles Wissen:* Bearbeitung gemäß den disziplinären Standards	*Nicht-Wissen als unhintergehbare Handlungsbedingung:* Beachten von Nicht-Wissen durch Anwendung des Vorsorgeprinzips

Reflexive Umweltforschung kann zu einer nachhaltigen Chemie wesentlich beitragen, indem sie verhindert, dass unklaren und nicht realisierbaren Anforderungen an die Umweltwissenschaften begegnet und damit „Paralyse durch Analyse“ verhindert wird. Sie bezieht den Lehren der Europäischen Umweltagentur gemäß die Realität systematisch mit ein und erkennt ihre eigenen Grenzen. Grenzen des Wissens wahrzunehmen heißt auch vorzusorgen.

Das Vorsorgeprinzip ist eine der tragenden Säulen des Umweltschutzes in Deutschland. Vorzusorgen heißt, konkrete Umweltgefahren abzuwehren, Risiken für die Umwelt zu vermindern sowie vorausschauend auf die Gestaltung der Umwelt, die Entwicklung unserer natürlichen Lebensgrundlagen hinzuwirken.

Seit die Bundesregierung 1986 die „Leitlinien Umweltvorsorge" veröffentlicht hat, ist das Vorsorgeprinzip ein zentraler Pfeiler der Umwelt- und Gesundheitspolitik deutscher Regierungen. In diesen Leitlinien wird die Notwendigkeit der Risiko- und Zukunftsvorsorge herausgestellt. Risikovorsorge bedeutet, auch solche Schadensmöglichkeiten in Betracht zu ziehen, „die sich nur deshalb nicht ausschließen lassen, weil nach dem derzeitigen Wissensstand bestimmte Ursachenzusammenhänge weder bejaht noch verneint werden können und daher insoweit noch keine Gefahr, sondern nur ein Gefahrenverdacht oder ein Besorgnispotenzial besteht."

Der Zukunftsvorsorge wird am besten dadurch entsprochen, dass „umweltschonende Produktionsprozesse und Produkte entwickelt werden, die Emissionen von umweltbelastenden Stoffen erst gar nicht entstehen lassen oder zumindest so weit wie möglich vermeiden" (BMU 1986).

Als wichtiges Element vorsorgender Chemiepolitik können Struktur-Wirkungs-Beziehungen dienen, wenn es darum geht, einen konkreten Verdacht zu begründen, dem man nachgehen sollte. Als in Deutschland die „blinde" Anwendung von Thalidomid als Schmerzmittel „Contergan" zu einer großen Zahl tragischer Missbildungen führte, konnte diese Tragödie in Amerika vermieden werden. Der für die Zulassung in Amerika zuständigen Mitarbeiterin der Food and Drug Administration (FDA), Francis Kelsey, war die strukturelle Ähnlichkeit von Thalidomid mit anderen, zu Anomalien bei Embryonen führenden Substanzen aufgefallen. Diese Beobachtung veranlasste sie, die Zulassung von Contergan in den USA zu unterbinden. Später erhielt Frau Kelsey von Präsident Kennedy „The President's Award for Distinguished Federal Civilian Service" (Luhmann 2001[2]).

4 Leitbilder für eine Nachhaltige Chemie

Vor dem Zweiten Weltkrieg wurden die Fortschritte und Neuerungen sowohl der chemischen Wissenschaft als auch der chemischen Industrie

[2] S. 70.

von weiten Teilen der Bevölkerung enthusiastisch gefeiert. Dieser Enthusiasmus nahm zeittypisch auch sehr merkwürdige Formen an, wie sich aus Titeln populärer Bücher wie Walter Greilings „Chemie erobert die Welt“ (1941) oder Robert Bauers „Zellwolle siegt“ (1941) erahnen lässt. Umweltbelastungen wurden zunächst in sehr naiver Weise als unvermeidlicher Preis, der für den Fortschritt zu zahlen sei, hingenommen.

Nach dem Krieg wurde die Chemie als ein wesentlicher Baustein des Wirtschaftswunders im Westen und als Hoffnungsträger im Osten Deutschlands angesehen. Für Walter Ulbricht gab Chemie „Brot, Wohlstand und Schönheit“ (Chemiekonferenz 1958).

Störfälle wie diejenigen von Seveso (1976), Bhopal (1984) und Sandoz (1986) zwangen weltweit zu einem Umdenken. Durch diese Störfälle gerieten zunächst die betriebsbedingten Umwelt- und Gesundheitsbelastungen ins Zentrum des öffentlichen Interesses.

Nachdem hier in den 80er Jahren erhebliche Verbesserungen erzielt wurden, verschob sich der Schwerpunkt der Wahrnehmung chemiebedingter Risiken von der Produktion auf die Produkte: „Die eigentlichen Emissionen der Chemischen Industrie – wenn man den Begriff Emission wörtlich interpretiert: emittere = aussenden – sind im Grunde genommen nicht die im Zuge der Produktion entstehenden, mengenmäßig geringen Emissionen, sondern die Produkte selbst“ (Weise 1991). Damit sollten nicht die Produkte der chemischen Industrie an sich in Frage gestellt werden. Vielmehr sollte die Aufmerksamkeit auf die Risiken gelenkt werden, die bei der Nutzung und Entsorgung chemischer Erzeugnisse auftreten können.

Im Zuge des Anfang der 90er Jahre erfolgten Perspektivwechsels von den Risiken chemischer Produktion auf die Risiken der Produkte der Chemischen Industrie wurden verschiedene Leitbilder der Chemiepolitik zur Diskussion gestellt (Held 1991):

- Leitbild „Geschlossene Kreisläufe“ – Technische Optimierung bei gegebenem Bedarf
- Leitbild „Ansetzen am Bedarf“ – Von chemischen Produkten zum Hinterfragen der Nutzenfunktion
- Leitbild „Reduzierung der Chlororganika (CKW)“ – Von der Einzelstoffsubstitution zu Stoffgruppen

Leitbilder der Chemiepolitik sind in der Diskussion über nachhaltiges Wirtschaften aufgegriffen und in verschiedenen Initiativen und Forschungsvorhaben konkretisiert (und teilweise auch relativiert) worden. Aufgrund der Erkenntnis, dass die chemische Industrie nur ein – wenn auch besonders bedeutendes – Element in den verschiedenen Wertschöpfungsketten ist, sind die Anliegen der chemiepolitischen Diskussion der 70er und 80er Jahre weitgehend in die Debatte über ein nachhaltiges Wirtschaften eingegangen. Diese neue Sichtweise wurde von der Enquete-Kommission „Schutz des Menschen und der Umwelt" des 12. Deutschen Bundestages aufgegriffen und zu Vorschlägen für ein nachhaltiges Stoffstrommanagement weiterentwickelt (Deutscher Bundestag 1994). Mit dem Stoffstrommanagement sollen nicht nur einzelne Verfahrensschritte optimiert werden, sondern es soll der gesamte Lebenszyklus eines Produktes überprüft und verbessert werden. Hierfür ist eine erhebliche Verbesserung der Kommunikation und Interaktion entlang der Wertschöpfungsketten erforderlich.

Das Leitbild einer „Nachhaltigen Chemie" lässt sich heute auf internationaler und europäischer Ebene in einen weiter gefassten Kontext von Umwelt-, Forschungs- und Industriepolitik einordnen. Die im Jahr 2000 formulierte Lissabon-Strategie der Europäischen Union hat das Ziel, Europa bis zum Jahr 2010 zum weltweit wettbewerbsfähigsten Wirtschaftraum zu entwickeln. Erreicht werden soll es durch die drei Kernelemente (Kommissionsmitteilung 2005):

- Wissen und Innovation für Wachstum,
- Mehr und bessere Arbeitsplätze schaffen,
- Stärkung der Anziehungskraft Europas für Investoren und Arbeitskräfte.

Diese Strategie wird durch die EU-Nachhaltigkeitsstrategie um die Umweltdimension erweitert. Wichtiges Ziel dieser Strategien ist es, das Wirtschaftswachstum von damit einhergehender Umweltinanspruchnahme zu entkoppeln. Damit dieses Ziel gegen kurzfristige wirtschaftliche Einzelinteressen durchgesetzt werden kann, müssen die im Lissabonprozess angestrebten Innovationen am Leitbild einer nachhaltigen Entwicklung gemessen werden. Dieses Leitbild ist jedoch an sich zu abstrakt, um eine hinreichende Wirkungsmächtigkeit zu entfalten. Es muss durch lebendige Leitbilder einer nachhaltigen Produktion und nachhaltiger Konsummuster, also eines guten Lebens bei geringerer Umweltinanspruchnahme, konkretisiert werden.

Die heute diskutierten konkreten Leitbilder einer nachhaltigen Chemie lassen sich den zuvor in Abschnitt 2.3 benannten Ebenen zuordnen. Das Leitbild, das die Ebene notwendiger Innovationen in der Wissenschaft Chemie sowie der Produktion und der Produkte der Chemischen Industrie betrifft, wird in Amerika mit dem Begriff „Green Chemistry“ verbunden. Die OECD spricht von „Sustainable Chemistry“. Unter dem Titel „Green Chemistry“ ist 2003 von der GDCh ein lesenswertes Buch mit Anregungen für Nachhaltigkeit im Chemieunterricht, für ein Denken in Struktur-Wirkungs-Beziehungen, zur Nutzung nachwachsender Rohstoffe und zu praktischen Verbesserungen bei Verfahren und Produkten herausgegeben worden (GDCh 2003).

Für die zweite Ebene, die die Rolle der Chemie und der Chemischen Industrie bei der Etablierung von Entwicklungspfaden in den einschlägigen Wertschöpfungsketten und Bedürfnisfeldern betrifft, die global über Generationen hinweg Bestand haben können – also für eine nachhaltige Entwicklung notwendig und hinreichend sind, ist das Leitbild „nachhaltige Transformation“ zutreffend, das mit Begriffen wie „Rückverfolgbarkeit“ und „Stoffstrommanagement“ verbunden ist.

4.1 Leitbild „Green Chemistry“

Das Leitbild der nachhaltigen Gestaltung der industriellen Produktion wurde für die chemische Industrie zu Beginn der neunziger Jahre u.a. in einem Programm der US-EPA konkretisiert. Unter dem Titel „Green Chemistry“ veröffentlichte Paul Anastas ein integriertes Konzept für eine Nachhaltige Chemie, dessen Inhalte und Ziele sich in 12 Prinzipien zusammenfassen lassen (Anastas 1998):

1. Es ist besser, Abfälle zu vermeiden anstatt sie nach ihrer Entstehung zu verwerten oder zu behandeln.
2. Synthesemethoden sind so zu entwickeln, dass sich ein maximaler Anteil der Rohstoffe im Endprodukt wieder findet.
3. Synthesemethoden sind so zu entwickeln, dass nur Substanzen mit geringer oder gar keiner Toxizität oder Umweltgefährlichkeit eingesetzt und produziert werden.

4. Chemische Produkte sind so zu entwickeln, dass bei gleicher Wirksamkeit oder Funktion ihre Toxizität verringert wird.
5. Der Einsatz von Hilfsstoffen (Lösemittel, Trennungsmittel etc.) sollte möglichst vermieden werden, oder zumindest auf unschädliche Weise erfolgen.
6. Die Umweltauswirkungen und Kosten des Energieeinsatzes sollten berücksichtigt und minimiert werden. Synthesemethoden sollten für Umgebungstemperatur und Umgebungsdruck entwickelt werden.
7. Wenn technisch und ökonomisch möglich, sind erneuerbare Rohstoffe einzusetzen.
8. Unnötige Derivatisierung (Schutzgruppen etc.) sollte so weit wie möglich vermieden werden.
9. Katalytische Reagenzien, die so selektiv wie möglich wirken, sind stöchiometrischen Reagenzien vorzuziehen.
10. Chemische Produkte sind so zu entwickeln, dass sie nach ihrer Nutzung nicht in der Umwelt verbleiben, sondern zu unschädlichen Produkten abgebaut werden.
11. Analytische Methoden für die Prozesskontrolle in Echtzeit sind zu entwickeln, um die Bildung gefährlicher Substanzen zu verhindern.
12. Die Auswahl von chemischen Substanzen sowie ihrer Anwendungsform sind so zu wählen, dass Unfallrisiken wie Freisetzung, Explosion oder Feuer minimiert werden.

Zu großen Teilen werden diese Prinzipien bereits heute in den umweltrechtlichen Anforderungen, denen die chemische Industrie unterliegt, aufgegriffen: Die EU-Richtlinie zur integrierten Vermeidung und Verminderung von Umweltverschmutzung (IVU) setzt für die Genehmigung von chemischen Produktionsanlagen den Einsatz der Besten Verfügbaren Technik zum umfassenden Schutz der Umwelt voraus. Das erfordert den Einsatz von energie- und materialeffizienten Produktionsverfahren sowie die Minimierung von Emissionen und Unfallrisiken.

Neben diesen regulatorischen Ansätzen sind auch über den derzeitigen Stand der Technik und dessen Weiterentwicklung hinausgehende Initiativen zu entwickeln. Zukunftsweisende Forschungs- und Entwicklungstätigkeiten sowie Produkt- und Verfahrensinnovationen sollten auf ihre

Beiträge zur Umweltentlastung und zu einer nachhaltigen Produktionsweise ausgerichtet sein.

Im Umweltbundesamt verfolgen wir diese Entwicklung beispielsweise in folgenden Feldern:

Bei der Herstellung von Therapeutika, Impfstoffen, Antibiotika, Vitaminen, Detergenzien, Biokraftstoffen und Chemikalien mit den Methoden der *„Weißen Biotechnik"* können erhebliche Umweltentlastungen erzielt werden. Ein besonderes Charakteristikum der Biotechnik ist die Verwendung biogener Grundstoffe. Daher eignen sich biotechnische Verfahren insbesondere für den Einsatz nachwachsender Ressourcen und Biomasse. Dadurch können fossile Energieträger gespart und der Kohlendioxid-Ausstoß verringert werden. Ein weiterer Vorteil des Einsatzes biotechnischer Methoden im Vergleich zur chemischen Umsetzung ist die hohe Stereoselektivität der Enzyme. Hierdurch kann eine aufwändige und kostenintensive Trennung von Gemischen optisch aktiver Substanzen vermieden werden.

Biotechnische Verfahren sind jedoch nicht per se umweltfreundlich, auch sie verbrauchen Energie und Rohstoffe und verursachen Emissionen und Abfälle. Die weiße Biotechnik ist oft erst durch den Einsatz von gentechnisch veränderten Organismen (GVO) erfolgreich. Daher muss im Einzelfall eruiert werden, welche Risiken auftreten können und ob ein biotechnischer Prozess gegenüber einem chemischen Produktionsverfahren vorteilhaft ist oder nicht.

Die Entwicklung neuer oder wirksamerer *Katalysatoren* ist unter der Prämisse „Nachhaltigkeit" für die Chemie eine zentrale Herausforderung.

Von der *Nanotechnik* werden Entlastungseffekte für die Umwelt durch die Einsparung stofflicher Ressourcen, die Verringerung des Anfalls umweltbelastender Nebenprodukte, die Verbesserung der Effizienz bei der Energieumwandlung, die Verringerung des Energieverbrauchs und neue Möglichkeiten der Entfernung umweltbelastender Stoffe aus der Umwelt erwartet. Da mit der Nanotechnik in eine neue Größenordnung von Materieteilchen mit neuartigen Eigenschaften vorgestoßen wird, ist auch hier eine Risikoanalyse und Abwägung im Einzelfall erforderlich.

Mit mikrostrukturierten Komponenten und Systemen der Verfahrenstechnik lassen sich Ausbeute und Selektivität chemischer Prozesse steigern. Zahlreiche Forschungs- und Entwicklungsprojekte aus dem Bereich der *Mikroreaktortechnik* und *Mikrosystemtechnik* aus den letzten Jahren haben dies bestätigt. Des Weiteren zeichnet sich die Mikroverfahrenstechnik durch eine erhöhte Anlagensicherheit aus. Die Mikroverfahrenstechnik ist als Laborwerkzeug für die Prozessoptimierung in der chemischen Industrie etabliert, in der Produktion von Chemikalien allerdings noch weit weniger.

Neuartige Lösemittel versprechen eine umweltschonendere Durchführung von Lösungsvorgängen. Dabei werden konventionelle organische Lösemittel zunehmend ersetzt und die damit verbundenen VOC-Emissionen vermieden.

Trennprozesse erfordern in der chemischen Produktion einen Energieverbrauch von mehr als 40 % der für den Gesamtprozess benötigten Energie und verursachen 40 – 70 % der Investitions- und Betriebskosten. Optimierungen sind deshalb in diesem Bereich von außerordentlicher Bedeutung. Mit Trennverfahren, bei denen Reaktion und Stofftrennung simultan erfolgen (Reaktivrektifikation, Reaktivextraktion, Membranreaktoren), lassen sich gegenüber herkömmlichen Verfahren erhebliche Effizienzsteigerungen realisieren.

4.2 Leitbild „nachhaltige Transformation": Stoffstrommanagement und Rückverfolgbarkeit

Beim Übergang zu nachhaltigen Transformationspfaden in Wertschöpfungsketten, bei denen ein sorgsamer Umgang mit und/oder die Substitution von Gefahrstoffen erforderlich ist, kommt der chemischen Industrie als dem Akteur, der über das Stoffwissen verfügt, eine Schlüsselstellung zu. Ein ökologisch und gesundheitlich „sauberer" Textilmarkt ist darauf angewiesen, dass der Händler weiß, welche problematischen Stufen in der Wertschöpfungskette existieren und dass er dem Kunden glaubhaft versichern kann, dass dort hinsichtlich der Schadstoffproblematik sorgfältig gearbeitet wurde. Damit das nachvollziehbar gehandhabt und kommuniziert werden kann, muss die chemische Industrie als Stofflieferant den Anwendern (Spinnereien, Webereien, Färbern, Veredlern, …) die notwendigen Informationen über problematische Eigenschaften und mögliche Nebenwirkungen in einer leicht verständlichen und einfach kommunizierbaren Form zur Verfügung stellen. Hier besteht noch erheblicher Verbesserungsbedarf.

Stoffströme zu managen ist ein Konzept, das die nachhaltige Optimierung von regionalen und betrieblichen Stoffströmen in konkreten, praxisnahen Projekten zum Ziel hat. Im Rahmen verschiedener Förderprogramme zum nachhaltigen Wirtschaften ist das Konzept des Stoffstrommanagements in verschiedenen Anwendungsfeldern in den letzten Jahren erheblich weiterentwickelt worden. Dabei hat der Anspruch der „Rückverfolgbarkeit" des Lebensweges von Produkten nicht nur bei Lebensmitteln und Textilien, sondern auch bei Papier oder Möbeln etc. an Bedeutung gewonnen.[3]

Die Enquete-Kommission „Schutz des Menschen und der Umwelt" des 12. Deutschen Bundestages hat als wesentliches Hindernis für ein ökologisch orientiertes Stoffstrommanagements z.B. der textilen Kette Informationsverluste zwischen den verschiedenen Gliedern der Kette festgestellt. Zur Behebung dieses Defizits hat die Kommission die Einrichtung einer Informations- und Sammelstelle zur ökologischen Klassifizierung von Veredlungsmitteln (Textilhilfsmittel und Farbstoffe) und die forcierte toxikologische Aufarbeitung von Altstoffen für Hilfsmittel und Farbstoffe gefordert (Deutscher Bundestag[4] 1994).

Im Entwurf zur Neuordnung des europäischen Chemikalienrechts (REACH) soll die Verantwortung für die Überprüfung der Chemikaliensicherheit nach dem Prinzip der Beweislastumkehr von den nationalen Behörden auf die Hersteller und Importeure übertragen werden. Sie sollen ihre Stoffinformationen an alle Abnehmer, die nachgeschalteten Anwender, weitergeben und so sicherstellen, dass ihre Produkte sicher zu handhaben sind und Problemstoffe nach bestem Stand des Wissens substituiert werden können, damit weder die Gesundheit noch die Umwelt über Gebühr belastet werden.

Es bleibt abzuwarten, ob diese zentral wichtige Intention durch die Fassung von REACH, die letztlich verabschiedet und in Kraft gesetzt werden wird, hinreichend unterstützt wird.

5 Nachhaltigkeit als Wettbewerbsfaktor und Innovationsanreiz

Der Wandel in der öffentlichen Wahrnehmung der Chemischen Industrie vom wohltätigen Fortschrittsmotor zum Verursacher schlimmer Übel hat

[3] Eine gute Übersicht über Methoden, Akteure und Anwendungebiete des Stoffstrommanagements ist zu finden unter: http://de.wikipedia.org/wiki/Stoffstrommanagement (eingesehen am 01.03.2006).

[4] S. 205.

bei den Verantwortlichen in Unternehmen und Verband in den 70er Jahren zunächst zu einer ausgeprägten Abwehrhaltung geführt, die heute nur noch in einigen klassischen Formen des Lobbyismus zu finden ist. Erste Werbestrategien in den 70er Jahren, die Umweltargumente ins Spiel brachten (z.B.: „Wir erzeugen gelbe Farbstoffe ohne Benzidin" oder „Unsere Schwefelsäure enthält keine Schwermetalle") wurden in der Branche heftig abgelehnt, da sie angeblich den Kritikern zusätzliche Argumente lieferten (Weise/Meerkamp/Friege/Henseling 1999).

Heute sind Umweltaspekte anerkannte Wettbewerbsfaktoren, die jedoch im Konzert konkurrierender Einflüsse noch einen schweren Stand haben. Unter dem starken Wettbewerbsdruck in einer globalisierten Wirtschaft besteht ein starker Anreiz, Gewinne auch auf Kosten von Umwelt und Gesundheit zu machen. Innovationen in Richtung Nachhaltigkeit können nur dann entstehen, wenn dem „an sich" gegenüber allen anderen Anforderungen und Qualitäten rücksichtslosen Zwang zur Gewinnmaximierung Grenzen – „Leitplanken" einer nachhaltigen Entwicklung – gesetzt werden. Dafür gibt es unterschiedlich wirksame Instrumente: staatliche Regulierung (Verbote, Gebote, Internalisierung externer Kosten), Selbstverpflichtungen der Unternehmen, Rückbesinnung auf Ethik bzw. Moral (Unternehmensethik, ethischer Konsum, sustainable value, „alle sitzen im selben Boot" ...). Steigende Versicherungsprämien aufgrund vermehrter Katastrophen üben einen wirksamen Druck aus, die Leitplanken zu beachten.

Innovationen stehen, auch wenn deutliche ökologische und ökonomische Vorteile absehbar sind, erhebliche Beharrungskräfte entgegen. Zu den Faktoren, die Innovationen behindern, gehören u.a. die sogenannten Pfadabhängigkeiten, z.B. Festlegungen auf einen bestimmten technologischen Entwicklungspfad oder bestimmte Konsummuster. Um solche Beharrungskräfte überwinden zu können, müssen viele Akteure zusammenwirken, hemmende Rahmenbedingungen beseitigt und fördernde geschaffen werden. Innovationsfähigkeit ist eine „systemische" Qualität, bei der Kooperationen der wirtschaftlichen Akteure untereinander und zwischen Wirtschaft und Rahmen setzendem Staat eine wichtige Rolle spielen.

Innovationen zur Substitution von umwelt- oder gesundheitsschädigenden Produkten oder Produktionen wurden in der Vergangenheit oft durch öffentliche Skandalisierung angestoßen – mit der Folge erheblicher Imageverluste und Markteinbußen der betroffenen Unternehmen. Die

Entwicklung umwelt- und gesundheitsverträglicherer Alternativen und die staatliche Regulierung des Inverkehrbringens von Chemikalien sowie der Anwendungsbereiche folgten diesem Druck. Die Vermeidung einer drohenden Skandalisierung scheint bisher ein wesentlich wirksamerer Treiber zu sein, als die Motive und Ethiken der Wirtschaftsakteure einerseits und die gesetzlichen Rahmenbedingungen andererseits. Die Vermeidung einer eventuell drohenden Skandalisierung ist jedoch kein besonders attraktives Motiv zur Schaffung der Kooperationen, die für weiter reichende Innovationen erforderlich sind.

Die positive Alternative zu dem negativen Anreiz „Skandalisierung" sind Leitbilder, die Innovationen ihre Richtung vorgeben. Leitbilder sind in der Lage, die schwierigen Koordinations- und Synchronisationsleistungen anzuregen und zu unterstützen, die für das Zusammenwirken vieler verschiedener Akteure in einem gemeinsamen Innovationsprojekt nötig sind (Gleich 2006).

Die chemische Industrie hat bei Innovationen, die sich am Leitbild „nachhaltige Transformation" orientieren, eine Schlüsselstellung, weil die meisten ihrer Produkte in Form von Vorprodukten in verschiedene Wertschöpfungsketten z.B. der Nahrungsmittelindustrie, der Textilindustrie oder der Autoindustrie eingehen. Die chemische Industrie kann und sollte ein wichtiger Partner beim „Greening" dieser Wertschöpfungsketten durch ein ökologisch und sozial verantwortliches Stoffstrommanagement sein. Der Aufbau geeigneter Kommunikations- und Kooperationsstrukturen mit den betroffenen Verbänden, Betreibern und Anwendern für ein solches Stoffstrommanagement ist eine Zukunftsaufgabe, die bisher noch in den „Kinderschuhen" steckt.

In der Lissabon-Strategie der EU-Kommission werden „Wissen und Innovation" als ein Kernelement genannt. Dieses Element kann mit den Erfordernissen eines nachhaltigen Wirtschaftens und einer Nachhaltigen Chemie nur dann in Einklang gebracht werden, wenn über die erforderliche Innovationsrichtung Klarheit besteht. Schließlich haben sich viele „Innovationen" der Vergangenheit als Ursache von „Nichtnachhaltigkeit" herausgestellt. Untersuchungen von Konsumgütern wie Lebensmittel oder Gebrauchsgüter, wie sie beispielsweise von der Stiftung Warentest durchgeführt werden, zeigen immer wieder bedenkliche Belastungen mit Schadstoffen. Diese Tatsache zeigt, dass die Gefahrstoffsubstitution in vielen Wertschöpfungsketten weiterhin ein dringendes Anliegen ist. Es ist zu hoffen, dass die u.a. mit dem neuen europäischen Chemikalienrecht beabsichtigten Impulse in dieser Richtung wirksam werden.

6 Zusammenfassung

Die Auseinandersetzung mit den chemiepolitischen Leitbildern der frühen 90er Jahre in Wissenschaft, Unternehmen und Politik hat zu einer differenzierteren Auseinandersetzung mit den diesen Leitbilder zugrunde liegenden Anliegen geführt. Das gilt für die Leitbilder „Geschlossene Kreisläufe“ und „Reduzierung der Chlororganika (CKW)“. Das Leitbild „Ansetzen am Bedarf“ hat Eingang in zahlreiche Aktivitäten im Bereich nachhaltigen Wirtschaftens und nachhaltigen Konsums gefunden.

Heute können in der chemiepolitischen Diskussion – oder besser in den für die Chemie relevanten Feldern der Nachhaltigkeitsdiskussion – drei Leitbilder identifiziert werden, deren Schwerpunkt bei unterschiedlichen Akteuren liegt und denen unterschiedliche Kriterien einer nachhaltigen Chemie zugeordnet werden können:

Das *Leitbild reflexive Umweltforschung* richtet sich primär an Umweltwissenschaftler. Ihm sind folgende Kriterien und Prinzipien zuzuordnen:

- *Naturerkenntnis:* Wie in den klassischen Naturwissenschaften geht es auch hier zunächst um die Erkenntnis von Naturgesetzen und Ordnungsschemata.
- *Welterschließung:* Außermenschliche und menschliche Natur sind als zusammenhängendes Ganzes zu verstehen und die verantwortliche Gestaltung des Mensch-Natur-Verhältnisses ist als Aufgabe zu erkennen, an der auch die Wissenschaft Anteil haben muss.
- *Subjekt-Objekt-Verbindung:* Das Wissen um das Eingebundensein in Umwelt und Gesellschaft muss in umweltwissenschaftliches Handeln einfließen.
- *Anbindung:* Umweltforschung reflektiert ihren Handlungsbezug und reduziert – soweit möglich – entscheidungsorientiert die Komplexität ihres Betrachtungsgegenstandes.
- *Umgang mit Nicht-Wissen:* Grenzen des Wissens werden reflektiert und durch Anwendung des Vorsorgeprinzips berücksichtigt.

Das *Leitbild „Green Chemistry"* richtet sich primär an Forscher und Entwickler sowie an Aus- und Fortbilder. Ihm sind folgende Kriterien und Prinzipien einer nachhaltigen Chemie (verkürzt nach Anastas) zuzuordnen:

- *Materialeffizienz:* Hier geht es u.a. um das Vermeiden von Abfällen, die Verbesserung der Ausbeute und das Vermeiden von Hilfsstoffen. Katalytische Reagenzien, die so selektiv wie möglich wirken, sind stöchiometrischen Reagenzien vorzuziehen. Unnötige Derivatisierung (Schutzgruppen etc.) sollte so weit wie möglich vermieden werden.
- *Rohstoffwahl:* Wenn technisch und ökonomisch möglich, sind erneuerbare Rohstoffe einzusetzen.
- *Energieeffizienz:* Die Umweltauswirkungen und Kosten des Energieeinsatzes sollten berücksichtigt und minimiert werden. Synthesemethoden sollten für Umgebungstemperatur und Umgebungsdruck entwickelt werden.
- *Abbaubarkeit:* Chemische Produkte sind so zu entwickeln, dass sie nach ihrer Nutzung nicht in der Umwelt verbleiben, sondern zu unschädlichen Produkten abgebaut werden.
- *Toxizität und Umweltgefährlichkeit:* Synthesemethoden sind so zu entwickeln, dass nur Substanzen mit geringer oder gar keiner Toxizität oder Umweltgefährlichkeit eingesetzt und produziert werden. Chemische Produkte sind so zu entwickeln, dass bei gleicher Wirksamkeit oder Funktion ihre Toxizität verringert wird. Analytische Methoden für die Prozesskontrolle in Echtzeit sind zu entwickeln, um die Bildung gefährlicher Substanzen zu verhindern. Die Auswahl von chemischen Substanzen sowie ihre Anwendungsform sind so zu wählen, dass Unfallrisiken wie Freisetzung, Explosion oder Feuer minimiert werden. Struktur-Wirkungs-Beziehungen werden dem Vorsorge-Prinzip entsprechend genutzt, um Hinweise auf mögliche Gefahren zu erhalten, denen man nachgehen sollte.

Das Leitbild *„nachhaltige Transformation"* zielt darüber hinaus auf die erforderlichen Kommunikations- und Kooperationsformen. Hier sind folgende Kriterien von Bedeutung:

- *Notwendige und hinreichende Innovationen* verändern Wertschöpfungsketten und Infrastrukturen so, dass deren Entwicklung in

„nachhaltige Transformationspfade“ gelenkt wird, die dadurch gekennzeichnet sind, dass die durch sie verursachte absolute Umweltinanspruchnahme dauerhaft vertretbar ist.

- *Darstellung* von *Alternativen*: Ein Weg zur kooperativen Entwicklung nachhaltiger Transformationspfade sind Szenarien, deren Grundlagen und Annahmen möglichst einvernehmlich erarbeitet werden müssen. Hierbei ist eine breite Spanne fachlich disziplinären Wissens und praktischen Erfahrungswissens einzubringen – unter Beachtung normativer Aspekte. Die Ergebnisse sind in eine Form zu bringen, die ihre öffentliche Diskussion und Bewertung erlaubt und befördert.
- *Verfügbarkeit von Stoffwissen* und dessen *Kommunikation* in den Wertschöpfungsketten: Hinsichtlich der sicheren Handhabung und/oder Substitution von Gefahrstoffen ist die chemische Industrie der Akteur, der über das Stoffwissen verfügt und der den Anwendern das Wissen über problematische Eigenschaften und mögliche Nebenwirkungen in einer leicht verständlichen und einfach verfügbaren Form zur Verfügung stellen muss.
- *Transparenz* objektiver und normativer *Bewertungsgrundlagen*: Da wir die Leitplanken, die uns vor dem Risiko ökotoxischer und humantoxischer Wirkungen schützen sollen, bisher nur unvollkommen erkennen können, ist die aufmerksame Wahrnehmung und Beurteilung akuter und potentieller Gefahrstoffrisiken eine gesellschaftliche Verständigungsaufgabe, die unter Beteiligung der relevanten Akteure vorangebracht werden sollte.
- *Anwendung* des *Vorsorgeprinzips*: Die bestehende Unsicherheit hinsichtlich der chemiespezifischen Leitplanken einer nachhaltigen Entwicklung begründet die Notwendigkeit der Risiko- und Zukunftsvorsorge. Die Perspektive nachhaltiger Chemie ist in diesem Sinn darauf ausgerichtet, umweltschonende Produktionsprozesse und Produkte zu entwickeln und Emissionen von umweltbelastenden Stoffen erst gar nicht entstehen lassen oder zumindest so weit wie möglich vermeiden.

> „Der Beitrag des Umweltbundesamtes möchte helfen, aussichtsreiche Entwicklungspfade von weniger aussichtsreichen zu unterscheiden. Es erfordert Mut und Phantasie, die gewohnten Wege zu verlassen, und wie immer sind es die ersten Schritte, die am schwierigsten sind. Ich bin jedoch davon überzeugt, dass wir alle nur dann auf eine friedliche

und gestaltbare Zukunft vertrauen können, wenn wir möglichst frühzeitig mit dieser Gestaltung beginnen. ‚Genieße jetzt, zahle später' – das ist die falsche Devise." (Troge 2002)

Literatur

BMU: Der Bundesminister für Umwelt, Naturschutz und Reaktorsicherheit (Hrsg.) (1986): Leitlinien der Bundesregierung zur Umweltvorsorge durch Vermeidung und stufenweise Verminderung von Schadstoffen (Leitlinien Umweltvorsorge), Bundestagsdrucksache 6028, Bonn

Chemiekonferenz (1958): Aus dem Referat auf der Chemiekonferenz des ZK der SED und der Staatlichen Plankommission in Leuna

Deutscher Bundestag, Enquete-Kommission „Schutz des Menschen und der Umwelt" (Hrsg.) (1994): Die Industriegesellschaft gestalten. Perspektiven für einen nachhaltigen Umgang mit Stoff- und Materialströmen. Economica Verlag, Bonn

Fraunhofer ISI (Karlsruhe) und Oekopol (Hamburg), Umweltbundesamt (Hrsg.) (2004): Analyse der Kosten und Nutzen der neuen Chemikalienpolitik"; Studie, Kurzfassung http://www.reach-info.de/03_entwicklung/01_wirtschaftlichkeit/01_UBA-Forschungsprojekt/041002_Kurzfassung_UBA_Forschungsprojekt.pdf (eingesehen am 01.03.2006)

Gesellschaft Deutscher Chemiker (GDCh) (Hrsg.): Green Chemistry – Nachhaltigkeit in der Chemie. Wiley-VCH: Weinheim 2003

Gleich, Arnim von: Innovation und Nachhaltigkeit – ein gespanntes Verhältnis diskutiert am Beispiel der Gefahrstoffsubstitution. Entwurf eines Beitrages für die Zeitschrift GAIA

Held, M. (Hrsg.) (1991): Leitbilder der Chemiepolitik. Campus Verlag: Frankfurt a.M./New York

Henseling, K.O. (2005): Nachhaltigkeit und Auto-Mobilität. In GAIA 14/4, S. 299-306

Luhmann, H.-J. (2001): Die Blindheit der Gesellschaft. Filter der Risikowahrnehmung. Gerling Akademie Verlag, München

Luhmann, H. J. und Henseling, K.O.: Gefahren(früh-)erkennung. In: Ipsen, D. und Schmidt, J.C. (Hrsg.) (2004): Dynamiken der Nachhaltigkeit. Metropolis-Verlag, Marburg

LUWOGE, Wohnungsunternehmen der BASF GmbH (2001): Das 3-Liter-Haus. Eine Innovation in der Altbaumodernisierung. Ludwigshafen

Mitteilung der Kommission: Zusammenarbeit für Wachstum und Arbeitsplätze – Ein Neubeginn für die Strategie von Lissabon, SEC/2005/192, 193

Müller, E. (2006): Vorsitzende Verbraucherzentrale Bundesverband, in Öko-Test-Magazin 1/2006, S. 139

Paul. T. Anastas and John C. Warner: Green Chemistry: Theory and Practice, Oxford University Press, 1998

Perroy, A. (2001) Generalsekretär von CEFIC, in einem Schreiben an MEPs vom 12. November 2001; nach: Bulldozing REACH – the industry offensive to crush EU chemicals regulation, Corporate Europe Observatory, http://www.corporateeurope.org/lobbycracy/BulldozingREACH.html (eingesehen am 01.03.2006)

Scheringer, M., Böschen, St. und Jaeger, J. (2001): „Wozu Umweltforschung? Über das Spannungsverhältnis von Forschungstraditionen und umweltpolitischen Leitbildern“ In: GAIA 2/10, S. 122-132

Troge, Andreas in: Umweltbundesamt (Hrsg.): Nachhaltige Entwicklung in Deutschland. Die Zukunft dauerhaft umweltgerecht gestalten. Erich Schmidt Verlag: Berlin 2002, S. IV (Vorwort)

Umweltbundesamt (Hrsg.) (2002): Nachhaltige Entwicklung in Deutschland. Die Zukunft dauerhaft umweltgerecht gestalten. Erich Schmidt Verlag, Berlin

Umweltbundesamt (Hrsg.) (2004): Späte Lehren aus frühen Warnungen: Das Vorsorgeprinzip 1896 – 2000. Berlin

Umweltbundesamt (Hrsg.) (2005): Die Zukunft in unseren Händen. 21 Thesen zur Klimaschutzpolitik des 21. Jahrhunderts. Kurzfassung. Dessau; http://www.umweltbundesamt.org/fpdf-k/2962.pdf (eingesehen am 01.03.2006)

Weise, E.: Grundsätzliche Überlegungen zu Verbreitung und Verbleib von Gebrauchsstoffen (use pattern). In: Martin Held (Hrsg.) (1991): Leitbilder der Chemiepolitik. Campus Verlag: Frankfurt a.M./New York 1991, S. 55-64

Weise, E.; Meerkamp van Embden, I.; Friege, H.; K.O. Henseling: Von der Chemiediskussion zum Chemiedialog. In: GDCh (Hg.): Chemie erlebt – 50 Jahre GDCh. Frankfurt am Main 1999, S. 248

Wissenschaftlicher Beirat der Bundesregierung Globale Umweltveränderungen (WBGU) (Hrsg.) (2003): Jahresgutachten

Chemiezukünfte – Leitbilder und Leitplanken am Beispiel Bionik / Biomimetik und Nanotechnologie

Arnim von Gleich

Einleitung

Mark Twain wird der Spruch zugeschrieben: ‚Prognosen sind schwierig, besonders wenn sie die Zukunft betreffen'. Die Zukunft ist offen, Aussagen über die Zukunft ‚der Chemie' sind extrem unsicher, insofern ist der Plural ‚Chemiezukünfte' durchaus angemessen. Andererseits lehrt uns die Technikgenese- und Innovationsforschung, dass die Zukunft technologischer Entwicklungen so völlig offen auch wieder nicht ist. Ähnlich wie von Thomas Kuhn für die Wissenschaftsgeschichte beschrieben, verläuft die Technikentwicklung oft über lange Zeiträume entlang eines bestimmten Pfades (wissenschaftlichen Paradigmas oder technologischen Trajekts) (Kuhn 1976, Dosi 1982). Die Entwicklung des Verbrennungsmotors verläuft z. B. seit über 100 Jahren auf so einem Trajekt. Dies dürfte in der Chemie nicht viel anders sein. Die Chemiezukunft wird weitgehend geprägt durch die Chemiegegenwart. Die Innovationsforschung spricht in solchen Fällen von Pfadabhängigkeiten (lock-ins), die überwunden werden müssen, wenn es zu einem Pfadwechsel kommen soll. Die Zukunft der Chemie wird also auch zu einem hohen Maße noch durch die Gegenwart der Chemie bestimmt sein. Man denke nur daran, wie schwer sich die deutschen Unternehmen der Großchemie getan haben bei der Umstellung von Bulk- auf Feinchemikalien und bei der Annäherung an die ‚life sciences'.

Noch schwieriger wird es, wenn nicht mehr nur von *möglichen* Chemiezukünften die Rede sein soll, sondern von besonders *wünschenswer-*

ten (bzw. notwendigen), z. B. von einer ‚nachhaltigeren Chemie'. Damit stellt sich das Problem der Beeinflussbarkeit oder gar Steuerbarkeit von wissenschaftlich-technischen Entwicklungen. In modernen, komplexen, ausdifferenzierten Gesellschaften dürfte es allerdings wohl kaum einen Punkt geben, von dem aus die chemisch-technische Entwicklung ‚gesteuert' werden kann. Weder die Konzernzentralen, noch die Verbraucher, noch die Umweltgruppen, noch die universitären und außeruniversitären Forschungszentren oder die staatlichen Institutionen haben genug Macht, um solche Entwicklungen nach Gutdünken allein zu steuern. Sie können sie allerdings, im Verbund mit weiteren Akteuren des Chemie-Innovationssystems, durchaus beeinflussen. Und sie sollten ihre Möglichkeiten auch nutzen. Selbstverständlich gehören die Vorstandsetagen der Chemischen Industrie zu den besonders einflussreichen Akteuren. Und selbstverständlich machen diese sich auch Gedanken über die Zukünfte der Chemie.

1 Chemiezukünfte – Nachhaltigere Chemie zwischen Biomimetik und Nanotechnologie?

Wenn man sich die vorliegenden Veröffentlichungen der Chemischen Industrie zu ihren Zukunftsperspektiven anschaut, kann man feststellen, dass sich diese branchenspezifischen Überlegungen zum einen entlang der derzeit vorherrschenden Trajektorien bewegen insbesondere mit dem Fokus auf Effizienzsteigerungen (z.B. Katalyse). Es werden aber auch viel versprechende Pfadwechsel anvisiert, die insbesondere mit Begriffen wie Kombinatorische Chemie, Nanotechnologie sowie Biomimetik umrissen werden. Die wesentlich vom Europäischen Chemieverband CEFIC und seinen großen Mitgliedsfirmen getragene European Technology Platform for Sustainable Chemistry hat z. B. 2005 unter dem Titel SusChem eine Vision für 2025 und darüber hinaus vorgestellt (vgl. *www.suschem.org*). Zentrale Begriffe in dieser Vision einer nachhaltigeren Chemie sind die Verbesserung der Ökoeffizienz, die Beherrschung der molekularen Größenordnung, Nanotechnologie, funktionale Werkstoffe, Bio-Nano-Verbundwerkstoffe unter Verwendung biomimetische Werkstoffkonzepte, katalytische Reaktionen, Moleküldesign am Computer (insilico technologies) und weiße Biotechnologie. Auch die US-amerikanische Chemische Industrie hat – allerdings schon fast zehn Jahre früher (1996)

– eine Technology Vision für 2020 skizziert. Sie setzte bei ihrer Erarbeitung methodisch auf das bisher eher aus der IT-Branche bekannte technologiepolitische Planungsinstrument der ‚Technology-Roadmaps' (vgl. Möhrle, Isenmann 2005), welches durchaus auch eine gewisse Nähe zur leitbildgesteuerten Technikentwicklung aufweist, auf die in diesem Text noch näher eingegangen werden wird. Von der US-Amerikanischen Chemischen Industrie wurden im Lauf der Jahre Roadmaps u. a. zur Biokatalyse, kombinatorischen Chemie, zu Trennprozessen, Neuen Werkstoffen (2002) und zu Nanomaterialen ‚by design' (2003) erarbeitet und veröffentlicht (vgl. www.chemicalvision 2020.org/ techroadmaps. html). Bemerkenswert ist in diesem Zusammenhang auch die Betonung der zunehmenden Bedeutung eines Managements entlang der Wertschöpfungsketten, eine Aufgabe, die sich auch in Europa im Zuge der neuen Europäischen Chemikaliengesetzgebung nach dem REACh-Ansatz verschärft stellt.

Zu den wesentlichen Schlüsselbegriffen, mit denen die Chemiezukünfte umschrieben werden, scheinen also Katalyse, kombinatorische Chemie, Nanotechnologie und Biotechnologie zu gehören, wobei diese zukünftigen Technologielinien gerne in ein ‚nachhaltigeres Licht' getaucht werden durch Formulierungen wie biomimetisch bzw. ‚by design'.

Die spannende Frage ist nun, wie sich diese technologischen Perspektiven bewerten lassen. Ein solcher Bewertungsdiskurs wird gern als Debatte über Chancen und Risiken geführt. Dem können wir uns hier durchaus anschließen. Es muss allerdings festgehalten werden, dass hier nur die technologische Seite im Blick ist. Ein Diskurs über Chancen und Risiken ist ohne Einbeziehung der Anwendungskontexte von Technologien nicht möglich. Insofern müssen sich die technologiebezogene Debatten auf Aussagen über ‚technologische Potentiale' und ‚Gefährdungen' beschränken. Es geht also einerseits um die Frage nach den möglichen Beiträgen einer zukünftigen Chemie in Richtung auf mehr Nachhaltigkeit und andererseits um die Frage nach neuen Gefährdungspotentialen, die mit der technologischen Entwicklung verbunden sind und insofern dem Nachhaltigkeitsziel womöglich entgegenstehen. Diese Fragestellungen sind beliebig komplex zu bearbeiten. Im vorliegenden Text erfolgt eine Konzentration auf zwei Aspekte. Die Gefährdungsproblematik wird diskutiert am Beispiel der Nanotechnologien. Dem liegt die These zugrunde, dass die Nanotechnologien in der Konvergenzlinie stehen zwischen den chemischen und den biologischen Technologien (vgl.

Abbildung 1). Die Frage nach den möglichen technologischen Potentialen für mehr Nachhaltigkeit wird diskutiert am Beispiel der Bionik bzw. Biomimetik. Jenseits des – möglicherweise durchaus auch berechtigten – Verdachts, dass die Thematisierung von Biomimetik im Zusammenhang der Zukunftsvisionen der Chemieunternehmen einen Versuch der Akzeptanzbeschaffung für Bio- und Gentechnik und Nanotechnologie darstellt, wird der Frage nachgegangen welche Perspektiven sich hier für eine nachhaltigere Chemie realistischerweise eröffnen können.

Abbildung 1: Technologiegenerationen mit zunehmender Eingriffstiefe und Wirkmächtigkeit

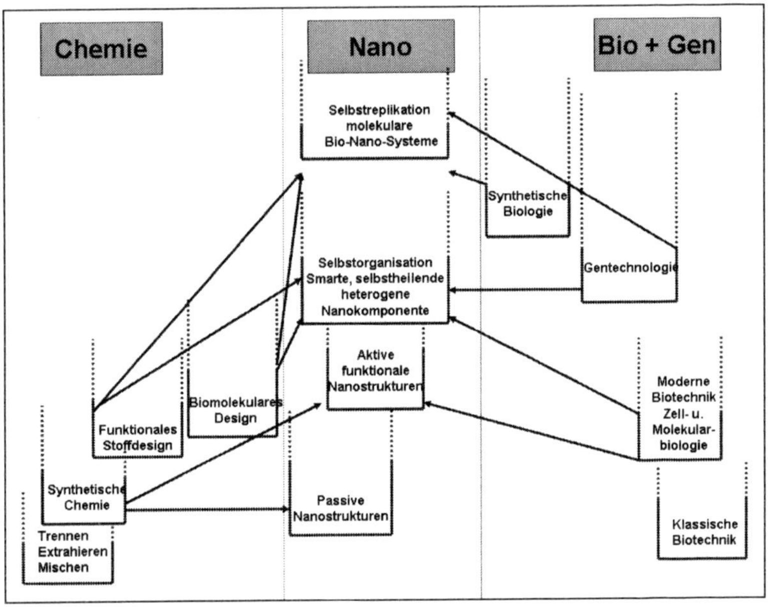

Die folgenden Überlegungen zu ‚Chemiezukünften' werden sich also einerseits aus der Chancenperspektive auf Bionik / Biomimetik und andererseits aus der Risikoperspektive auf Nanotechnologien konzentrieren. Dabei wird zunächst die Thematik der Steuerbarkeit von zukünftigen technologischen Entwicklungen im Chemiebereich vertieft und in diesem Zusammenhang die Frage nach der Beeinflussbarkeit dieser Entwicklungen durch Leitbilder gestellt. Stellvertretend wird dabei das Leitbild Bionik bzw. Biomimetik, also das Leitbild einer Technik nach dem Vorbild der belebten Natur diskutiert. Nach dieser Auslotung von Chancen geht es dann im zweiten Teil mit Fokus auf Nanotechnologien (innerhalb derer ja auch zur Biomimetik eine bedeutende Schnittmenge existiert) stärker um die Risiken, die mit dieser neuen Techniklinie verbunden sein können sowie um mögliche Maßnahmen eines vorsorgeorientierten Risikomanagements, mit deren Hilfe diese Risiken minimiert werden können.

2 Leitbildorientierte Technikgestaltung

Einen Ansatzpunkt zur Beeinflussung von wissenschaftlich-technischen Entwicklungen bieten Leitbilder. Leitbilder spielen nachgewiesenermaßen eine wichtige Rolle in der Technikentwicklung[1]. Sie wirken als mehr oder minder explizit ausformulierte Elemente sowohl in wissenschaftlichen als auch in technischen Paradigmen. Umstritten ist allerdings, ob bzw. inwieweit Leitbilder zur Beeinflussung oder gar Steuerung von wissenschaftlich-technischen Entwicklungen aktiv eingesetzt werden können. Wünschenswert wäre dies. Doch wirksame Leitbilder können nicht am grünen Tisch entworfen und dann gezielt ‚eingesetzt' werden. Leitbilder werden in der Regel mehr oder minder ‚vorgefunden' – eine Formung und Beeinflussung gelingt allenfalls auf dem Wege ihrer Explikation (Auslegung) und ggf. Zuspitzung. So wird zwar auf Unternehmensebene von einem erfolgreichen ‚Management durch Leitbilder' berichtet (vgl. Matje 1996), doch auch dies dürfte den geschilderten Restriktionen unterliegen. Wenn es allerdings gelänge, konkurrierende Leitbilder so zu verdichten und zu konkretisieren, dass konkurrierende Entwicklungspfade als in sich konsistente Szenarien dargestellt werden können, würden ‚Zukünfte' öffentlich diskutierbar und damit der Diskurs über wissenschaftlich-technische Weichenstellungen zugänglicher für gesellschaftliche Entscheidungen. In der Energiepolitik war dies in der Vergangenheit ein Stück weit gelungen.

Leitbilder umfassen und orientieren schließlich auf weit mehr als ‚nur' Risikoaspekte. Leitbildorientierte Technikentwicklung und -gestaltung

[1] Vgl. Dierkes, M./Hoffmann, U./Marz, L. 1992

nach dem Vorbild der Natur stellt den Versuch dar, wegzukommen vom ‚End-of-pipe-Ansatz', vom Prinzip der Nachsteuerung und Nachbesserung, bei dem zunächst einmal Lösungen mit beschränkten Optimierungsparametern entwickelt werden. Stattdessen sollen von vornherein mehrdimensional optimierte, also sowohl Arbeits- als auch Umweltschutzaspekte sowie den Ressourcenverbrauch berücksichtigende, Lösungen gesucht werden unter bewusster Einbeziehung aller Nachhaltigkeitsaspekte.

Die Konkretisierung in Szenarien verleiht den Leitbildern auch insofern mehr Kraft, als nicht mehr nur die Richtung, sondern auch schon ansatzweise erste ‚gelungene Beispiele' vorgestellt werden können. Die Protagonisten derartiger Entwicklungen werden dadurch aber auch angreifbarer, weil sie sich nicht mehr nur auf die Formulierung von Kriterien beschränken, die z. B. eine nachhaltigere Chemie erfüllen sollte, sondern konkrete Beispiele vorstellen, wie eine solche aussehen könnte.

Der hohe Stellenwert von Leitbildern ist in jüngster Zeit auch am Beispiel der Nanotechnologien unübersehbar deutlich geworden. Ohne die in der Nanodebatte immer wieder verwendeten Bilder, angefangen von den Drexlerschen Visionen bis hin zu den aus Atomen geformten Schriftzügen (vgl. Nordmann et al. 2004), ohne die mit diesen Bildern verbundenen technischen Utopien und Verheißungen wäre es kaum möglich gewesen, derart hohe staatliche und inzwischen auch private Fördersummen für diese Forschungen zu mobilisieren und all die schon seit geraumer Zeit verstreut arbeitenden Forschergruppen aus der Kolloidchemie, der Mikroelektronik, den Materialwissenschaften und der Molekularbiologie unter dem großen Dach (umbrella term) Nanotechnologie zusammenzuführen.

Man weiß mittlerweile schon einiges darüber wie Leitbilder ihre Orientierungsleistung vollbringen und welche Anforderungen an erfolgreiche Leitbilder gestellt werden. Zu den wichtigsten Funktionen von Leitbildern gehört die Orientierung, Motivierung und Mobilisierung der Akteure sowie die Konstitution einer Gruppenidentität. Leitbilder strukturieren die Wahrnehmung und dienen der Komplexitätsreduktion. Sie sind nicht zuletzt wichtige Orientoren zur Synchronisation der Handlungen vieler einzelner unabhängiger Akteure. Zu den wichtigen Erfolgsbedingungen von Leitbildern gehören ihre Bildhaftigkeit, ihr emotionaler Gehalt und ihr Wertebezug. Leitbilder sollen Resonanz entfalten. Dazu ist nicht nur ein Bezug sowohl zur Wünschbarkeit als auch zur Machbarkeit nötig (letzteres in Abgrenzung zu Visionen), sondern auch eine Portion Irritation (und damit eben nicht nur das Bedienen schon vorhandener Bewusstseinselemente). Aber auch ein Anknüpfen an weit verbreiteten Mythen kann zum Erfolg von Leitbildern beitragen. Beim ‚Vorbild Natur' dürfte z. B. das Naturnahe als das Gesunde, Bewährte, das Ganzheitliche eine große Rolle spielen, die so genannte ‚gute alte Qualität', auf die auch in der Werbung gerne angespielt wird. Es handelt sich dabei um Mythen, die über die Lebensreformbewegung Anfang des 20. Jahrhunderts bis zurück in die Romantik verfolgt werden können. Derartige Mythen dürften zum Erfolg von Leitbildern wie Naturheilkunde, biologische Landwirtschaft und Kreislaufwirtschaft maßgeblich beigetragen haben.

Neben den Positivleitbildern existieren auch Negativleitbilder, z. B. das Synthetische, das Artifizielle[2] oder wesentlich jünger ‚die Chlorchemie'. Das Negativleitbild ‚Chlorchemie' hat z. B. in den vergangenen Jahrzehnten eine besondere Wirksamkeit entfaltet. Es löste zunächst eine Flucht- bzw. Vermeidungsbewegung aus, in einer Situation, in der die genauen Wirkungen des überwiegenden Teils der sogenannten ‚Altstoffe' nicht bekannt waren. Auslöser war die Tatsache, dass besonders viele der sich im Meerwasser und in den Meeresorganismen anreichernden Chemikalien (die sogenannten persistant organic pollutants POPs) aus dieser Stoffgruppe stammten. Mittlerweile ist aber auch deutlich geworden, dass mit einem solchen ‚Sippenverdacht' auch falsch negative Klassifizierungen (vgl. Naumann 1993) verbunden sind (genauso wie falsch positive bei den positiven Leitbildern). In Rahmen einer Untersuchung zu der Frage, wann bzw. unter welchen Bedingungen Unternehmen Gefahrstoffe durch weniger gefährliche Stoffe ersetzen, konnte am Beispiel der Vermeidung von chlorkohlenwasserstoffhaltigen Lösemitteln in der Metallreinigung gezeigt werden, dass die Akteure sich vergleichsweise rasch in Richtung ‚wässrige Systeme' in der Metallreinigung bewegten. Das Leitbild ‚wässrige Systeme' suggerierte sowohl Umweltfreundlichkeit als auch Risikoarmut, vergleichbar wohl dem Spülmitteleinsatz in den Küchen von Privathaushalten. Dabei ist es aus heutiger etwas distanzierterer Sicht keineswegs ausgemacht, ob im direkten Vergleich ein Einsatz

[2] Dabei gibt es, wie die Geschichte der Lebensreformbewegung gezeigt hat, auch durchaus Anknüpfungspunkte an rechtsradikales Gedankengut, z. B. die Intellektuellenfeindlichkeit und die Verachtung des ‚Kranken' und ‚Unnatürlichen'.

von Chlorkohlenwasserstoffen in ‚geschlossenen Systemen' (ein anderes Leitbild!) nicht einem halboffenen Einsatz ‚wässriger Systeme' mit der Gefahr der Freisetzung einer ganzen Reihe ungeprüfter Stoffe der Vorzug zu geben wäre (vgl. Ahrens et al.. 2006).

Doch solche unvermeidbaren falsch positiven und falsch negativen Wirkungen von Leitbildern diskreditieren nicht den Ansatz einer leitbildorientierten Chemieentwicklung bzw. Technikgestaltung generell, sie weisen darauf hin, dass Leitbilder keine Labels sind, dass sie nur Orientierung geben können und keineswegs Sicherheit garantieren, dass die Resultate einer leitbildorientierten Entwicklung selbstverständlich noch geprüft und bewertet werden müssen. Leitbilder sind nicht mehr aber auch nicht weniger als Orientierungen angesichts der Situation, dass wir über die Wirkungen von Stoffen, Technologien, Prozessen und Produkten viel zu wenig wissen. Und dies ist die Normalsituation. Die einzig denkbare Alternative, erst dann zu Handeln, wenn wir genug oder gar alles wissen, ist schlicht nicht praktikabel. Besondere Vorsorge muss allerdings gegenüber Großrisiken getroffen werden. Großrisiken sind Risiken mit enorm hohen tendenziell irreversiblen und globalen Schadenspotentialen aufgrund extremer Eingriffstiefe und Wirkmächtigkeit von Eingriffen. Zur Vorsorge gegen solche Risiken muss der Suchraum durch Leitplanken seitlich beschränkt werden.

3 Leitbilder als Orientoren in der Technikentwicklung – Biomimetik als Beispiel

Die Orientierung am Vorbild Natur, das ‚Lernen von der Natur', hat eine lange Tradition. Sie erlebt derzeit einen neuen Aufschwung. Die Gründe hierfür sind vielfältig. Im Nachhaltigkeitsdiskurs hat sich z. B. die Erkenntnis durchgesetzt, dass Ressourceneffizienzsteigerungen auf etablierten Technikpfaden nicht ausreichen, um das Nachhaltigkeitsziel zu erreichen. Nicht zuletzt angesichts des Ressourcenhungers und der Emissionsentwicklung in den rasant aufstrebenden Schwellenländern sind radikale Innovationen und Pfadwechsel erforderlich (Huber 2004). Doch eine Verschärfung des Problemdrucks kann alleine nichts bewirken, wenn nicht auch neue Lösungsmöglichkeiten hinzukommen, neue Technologiepfade eröffnet werden.

Die Bionik bzw. Biomimetik verspricht solche neuen Möglichkeiten. Sie hatte bisher ihre größten Erfolge auf Gebieten, auf denen die in anderen Bereichen so erfolgreichen reduktionistischen mathematisch-experimentellen naturwissenschaftlichen Ansätze an die Grenzen der Mathematisierbarkeit und Modellierbarkeit stießen, also z. B. in der Aero- und Hydrodynamik. In diesen Feldern müssen wir uns trotz aller mathematischer Modelle und Simulationen letztendlich dann doch im Wasserbecken oder Windkanal empirisch (per trial and error) vorantasten. Und das kann die Evolution in ihren unendlich großen Zeiträumen erheblich besser. Bionische Ansätze standen damit oft in einem gewissen Spannungsverhältnis zum reduktionistischen Vorgehen. Sie umspielte ein Flair von Ganzheitlichkeit. In jüngerer Zeit haben aber wissenschaftlich-technische Durchbrüche auf dem Gebiet der ‚Nanotechnologien' diese Situation schlagartig verändert. Die nantechnologischen Ansätze eröffnen völlig neue Dimensionen und Möglichkeiten auch für (nano)bionische Lösungen.

Leitbilder, in denen der Umgang der Natur (insbesondere der biologischen Evolution) mit Stoffen als Vorbild genommen wird, gibt es eine ganze Reihe. Zu den bekanntesten zählen das Leitbild der Kreislaufwirtschaft mit dem Fokus auf den Umgang mit Abfällen, die ‚sanfte Chemie' als Orientierung für eine ganze Reihe von Bioprodukten (Naturfarben, Naturkosmetik), die Pflanzenmedizin und nicht zuletzt die auf Stoffe bezogene Bionik/Biomimetik[3] (Materialbionik, Werkstoffbionik). Die Natur hat es auf vielen Gebieten – und eben auch bei der Stoffentwicklung und beim Umgang mit Stoffen – zu unerreichter technischer v. a. aber auch ‚systemischer', Meisterschaft gebracht. Der evolutionäre Reichtum an Wirkstoffen wie Klebern, Enzymen, Farbstoffen, Imprägniermitteln, an Strukturwerkstoffen wie Fasern, Panzern, Knochen usw. ist bei weitem noch nicht bekannt. Die technischen Eigenschaftskombinationen und die Leistungsfähigkeit von z. B. Spinnenseide oder von Klauen oder Zähnen sind von der Technik bis heute unerreicht. Und die Organismen bilden diese Stoffe unter extrem variierenden externen Bedingungen, bei Raumtemperatur, Normaldruck und im physiologischen Milieu. Parallel zur Synthese neuer Stoffe erfolgte die Entwicklung von natürlichen Abbaupfaden. Der Abfall des einen Organismus wurde zum

[3] Im deutschsprachigen Raum wird der Begriff Bionik bevorzugt, im englischsprachigen Raum der Begriff ‚biomimetics',

Rohstoff für den nächsten in Form einer Kaskadennutzung bis hinunter zu den Ausgangsprodukten Kohlendioxid und Wasser.

Bisher waren die Ansätze des Lernens von der Natur im Wesentlichen auf die Nutzung solcher *Ergebnisse* der biologischen Evolution beschränkt. Wir nutzen bioorganische Stoffe und Strukturen in mehr oder minder abgewandelter Form als Wolle, Baumwolle, Seide, als Medikamente oder Schmierstoffe. Schon das Leitbild der Kreislaufwirtschaft geht allerdings weiter. Hier wird ein aus der Ökosystemtheorie *abstrahiertes Prinzip*, der Stoffkreislauf, als Vorbild für den Umgang mit Stoffen genommen[4]. Inzwischen gewinnt ein weiterer Ansatz enorm an Dynamik. Es gelingt uns zunehmend nicht nur von den Ergebnissen der Evolution zu lernen, sondern vom *Evolutionsprozess als Entwicklungsprozess*[5] und dies nicht nur mit Blick auf den phylogenetischen, sondern in den vergangenen Jahrzehnten zunehmend auch auf den ontogenetischen Entwicklungsprozess. Und genau hier kommen wieder die Nanotechnologien ins Spiel. Voraussetzung für diesen letztgenannten Schritt waren weit reichende Erfolge in der molekularbiologischen Grundlagenforschung bei der Aufklärung der Prozesse, Bedingungen und Agentien, mit denen die Organismen ihre Leistungen vollbringen. Dies eröffnete völlig neue Möglichkeiten, die natürlichen Prozesse auf der molekularen Ebene nachzuvollziehen und die natürlichen Strukturen auf diese Weise ggf. auch technisch ‚wachsen zu lassen'. Entscheidende Beiträge dazu kamen aus der Molekularbiologie einschließlich der Gentechnik, aus der makromolekularen Chemie, insbesondere der Kolloidchemie und aus den diese Ansätze inzwischen zunehmend integrierenden Nanotechnologien. Das Leitbild, dereinst natürliche Strukturen technisch ‚wachsen zu lassen' wird deshalb zunehmend mit dem Begriff der ‚Nanobionik' umschrieben (vgl. Innovationsreport 2005), wobei die Frage noch offen ist, ob die Nanobionik sich letztendlich nur als die taktisch geschickte Verknüpfung zweier ‚Hypes' oder als ein ernsthaft zu verfolgendes Leitbild erweist. Immerhin könnte z. B. das Projekt zur Herstellung von künstlichem Perlmutt durchaus unter Nanobionik eingeordnet werden.

[4] Die Frage, ob bzw. inwieweit diese Idealisierung des Kreislaufs ‚zurecht' geschieht, soll hier nicht diskutiert werden, vgl. dazu z. B. Schramm 1997

[5] Vgl. dazu die ‚Evolutionstechnik' und die ‚Evolutionären Algorithmen' als Optimierungsansätze Rechenberg 1994, Kursawe; Schwefel 1998, Mattheck 1997.

3.1 Das Projekt Künstliches Perlmutt

Perlmutt ist ein Naturwerkstoff mit fantastischen Eigenschaften. Perlmutt ist recht hart aber auch sehr bruchzäh, eine Eigenschaftskombination, die technische Keramiker nur zu gerne erreichen würden. Zudem ist der Werkstoff noch wunderschön (vgl. Abbildung 2), und er ist ohne allzu große Bedenken nach Gebrauchsende wieder in die Naturkreisläufe zurückführbar. Perlmutt wird von Muscheln und Schnecken in großen Mengen produziert aus Ausgangstoffen, die fast überall in großen Mengen vorhanden sind. Die Molekularbiologin und Biophysikerin Monika Fritz hat in jahrelanger Arbeit die Struktur der wichtigsten Proteine aufklären können, die, zusammen mit Chitin, als Template die Kristallisation von ganz normalem gelöstem Kalk ($CaCO_3$) so steuern, dass nicht – wie dies normalerweise der Fall ist – nadelförmiges Kalzit, sondern aragonitische ‚Nanoplättchen' entstehen (vgl. Abbildung 2 und 3). Die Mikro- bzw. Nano-Struktur dieser Plättchen ist in Verbindung mit den Proteinen und dem Chitin für die sehr guten Werkstoffeigenschaften von Perlmutt verantwortlich. Normaler Kalk wäre demgegenüber weder besonders hart noch im Geringsten bruchzäh. Die Proteine und das Chitin haben dabei eine Doppelfunktion, sie fungieren zunächst als Template für die gesteuerte Kristallisation und danach als ‚Kleber' zwischen den Plättchen (vgl. Blank et al. 2003). Eine Projektgruppe an der Universität Bremen (Fritz, Grathwohl, von Gleich) hat sich in Zusammenarbeit mit der Fa. Remmers aus Lohne mit der längerfristig angelegten Zielperspektive der Herstellung von ‚künstlichem Perlmutt' am BMBF-Ideenwettbewerb ‚Bionik – Innovationen aus der Natur' 2004 beteiligt und wird inzwischen als einer von sechs Siegerteams für dieses Projekt weiter gefördert (vgl. Fritz et al. 2005). Insbesondere die Nutzung der Grundmechanismen der Biomineralisation (Template gesteuerte Kristallisation eines anorganisch-organischen Verbundmaterials) bildet die Grundlage dafür, dieses Projekt unter dem Begriff und Leitbild ‚Nanobionik' einzuordnen (vgl. Abbildung 4). Es dient damit auch als exemplarische Konkretisierung für eine mögliche Perspektive einer nachhaltigeren Chemie.

Abbildung 2: Perlmutt des Seeohrs Haliotis laevigata (Bild: Fritz)

Abbildung 3: Rasterelektronenmikroskopische Aufnahme von Perlmutt (Bild: Fritz)

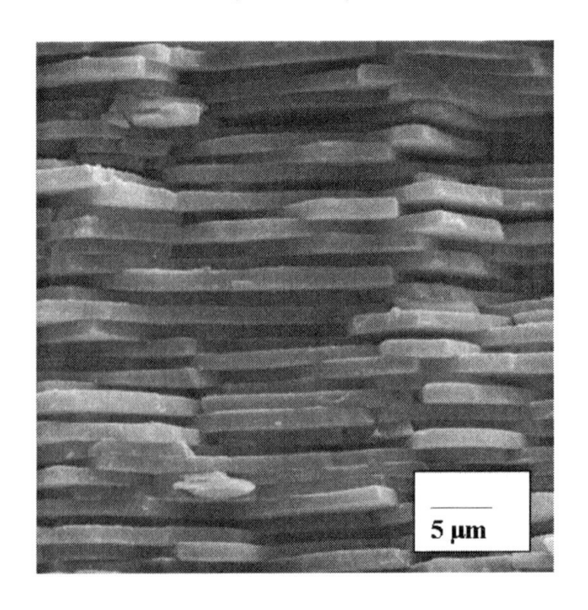

Abbildung 4: Nutzung der Selbstorganisationseigenschaften von Perlmutt (Grafik: Fritz)

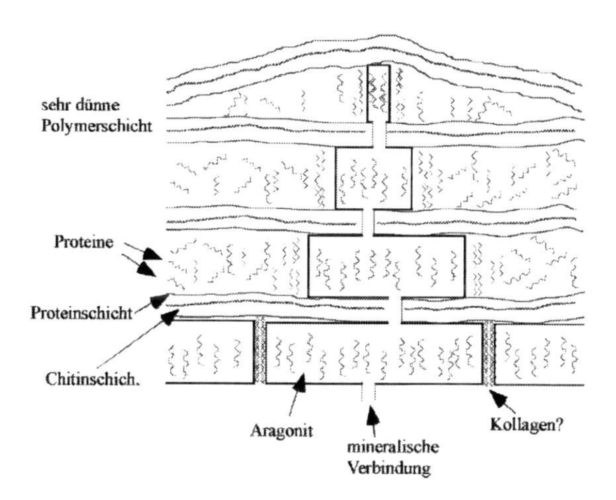

Als erste Anwendung wird eine abriebfeste weiße Kalkwandfarbe angestrebt, die möglichst ohne petrochemische Bindemittel auskommt. Weitere Anwendungsperspektiven werden in abschiefernden (selbstschälenden) Oberflächen gesehen, z. B. in den Bereichen Antifouling oder Anti-Graffiti. Noch längerfristig kann an medizinische Anwendungen gedacht werden, oder auch an Oberflächenveredelungen bis hin zur Schmuckindustrie.

3.1.1 Aspekte einer Nachhaltigkeitsbewertung

Selbstverständlich kann eine Bewertung des Perlmuttprojekts zu einem so frühen Zeitpunkt (lange vor der Prototypentwicklung) allenfalls bruchstückhaft und nur ansatzweise erfolgen. Trotzdem sind die bisher formulierbaren Ergebnisse einer prospektiven Nachhaltigkeitsbewertung durchaus interessant und viel versprechend.

Positiv im Sinne der Nachhaltigkeit fällt für das ‚künstliche Perlmutt' ins Gewicht, dass es sich beim Stoffstrom Kalziumkarbonat um einen nach Qualität und Quantität reichlich verfügbaren und auch bei der Rückspeisung in die Naturkreisläufe vergleichsweise verträglichen Naturstoff handelt. Die natürlichen Stoffumsätze bewegen sich schon auf einem so hohen Niveau, dass bei einem technisch induzierten weiteren

Anstieg der Stoffströme zwar – wie immer – auch mit Überraschungen gerechnet werden muss. Derartige Überraschungen sind aber deutlich weniger wahrscheinlich, als bei einem für die natürlichen Systeme völlig ungewöhnlichen Stoffstrom. Die neben dem Kalk dabei zu berücksichtigenden organischen Bestandteile machen insgesamt weniger als 6% der Gesamtmasse aus, und zudem spielt Chitin dabei die Hauptrolle. Chitin ist aber das Naturpolymer mit der höchsten Jahresproduktion weltweit. Auch hier haben wir es also mit einem hohen natürlichen Stoffumsatz zu tun. Positiv sind des Weiteren die ‚physiologischen' Herstellungsbedingungen (keine extremen Temperaturen oder Drücke, keine aggressiven Chemikalien usw.) und insbesondere die Nutzung der natürlichen Selbstorganisationsprinzipien. Der Vorteil dieser Template gesteuerten Kristallisation liegt vor allem darin, dass auf diese Weise die Anforderungen an externe Steuerungsleistungen stark reduziert werden. So gesehen verkörpert dieser Ansatz eine erste Annäherung an die wohl ‚edelste Form der Bionik', an das gezielte ‚Wachsen lassen' technischer Strukturen, möglichst inklusive der Fähigkeit zur selbstständigen ‚Heilung' von Verletzungen.

Doch es gibt selbstverständlich auch kritische Punkte. Herauszuheben sind vor allem zwei kritische Schritte im Produktlebenszyklus, die Herstellung der Template und das Recycling. Der entscheidende funktionale Aspekt der Template liegt in deren Oberfläche, insbesondere in der Ladungsverteilung an der Oberfläche der Makromoleküle, die als Template in Frage kommen. Ungeklärt ist bisher, wie diese Makromoleküle gewonnen oder hergestellt werden können. Im Prinzip kommen dafür auch natürliche Extrakte aus Muschel- und Schneckenschalen in Frage, oder auch ähnliche Proteine aus organischen Abfällen. Auf natürlichen Extrakten beruhen die bisherigen Erfolge beim Versuch der Herstellung von künstlichem Perlmutt. Doch die sehr aufwendige Extraktion der Template (Proteine und Chitin) aus Schnecken- oder Muschelschalen wird wohl kaum als Grundlage für einen nachhaltigen Produktionsprozess dienen können. Als Alternativen zur Extraktion käme eine bio- bzw. gentechnologische Herstellung der Proteine in Frage, oder auch die chemisch-synthetische Herstellung von Co-Blockpolymeren. Alle Verfahren müssen hinsichtlich des mit ihnen verbundenen Stoff- und Energieaufwands aber auch hinsichtlich der evtl. mit ihnen verbundenen technischen Risiken einer umfassenden Analyse und Bewertung unterzogen werden. Erst dann kann deren ‚Nachhaltigkeit' vergleichend bewertet werden.

Der zweite problematische Aspekt ist das Recycling. Aufgrund des enormen Aufwandes, mit dem wir derzeit in der Technosphäre Werkstoffe produzieren und aus diesen Werkstoffen Produkte herstellen, verfolgen wir in der Regel eine Recyclingstrategie, die sich auf den möglichst weitgehenden Erhalt des jeweils erzielten (thermodynamischen) Ordnungsniveaus konzentriert. Als hochwertigste Form des Recyclings ist deshalb – z. B. im Kreislaufwirtschaft- und Abfallgesetz – die Wiederverwendung von Produkten bzw. Komponenten vorgesehen. Nur wenn diese Option nicht realisiert werden kann, kommt als zweite Möglichkeit das werkstoffliche Recycling in Frage. Nur wenn auch dieses nicht mit vertretbarem technischem und ökonomischem Aufwand realisierbar ist, kommt das chemische Recycling in Frage oder gar das energetische Recycling, das allerdings allzu oft nicht mehr darstellt als eine Form von Müllverbrennung unter Nutzung eines Teils der bei der Verbrennung freigesetzten Energie. Über die Möglichkeiten einer Produkt- und Komponentenwiederverwendung kann im derzeitigen Entwicklungsstadium des Projekts wenig ausgesagt werden. Im Bereich Beschichtungen, auf den sich die Entwicklungen derzeit konzentrieren, gibt es dafür wenig Perspektiven. Auch ein werkstoffliches Recycling dürfte für das künstliche Perlmutt, wie für fast alle naturnahen Verbundwerkstoffe, wohl kaum in Frage kommen. Das heißt, unter Recyclinggesichtspunkten muss mit einem vollständigen Verlust der erzielten Ordnungsniveaus gerechnet werden. An diesem Punkt zeigen sich z. B. deutliche Grenzen einer Orientierung am Vorbild Natur. Die Natur recycelt in der Regel anders, als wir dies für die Technosphäre anstreben. In der Natur ist ‚chemisches Recycling' die dominierende Recyclingform, also die weitgehende Zerlegung der bio-organischen Stoffe in molekulare Einheiten und darauf aufbauend dann wieder die Neusynthese höher molekularer Einheiten und Strukturen. Die Natur kann sich dies auch ohne weiteres leisten, weil sie diese Syntheseleistung mit der reichlich verfügbaren Sonnenenergie, unter Nutzung reichlich verfügbarer Grundstoffen und im physiologischen Milieu bewerkstelligt, also im großen Ganzen ohne problematische Neben- und Folgewirkungen. Von solchen Leistungen sind wir in der Technosphäre sowohl bei der Stoffsynthese bzw. Werkstoffherstellung als auch beim ‚chemischen Recycling' leider noch meilenweit entfernt.

3.2 Reichweite und Grenzen des ‚bionischen Versprechens'

Man wird der Bionik nicht gerecht, wenn man sie als eine ‚reine Naturwissenschaft' betrachtet. Sie gehört wohl eher zu den Ingenieurwissenschaften. Aber auch dort hat sie eine Sonderstellung inne. Sie hat sowohl einen starken emotionalen als auch einen starken wertbezogenen, normativen Gehalt. Bionische Lösungen faszinieren oft durch besondere Genialität und Eleganz. Sie transportieren aber auch ein Versprechen auf ökologische Angepasstheit und Risikoarmut. Sie versprechen also nicht nur eine technische Lösung überhaupt, sondern auch eine besondere ‚ökologische' Qualität ihrer Lösungen. Dieses Versprechen wird mal mehr mal weniger explizit formuliert und begründet. Eine beliebte Form der eher beiläufigen Begründung ist der Hinweis auf die ‚evolutionäre Erprobtheit' bionischer Lösungen (auf ihre Adaptiertheit und einen durchlaufenen Optimierungsprozess über lange Zeiträume). Am Beispiel ‚künstliches Perlmutt' wurde zu zeigen versucht, dass dieses Versprechen nicht ganz unbegründet ist, dass aber auch seine Grenzen ausgelotet werden müssen. Anknüpfend an die vergleichsweise positiv ausgefallene Nachhaltigkeitsbewertung des ‚künstlichen Perlmutts' lohnt es sich also systematischer nach der Berechtigung für dieses Versprechen zu fragen. Gibt es rationale Gründe für die Orientierung an Leitbildern wie ‚Natur als Vorbild', Bionik (biomimetics), Sanfte Chemie, Green Chemistry, Kreislaufwirtschaft oder Industrial Ecology? Und wo liegen die Grenzen derartiger Orientierungen, insbesondere mit Blick auf die neue Qualität, die sich der Bionik auf der molekularbiologischen (nanotechnologischen) Ebene derzeit eröffnet? Was bleibt von der spezifischen ökologischen Qualität und Risikoarmut bionischer Lösungen, von deren ‚evolutionären Erprobtheit', noch übrig, wenn in der Nanobionik etwas völlig Neues noch nie Dagewesenes erschaffen wird?

3.2.1 Gründe für die mögliche Berechtigung

Drei verschiedene Ebenen des ‚Lernens von der Natur' wurden schon angesprochen: Lernen von den Ergebnissen der Evolution, Lernen von den (molekularen) Mechanismen der Entwicklungsbiologie und Lernen vom Evolutionsprozess als Optimierungsprozess. Jetzt ist eine vierte noch abstraktere Ebene des Lernens gefragt, der Versuch, verallgemeinerbare ‚Erfolgsprinzipien' aus den Evolutionsprozessen abzuleiten, Erfolgsprinzipien, welche zur Nachhaltigkeit und Resilienz evolutionärer bzw. ökosystemarer Lösungen maßgeblich beitragen und die deshalb auch als Leitlinien für die Gestaltung sozio-technischer Systeme dienen können. Im Folgenden werden sieben Prinzipien angeführt. Die Liste ist allerdings weder systematisch noch erhebt sie Anspruch auf Vollständigkeit.

1. Solares Wirtschaften – Nutzung des Vorhandenen (energetischer und stofflicher Opportunismus)
   Die biologische Evolution ist im Wesentlichen auf die Nutzung natürlicher Gradienten angewiesen, also auf die Sonnenenergie und das unmittelbar vorhandene Stoffangebot. Die Organismen haben es geschafft, sich nachhaltig in die vorfindbaren Stoff- und Energieflüsse einzuklinken. Mit Blick auf das Perlmutbeispiel ist in diesem Zusammenhang auf die Nutzung der Nahrungs- bzw. Energiequelle Plankton sowie die Nutzung der Allerweltsstoffe Kalk, Chitin und Proteine hinzuweisen.

2. Ressourceneffizienz und Kreislaufwirtschaft
   Im evolutionären Wettbewerb haben diejenigen Arten einen Selektionsvorteil, die knappe Ressourcen besonders effizient zu nutzen verstehen. Oft werden die Ressourcen (Gradienten) in Form von Nutzungskaskaden ‚verbraucht', d. h. der Abfall des einen Nutzers wird zum Rohstoff für den nächsten. Auf der Basis der Endprodukte Mineralien, Humus, CO_2 und Wasser beginnt der Kreislauf von neuem.

3. Adaptivität, evolutionäre Erprobtheit (Robustheit) und mehrdimensionale Optimierung unter dynamischen Randbedingungen
   Darwin schrieb vom ‚survival of the fittest'. Der Begriff der Fitness umfasst mehr als der doch sehr passive deutsche Begriff der Angepasstheit. Es geht auch um die Fähigkeit zur Umweltgestaltung und um die Fähigkeit, auf Umweltveränderungen aktiv zu reagieren. Unsere derzeitigen technischen Lösungen sind in der Regel auf wohl definierte Rahmenbedingungen ausgelegt. Ändern sich diese Bedingungen versagen sie meist. Die Schnecken produzieren ihr Perlmutt aber auch in einer dreckigen Brühe. Zudem bleiben wir bei unseren technischen Entwicklungen allzu oft in eindimensionalen Maximierungen stecken, während die Natur in der Lage ist, mehrdimensionale Optimierungen zu realisieren. Gerade deshalb sind bestimmte Eigenschaftskombinationen von organischen Werkstoffen wie z. B. Spin-

nenseide, Perlmutt oder Knochen für uns bis heute hoch interessant und doch technisch unerreicht.

4. Diversität, Redundanz, Modularität und Multifunktionalität (hierarchische Strukturierung)
   Die biologische Vielfalt, die hohe Varianz von Lösungsmöglichkeiten wurde evolutionär erzeugt auf der Basis vergleichsweise weniger Module wie z. B. Basenpaare, Zellen und Organe. Das erinnert in seiner genialen Kombination von Uniformität (Standardisierung) und Vielfältigkeit an industrielle Plattformstrategien. Auch die redundante Besetzung von überlebensnotwendigen Funktionen gehört zu den Grundlagen für ‚bio-ökonomische' Strategien zur Verbesserung der Sicherheit und Anpassungsfähigkeit (Resilienz).

5. Fließgleichgewicht und Resilienz
   Die Stabilität von Ökosystemen (und Organismen) ist keine mechanische. Bildhaft gesprochen ‚schwingen' die Systeme in ihren Zuständen um einen imaginären optimalen Zustand. Durch Störungen werden sie ausgelenkt. Ihre Fähigkeit, diese Störungen zu verarbeiten und auszugleichen, wird Resilienz genannt. Erst wenn die Störungen das Ausmaß der systeminternen Verarbeitungsfähigkeiten übersteigen, geraten die Systeme in dramatische Zustände.

6. Selbstorganisation und Selbstheilung
   Die Fähigkeit zur Selbstorganisation gehört zu den erstaunlichsten Leistungen (und Voraussetzung) der Evolution. Unsere bisherige Technik ist noch viel zu sehr dem ‚mechanistischen Weltbild' verhaftet. Sie setzt in der Regel auf externe Steuerung und weitestgehende Naturbeherrschung. Die ‚Module' werden wie bei einem Legobaukasten von einem externen Baumeister nach seinem Plan zusammengesetzt. Eine bionischere Technik setzt mehr auf Kontextsteuerung, auf Selbstorganisation und damit in gewissem Maße auf so etwas wie ‚Mitproduktivität der Natur in einer Allianztechnik', wie Ernst Bloch das einmal ausgedrückt hat (Bloch 1955/2001). Eine bionischere Technik wäre also ‚smart' in dem Sinne, dass sie ein Stück weit von selbst ‚wächst', auf Umweltveränderungen adaptiv reagieren kann, eine Art ‚Immunsystem' besitzt und auch die Fähigkeit, kleinere Fehler zu beheben, bzw. kleinere ‚Wunden' zu heilen.

3.2.2 Grenzen des ‚bionischen Versprechens'

Selbstverständlich stehen den Argumenten für eine mögliche Berechtigung der Orientierung an der Natur, für die Geltung des bionischen Versprechens auch eine ganze Reihe gewichtiger Einwände entgegen. Das fängt schon an mit dem Vorwurf eines ‚naturalistischen Fehlschlusses', also dem unberechtigten Schließen von einem ‚Sein' auf ein ‚Sollen'. Dieser Einwand verkennt aber möglicherweise, dass die ‚Werte' im Leitbild ‚Vorbild Natur' in Wirklichkeit nicht aus der Natur abgeleitet werden, sondern aus den praktischen gesellschaftlichen Problemen, für die eine für uns im umfassenden Sinne optimale Lösung gesucht wird. Wir wollen *unsere* Probleme lösen und versuchen dafür etwas aus den Ergebnissen, Prozessen und Prinzipien der Evolution zu lernen. In einem zweiten philosophischen, allerdings eher erkenntnistheoretischen, Einwand wird darauf hingewiesen, dass wir von der Natur gar nicht lernen können, weil die Natur ‚an sich' unserem Erkenntnisvermögen gar nicht zugänglich ist. Tatsächlich ist naturwissenschaftliche Erkenntnis immer auch soziale (und im Experiment sogar enorm praktisch-technische) Konstruktion. Dies durchaus anerkennend ändert sich an der Argumentation allerdings wenig, wenn wir davon ausgehen, dass wir mit der Bionik nicht von der ‚Natur an sich', sondern von verschiedenen Formen der Naturerkenntnis zu lernen versuchen. Die empirischen Naturwissenschaften vollziehen ja keine ‚reinen Konstruktionen im Nichts' (wie evtl. die reine Mathematik), sondern sie vermitteln uns doch den einen oder anderen Aspekt ihres Gegenstandes ‚Natur'.

Wesentlich handfester sind allerdings drei weitere Gründe dafür, dass keineswegs alle im Evolutionsprozess erfolgreichen Lösungen auch gleich ein Vorbild abgeben können für gesellschaftlich-technische Lösungen.

Divergierende Optimierungsziele Der Evolutionsprozess realisierte in seinen extremen Zeiträumen für uns bisher unerreichbare Optimierungen. Doch die Ziele der evolutionären Optimierung sind für uns nicht immer erkennbar und sie müssen keineswegs immer übereinstimmen mit den Zielen einer sozialen, ökonomischen und ökologischen (also nachhaltigen) Optimierung. Mit Blick auf technische Risiken darf z. B. nicht vergessen werden, dass der Evolutionsprozess auf die Erhaltung der Art optimiert, nicht vor allem auf die Erhaltung des Individuums. Dies gilt es bei der Sicherheitsauslegung von Konstruktionen nach bionischem Vorbild zu berücksichtigen. Zudem wird die Ressourceneffizienz in Ökosystemen oder Populationen auf die jeweils unmittelbar vorfindbaren Knappheiten hin optimiert. Solche lokalen Knappheiten können aber ganz andere sein, als diejenigen, mit denen wir es auf dem Weg zu einem nachhaltigeren Wirtschaften zu tun haben.

Opportunismus Der evolutionäre Opportunismus, der Zwang zur Nutzung des unmittelbar Vorhandenen, wurde zwar als Grundlage für eine gewisse Risikoarmut und für ein nachhaltiges Einklinken in die großen natürlichen Energie- und Stoffströme in der Biosphäre am Beispiel des künstlichen Perlmutts hervorgehoben. Der Opportunismus schränkt andererseits aber auch die Möglichkeiten menschlicher Kreativität und Ingenieurskunst extrem ein. In der Natur wurde bekanntlich das Rad nicht erfunden. Dies könnte daran gelegen haben, dass der Spalt zwischen Achse und Nabe allein mit passiver Diffusion nicht ausreichend zu überbrücken ist oder sich, wenn direktere Lösungen gewählt würden, die Versorgungsleitungen um die Achse wickeln würden. Die Evolution ist ein ungesteuerter Selbstorganisationsprozess und der evolutionäre Fortschritt eine Schnecke. Im Rahmen eines bewussten verantwortungsvollen Handelns (das wir anscheinend teilweise erst richtig lernen müssen) sollten jedoch erheblich mehr Freiheitsgrade genutzt werden können.

4 Zur Notwendigkeit von Leitplanken für chemisch-technische Innovationen

Mehr Innovation wird derzeit als Lösung für fast alle Krisenphänomene propagiert, egal ob es um die internationale Wettbewerbsfähigkeit geht, um die hohe Arbeitslosigkeit, die Krise der sozialen Sicherungssysteme, um schwindende Rohstoffreserven oder um begrenzte Tragekapazitäten der Atmosphäre, der Böden und der Meere für die Emissionen unserer Form des Wirtschaftens. Meist ist dieser Ruf nach mehr Innovationen auch mit der Forderung verknüpft, Innovationshemmnisse zu beseitigen und auffallend oft werden dabei diejenigen als so genannte ‚Bedenkenträger' in die Defensive gedrängt, die auf mit diesen Innovationen möglicherweise verbundene Risiken hinweisen.

Tatsächlich gibt es eine ganze Reihe von sehr guten Gründen für das Setzen auf Innovationen. Ein reiner Preiswettbewerb ist für Unternehmen in den Industrienationen mit hohen Löhnen, hohen Steuern sowie hohen

Sozial- und Umweltstandards gegenüber Unternehmen in Schwellenländern längerfristig kaum zu gewinnen. Wirtschaftliche Erfolgschancen liegen eher in effizienteren Produktionsprozessen, neuen Technologien, neuen Produkten und neuen Märkten. Nur so scheint es möglich, die Beschäftigtenzahlen zu halten und die sozialen Sicherungssysteme auch in alternden Gesellschaften finanzieren zu können. Auch ein Nachhaltigeres Wirtschaften ist massiv auf Innovationen angewiesen. Wenn dieses Ziel wirklich ernst genommen wird, ist ein sehr weit gehender Umbau unseres Wirtschaftens und unserer Lebensstile erforderlich.

Andererseits ist die Hoffnung auf Innovationen als Königsweg aus allen Krisen insofern erstaunlich, als Innovationen uns genau in die jetzt beklagten Zustände geführt haben. Menschenleere, hoch automatisierte Fabriken sprechen hierfür eine ebenso deutliche Sprache wie die Riesenbagger in den Tagebaugebieten. Unsere immer mächtiger gewordenen technischen Eingriffsmöglichkeiten spielen für den rasanten Anstieg der Ausbeutung natürlicher Ressourcen und für die damit verbundenen Emissionen eine wesentlich bedeutendere Rolle als das Wachstum der Weltbevölkerung. Gegen Innovationen mit besonders weit reichenden Gefährdungen wie z. B. Atomtechnik (radioaktive Abfälle, Tschernobyl), synthetische Chemie (Pestizide, Dioxine, FCKW) und Gentechnik (Clonen menschlicher Embryonen, horizontaler Gentransfer) gibt es aktiven gesellschaftlichen Widerstand.

Ein Teil dieser Widersprüchlichkeit zwischen dem Hoffen auf Innovationen und vielen durchaus widersprüchlichen Folgen von Innovationen lässt sich damit erklären, dass es um zweierlei geht, um die Fähigkeit zur Innovation einerseits und um die Qualität und Richtung der Innovationen andererseits. Gegen eine Verbesserung der Innovationsfähigkeit ist kaum etwas einzuwenden. Strittig ist zu Recht die Qualität und Richtung von Innovationen. Innovationen sind prinzipiell mit hohen Unsicherheiten behaftet. Wie kann also die Qualität und Richtung von Innovationen sowohl hinsichtlich ihrer angestrebten (Haupt)Wirkungen, als auch hinsichtlich ihrer ungewollten Neben- und Folgewirkungen beurteilt werden? Wie können überhaupt Technologien, Prozesse und Produkte bewertet werden, die erst im Entstehen begriffen sind?

4.1 Technikcharakterisierung im Rahmen einer vorsorgeorientierten TA

Die Unsicherheiten über die erwartbaren Wirkungen (erwünschte Hauptwirkungen genauso wie unerwünschte Neben- und Folgewirkungen) sind umso größer, je weit reichender Innovationen sind. Und diese Ungewissheit sowohl über positive als auch über negative Folgen gehört mit zu den wichtigsten Innovationshemmnissen. Es wird Neuland betreten – unbekanntes Land. Je mehr mit einer Technologie bewirkt werden kann, desto eher ist auch mit unerwarteten Neben- und Folgewirkungen zu rechnen. Wobei diese Risiken, Neben- und Folgewirkungen durchaus ungleich verteilt sein können. Jede Technik – egal ob neu oder alt – ist grundsätzlich mit Risiken behaftet. Nullrisiko kann es nicht geben in komplexen, dynamischen Systemen, in denen die Folgen auch kleinster Eingriffe nicht exakt vorhersagbar sind, und erst Recht nicht angesichts der Tatsache, dass zum ‚größten anzunehmenden Unfall' immer auch der ‚nachlässigste anzunehmende Nutzer oder Bediener' aktiv beitragen kann. Die Beurteilung der Qualität und Richtung von Innovationen, die Technikfolgenabschätzung hat also mit immensen Unsicherheiten zu kämpfen. Dies gilt verschärft angesichts erst im Entstehen befindlicher Technologielinien, wie dies derzeit bei den Nanotechnologien der Fall ist.

Die etablierten Formen der Risikoregulation haben deutliche Lücken, wenn es um den Umgang mit Unsicherheit geht. Gemäß dem idealtypischen Vorgehen der Risikoregulation stützt sich das Risikomanagement in modernen Industriegesellschaften nach Möglichkeit auf eine umfassende und möglichst vollständige wissenschaftliche Risikoabschätzung und eine gesellschaftliche Risikobewertung (vgl. Risikokommission 2003). Es zeigt sich aber immer wieder, dass dieser idealtypische Fall in der Realität eher die Ausnahme als die Regel darstellt. Die Anforderungen an eine umfassende wissenschaftliche Risikoabschätzung sind so hoch, dass sie nur in wenigen Fällen umfassend erbracht werden können. Die wissenschaftliche Risikoabschätzung ist z. B. auf die Kenntnis der jeweiligen Expositionen angewiesen. Sie muss also prinzipiell versagen, wenn diese Expositionen noch gar nicht bekannt sein können, weil die Einsatzbedingungen der Stoffe oder Technologien noch gar nicht bekannt sind. In diesen Fällen müssen Ansätze einer *prospektiven* Risikoabschätzung und Technikfolgenabschätzung an ihre Stelle treten (vgl. von Gleich 2005).

Die wissenschaftliche Risikoanalyse hat es in der Regel mit drei Elementen zu tun (vgl. dazu Abbildung 5).

Abbildung 5: Wissenselemente und Erkenntnisquellen der Technikfolgenabschätzung

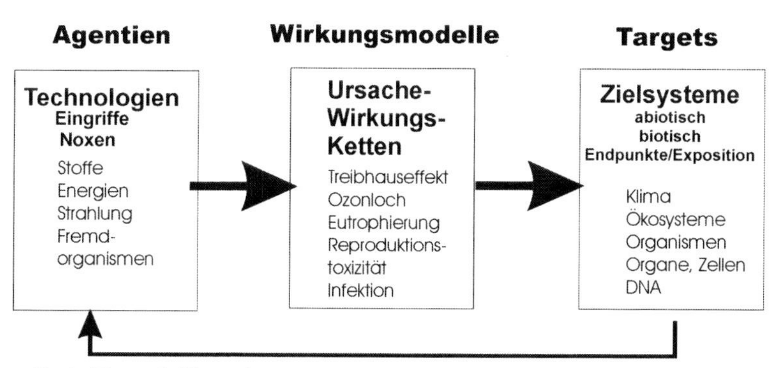

Da sind zunächst die Agentien, also Techniken, Stoffe oder dergleichen, die das Potential haben, auf Targets, also Zielsysteme bzw. Endpunkte einzuwirken. Wie die genauen Wirkmechanismen ablaufen, beschreiben die zwischen beiden vermittelnden Wirkungsmodelle als wissenschaftlich begründbare lückenlose und logisch aufgebaute Ketten von Ursache-Wirkungsbeziehungen. Abweichend vom idealtypischen Fall einer vollständigen wissenschaftlichen Risikoanalyse können jedoch alle drei Elemente dieser Analyse unbekannt sein, und zwar in je unterschiedlichen Kombinationen. Die üblichen Forschungsrichtungen der Technikfolgenabschätzung bzw. der Stoffbewertung laufen vom Agens zum Target, also vom Bewirkenden zu dessen erwartbaren Wirkungen. Aber auch die umgekehrte Richtung hat eine große Bedeutung, sie ist Gegenstand der Epidemiologie, in der vor dem Hintergrund von auffälligen Häufungen bestimmter problematischer (krankhafter) Erscheinungen nach deren möglichen Ursachen geforscht wird. Bei Technologien, wie den sich erst entwickelnden Nanotechnologien, herrscht extrem hohes Unwissen über mögliche Folgen. Hier haben wir es einerseits mit noch unbekannten Targets (noch unbekannten Anwendungskontexten) und andererseits – aufgrund der oft grundlegend anderen Reaktionsweisen von Strukturen und Materialien in der Nanoskala – mit ggf. noch unbekannten neuen Wirkungsmodellen zu tun.

Die Tragweite der Problematik noch unbekannter Wirkungsmodelle und Expositionen soll kurz an einem Beispiel erläutert werden. Bei der Freisetzung der FCKW – die damals ja sogar als Risiko mindernde Ersatzstoffe eingeführt worden waren (es ging um die Brennbarkeit und Toxizität von Methylchlorid bzw. Ammoniak) – war das später relevante und viel problematischere Wirkungsmodell (die stratosphärische Ozonzerstörung) noch weitgehend unbekannt und das Zielsystem Stratosphäre nicht im Blick (vgl. zu den Details Böschen 2000). Interessant im Hinblick auf den verantwortungsvollen Umgang mit Nicht-Wissen und die Umsetzung des Vorsorgeprinzips ist aus heutiger Sicht – in Kenntnis der globalen Problematik – allerdings die Frage, was man schon 1930 hätte wissen können? Welche Argumentation wäre auch ohne Kenntnis des Wirkungsortes (Exposition) und des genauen Wirkungsmodells seinerzeit schon möglich gewesen, um Maßnahmen nach dem Vorsorgeprinzip zu begründen? Wenn über Wirkungsmodelle und targets noch wenig bekannt ist (bis hin zur weitgehenden Ahnungslosigkeit, die ja oft als nachträgliche ‚Entschuldigung' ins Feld geführt wird), bleibt immerhin ein genauerer Blick auf das Bewirkende, auf das Agens. Eine ‚Charakterisierung der Stoffeigenschaften' hätte damals schon zumindest folgende Argumente in die Debatte einbringen können: Die Stoffgruppe der FCKW kommt in der Natur bisher so nicht vor. FCKW sind mit Eigenschaftskombinationen ausgestattet, die mit hoher Wahrscheinlichkeit zu einer weltweiten Verbreitung und Akkumulation in der Atmosphäre führen werden. Sie können und werden folglich in Situationen und an Orten auftauchen, die wir überhaupt nicht überschauen können. FCKW sind also 1. ‚naturfremd' (xenobiotisch), 2. sehr mobil (gasförmig) und 3. persistent (nicht biologisch oder photochemisch abbaubar). Es ist mit hoher Wahrscheinlichkeit damit zu rechnen, dass sie sich weltweit ausbreiten und mit der Zeit in der Umwelt akkumulieren. Diese

Gründe hätten auch seinerzeit schon, ohne Kenntnis eines konkreten Schadens-Wirkungsmodells, als ernst zu nehmende Gründe gelten können für äußerste Zurückhaltung bzw. Maßnahmen nach dem Vorsorgeprinzip[6].

Es ist also die Blickwende von der noch unbekannten Wirkung auf das Agens (das Bewirkende, den Stoff, die Technik), die Aufschluss geben kann über ein mögliches Gefährdungspotential. Eine Stoff- bzw. Technikcharakterisierung (hazard characterisation) kann die Argumente liefern für eine begründete Besorgnis und damit für Maßnahmen nach dem Vorsorgeprinzip. Diese Gründe hätten auch seinerzeit schon durchaus ausreichen können für höchste Vorsicht im Umgang mit FCKW (Freisetzung allenfalls in kleinen Mengen oder Einsatz nur in geschlossenen Systemen). Interessanterweise ist im REACH-Ansatz der Europäischen Chemikalienregulation ein Element enthalten, das genau auf einer solchen Analyse der Agentien, also auf einer ‚Technik- bzw. Stoffcharakterisierung' aufbaut. Stoffe, die sehr persistent und sehr bioakkumulativ sind (vpvb Stoffe), müssen einem definierten Prüf- und Zulassungsverfahren unterzogen werden, selbst dann, wenn noch keinerlei Verdachtsmomente hinsichtlich möglicher Schäden vorliegen. Ihre Stoffeigenschaften führen nämlich ‚per se' zu einer hohen Eingriffstiefe in die ökologischen Systeme und damit zu einer tendenziell globalen und irreversiblen Exposition. Ein genauerer Blick auf die Technik oder Innovation selbst kann also durchaus schon Aussagen ermöglichen darüber, wie tief eine Innovation oder Technologie in die gesellschaftlichen oder natürlichen Systeme eingreifen kann, bzw. wie wirkmächtig sie ist (Länge der erwartbaren relevanten Ursache Wirkungsketten in Raum und Zeit).

Für besonders eingriffstiefe und wirkmächtige Technologien empfehlen sich somit allein aufgrund derartiger Eigenschaften weit reichende Maßnahmen nach dem Vorsorgeprinzip. Aber dieser Ansatz hilft nur weiter, wenn schon die Analyse der Technologie, bzw. der Stoffeigenschaften entsprechende Hinweise gibt, noch unabhängig vom Wissen über konkrete Expositionen. Der Ansatz kann nicht weiter helfen, wenn die Technologie vergleichsweise unauffällig ist und die maßgeblichen Gefährdungen und Risiken erst durch einenbestimmten Einsatz bzw. bestimmte Anwendungen entstehen. Technikfolgen sind schließlich mehr-

[6] Vgl. zu diesem und zu weiteren interessanten Fallbeispielen EEA 2002

fach bedingt, durch den ‚Charakter' der Technik bzw. des Stoffes und durch den Einsatz bzw. die Anwendungskontexte. In vielen Fällen spielen die Anwendungskontexte für die entstehenden Risiken sogar eine weit wesentlichere Rolle als der Charakter der Technik selbst. In diesen Fällen kann weniger auf die technologiepolitische Vorsorge, sondern muss mehr auf die anwendungsbegleitende Technikbewertung und -gestaltung gesetzt werden. Besonders fruchtbar ist der extrem früh einsetzende Ansatz der Technikcharakterisierung also, wenn es um sehr tief greifende Eingriffe bzw. sehr weit reichende Wirkungen geht, wenn somit ein Vorgehen nach dem ‚trial and error Prinzip' nicht angebracht ist, weil die Folgen eines möglichen Errors gleich irreparable bzw. irreversible Dimensionen annehmen würden. In diesen Fällen ist die Schrittweite der Innovationen zu groß, weil beim Auftreten von Problemen nicht mehr angemessen reagiert werden kann (zu geringe Fehlerfreundlichkeit, nicht Rückholbarkeit). Zu derartigen Fällen gehören sicher einige besonders weit reichende Freisetzungsfolgen aus Teilbereichen der Atomtechnik, der Gentechnik, der synthetischen Chemie und wohl auch der Nanotechnologien.

4.2 Technikcharakterisierung am Beispiel Nanotechnologien

Ein Beispiel für den Ansatz und mögliche Ergebnisse einer derartigen Technikcharakterisierung ist mit Blick auf einige wichtige Nanotechnologien in Tabelle 1 dargestellt[7]. Der Fokus liegt dabei auf denjenigen Eigenschaften und Potentialen, auf die sich aktuell auch die meisten Hoffnungen stützen, Hoffnungen auf weit reichende neue technische Möglichkeiten, auf ‚Basisinnovation', die die verschiedensten Branchen, Prozesse und Produkte revolutionieren werden bzw. sollen. Wir konzentrieren uns also zum einen, mit eher kurzfristigem Zeithorizont, auf die Eigenschaften und Leistungen von Nanopartikeln bzw. nanostrukturierten Oberflächen und zum anderen mit langfristigen Zeithorizont auf diejenigen Eigenschaften und Leistungen von Nanotechnologien bzw. Nanoobjekten, die zu Beginn der Nanodebatte am meisten die Fantasie beflügelten. Die insbesondere von Drexler verbreiteten Visionen erzeugten die nötige gesellschaftliche Aufbruchsstimmung und standen bei der

[7] Ausführlicher in Steinfeldt et al. 2004

Namensgebung dieser Technologielinie maßgeblich Pate. Heute geht es allerdings weniger um die Drexlerschen Assembler, die stärker von der Robotik geprägt sind, sondern mehr um die auf der Bio- und Gentechnologie aufbauende Fähigkeit von ‚aktiven' nanotechnologischen Systemen zur Selbstorganisation bis hin zur Selbstreplikation.

Tabelle 1: Gefährdungsabschätzung durch Technikcharakterisierung am Beispiel von ausgewählten Nanotechnologien

Nano-Qualität	Effekt/Problem	Gefährdungstyp (Nicht-Nano-Beispiele)
Partikelgröße	Mobilität In der Luft schwebend nicht absinkend, Alveolengängig Durchdringung von Zellmembranen, Eindringen direkt über den Riechnerv ins Gehirn (Halbwertszeiten?)	Feinststäube aus Dieselmotoren Asbest FCKW?
Verändertes Verhältnis Oberfläche/ Volumen, Veränderte Oberflächen-struktur	Quantitativ veränderte und v. a. qualitativ veränderte ‚neue' Effekte hinsichtlich: Reaktivität, Katalytische Effekte Selektivität Löslichkeit Phasenübergänge	Metallionen in Böden; Enzyme in Wasch-mitteln
Selbst-organisation/ Selbstreplikation	Potential zur Selbstvermehrung? Unkontrollierte Ausbreitung?	Genetisch modifizierte Organismen

Letztendlich sind es also vor allem drei Charakteristiken, die bei den sich entwickelnden Nanotechnologien zu Maßnahmen nach dem Vorsorgeprinzip führen sollten: 1. Die hohe Mobilität von Nanopartikeln (verschärft noch durch Probleme ihrer analytischen Nachweisbarkeit), 2. Die erwartbaren ‚neuen Effekte', die von nanoskaligen Materialen und Oberflächen ausgehen (verschärft noch durch die Problematik, dass diese Effekte eher mit der Partikelanzahl und mit der Struktur der Oberflächen korrelierten, als mit dem Gewicht der Substanzen, auf dem aber bisher unsere gesamte Regulation und Grenzwertphilosophie aufbaut), 3. Das mögliche Umschlagen von dem viel versprechenden Setzen auf Selbstorganisation hin zur Fähigkeit zur Selbstreplikation bei den aktiven Nanosystemen.

4.3 Eingriffstiefe als Grundlage von Wirkmächtigkeit

Schon die extreme Mobilität von Nanopartikeln, ihre Fähigkeit Zellmembranen zu durchwandern und – wie am Beispiel von Goldpartikeln nachgewiesen – sogar direkt über den Riechnerv ins Gehirn zu gelangen, hat etwas mit Ein*dring*tiefe zu tun. Erst beim Übergang von der Nutzung der Selbstorganisation zur Nutzung von Selbstreplikation geht es allerdings im eigentlichen Sinne um Aspekte der Ein*griff*stiefe, um Aspekte der auf dieser Basis erzeugten Wirkmächtigkeit und Reichweite (vgl. Abbildung 6).

Auf der Grundlage einer Technologie mit extrem hoher Eingriffstiefe kann durch einen einzelnen Eingriff eine viel stärkere und weiter reichende Wirkung erzeugt werden, als durch eine Technologie mit geringerer Eingriffstiefe[8]. Auch ohne absolute Skalen ist mit Blick auf die

[8] Auch hier gilt es selbstverständlich die schon angesprochene Tatsache zu berücksichtigen, dass Risiken nicht allein durch das Agens bestimmt werden, sondern auch ganz maßgeblich durch die Anwendungskontexte, z. B. auch durch die Verletzlichkeit oder Robustheit des Systems, in das eingegriffen wird. So entscheidet nicht allein die Eingriffstiefe über die Wirkmächtigkeit bzw. über die Länge der auslösbaren Wirkungsketten in Raum und Zeit, sondern selbstverständlich auch die Architektur und der (Stabilitäts)Zustand des Systems, in das eingegriffen wird. Somit gibt es zumindest drei typische Möglichkeiten zur Auslösung der besonders problematischen globalen und irreversiblen Wirkungen: 1. Besonders eingriffstiefe und wirkmächtige Technologien, 2. Besonders fragile Zustände der Systeme, in die eingegriffen wird (hierher gehört z. B. der Dominoeffekt) und 3. Kumulative Wirkungen, d. h. die tausend- bzw. millionenfache Kumulation der Wirkungen je für sich vergleichsweise harmloser Eingriffe (hierher gehört z. B. die Abholzung von Regenwäldern mit Motorsägen oder der anthropogene Treibhauseffekt auf der Basis der Verbrennung fossiler Energieträger, wobei natürlich auch hier die Halbwertszeit von CO_2 in der Atmosphäre eine entscheidende Rolle spielt).

Grafik leicht verständlich, welche großen Unterschiede wir in den Wirkungen erzielen, wenn wir z. B. bei archäologischen Ausgrabungen wahlweise mit dem Bagger, dem Spaten, dem Spatel oder dem Pinsel vorgehen. Die Eingriffstiefe zielt allerdings auf mehr als nur den – ohnehin meist erst im Nachhinein feststellbaren – Unterschied zwischen Wirkmächtigkeiten (raum-zeitliche Länge relevanter Wirkungsketten). Mit dem Begriff der Eingriffstiefe soll auch darauf reflektiert werden, wie diese Wirkmächtigkeiten zustande kommen. Der Atomtechnik, der synthetischen Chemie und der Gentechnik ist allein schon durch ihre Herkunft aus der mathematisch-experimentellen Wissenschaftsform gemeinsam, dass bei ihnen nicht an den alltäglich wahrnehmbaren Phänomenen technisch angesetzt wird, sondern an der ‚Logik der Phänomene', also an Elementen, die die Phänomene sehr weit gehend steuern (Elementarteilchen, Molekülstruktur, Gene, vgl. von Gleich 1989 sowie 98/99). Dies steigert die Gestaltungsmacht über die Gegenstände in einem bis dahin nicht gekannten Ausmaß. Insofern wird mit dem Begriff der Eingriffstiefe nicht nur der Unterschied zwischen Bagger, Spaten, Spatel und Pinsel erfasst, sondern v. a. auch der Unterschied zwischen dem Spalten von Steinen und dem Spalten von Atomen oder zwischen der ursprünglichen Pflanzenzüchtung durch Auslese und der Übertragung von Genen zwischen Organismen bis hin zur Freisetzung gentechnisch veränderter Organismen.

Doch noch ein weiterer Aspekt lässt sich anhand der idealtypischen Darstellung in Abbildung 6 erläutern. Es geht dabei um die Möglichkeit von Aussagen über das ‚Ausmaß des Nicht-Wissens' über mögliche Folgen im Zusammenhang mit bestimmten Eingriffen. Beim Einsatz besonders eingriffstiefer und wirkmächtiger Technologien wird die Kluft zwischen der Reichweite unserer Handlungen und der Reichweite unseres Wissens über mögliche Folgen sehr viel größer sein als beim Einsatz von Technologien mit geringerer Eingriffstiefe[9]. Die Schrittweite der einzelnen Innovationen kann bei eingriffstiefen und wirkmächtigen Technologien so groß sein, dass ein Vorgehen nach dem Trial and Error Prinzip nicht mehr angemessen bzw. verantwortbar ist.

[9] Darauf haben schon Günther Anders und Hans Jonas hingewiesen, vgl. Anders 1958, Jonas 1985

Abbildung 6: Relationale Bestimmung der Eingriffstiefe als Element der Technikcharakterisierung

Eingriffstiefe / Risikotechnologien

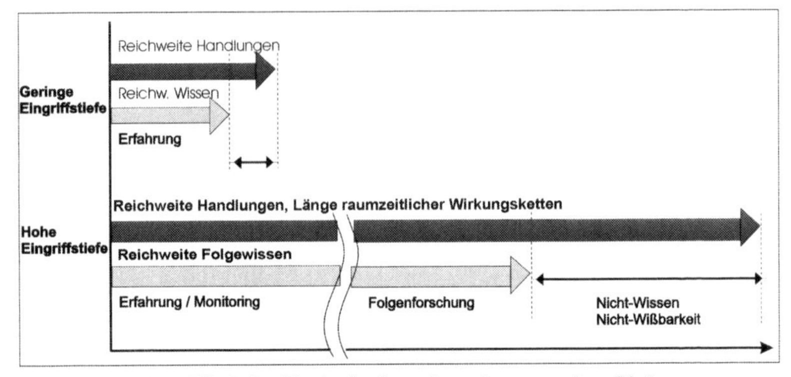

Geringe Eingriffstiefe: Technisches Ansetzen an den Phänomenen
Bsp.: Steine spalten, Komposthaufen anlegen, Schweine schlachten

Hohe Eingriffstiefe: Technisches Ansetzen an 'Steuerungsstrukturen'
Bsp. Atome spalten, FCKWs freisetzen, Schweine mit Fremdgenen

AvG 5/2001

In der wissenschaftsgläubigen Moderne, die sich selbst allzu gern als ‚Wissensgesellschaft' stilisiert, dominiert im gesellschaftlichen Risikodiskurs seit vielen Jahren die Überschätzung der Wissensmöglichkeiten in der Risikoabschätzung, einhergehend mit einer Vernachlässigung der Möglichkeiten zu einem angemessenen Umgang mit Nichtwissen im Rahmen des Risikomanagements (vgl. Böschen 2004). Diese Überschätzung der Wissensmöglichkeiten und die damit einhergehende Vernachlässigung der Möglichkeiten des Risikomanagements äußert sich z. B. auch darin, dass die meisten Menschen, wenn sie gefragt werden, was angesichts der sich zwischen der Reichweite unserer Handlungen und der Reichweite unseres Wissens über mögliche Folgen klaffenden Wissenslücke (bzw. Verantwortbarkeitslücke) zu tun sei, zunächst auf die Verlängerung des Wissenspfeils setzen. Es wird mehr Risikoforschung gefordert. Möglichkeiten zur Verringerung der Wirkmächtigkeit, also die Substitution und die Entwicklung von Technologien mit geringerer Eingriffstiefe kommen nicht genauso schnell in den Blick.

4.4 Umgang mit Unsicherheit in einem erweiterten Risikomanagement

Das Wissen über mögliche Folgen von Innovationen und Techniken ist immer unvollständig. Keine Innovation und keine Technik ist ohne Risiko. Es gibt aber erhebliche Differenzen in der Höhe des Risikos. Es macht einen Unterschied, ob nur mit mehr oder weniger reparierbaren Schäden gerechnet werden muss, oder ob durch einen Schritt ganze Populationen oder Landstriche aufs Spiel gesetzt werden.

Vor diesem Hintergrund des Nichtwissens hat sich ein ebenso beliebtes wie fatales Spiel etabliert zur Blockade von Innovationen. Es ist der beliebte Hinweis auf fehlendes Wissen und das damit verbundene Hin- und Herschieben von unerfüllbaren Beweislasten. Unternehmer versuchen auf diese Weise, den Ersatz von Gefahrstoffen durch weniger gefährliche Stoffe zu verhindern, weil man ja auch über den Ersatzstoff nicht ‚alles' weiß (vgl. Ahrens et al. 2006). Umwelt- und Verbraucherschützer versuchen damit weit reichende Maßnahmen nach dem Vorsorgeprinzip durchzusetzen, auch dann, wenn keine guten Gründe für eine weit reichende Besorgnis angeführt werden können. Selbstverständlich ist es sinnvoll, vor dem Einsatz von Chemikalien die Bereitstellung eines Mindestdatensatzes zu erwartbaren Wirkungen zu verlangen, wie es gegenwärtig im Rahmen des EU-REACH-Ansatzes zur Chemikalienpolitik geschieht. Zu Recht strittig wird das Vorsorgeprinzip insbesondere dann, wenn weit reichende Vorsorgemaßnahmen ohne begründete Gefährdungsvermutung gefordert werden, nach dem Motto: Da kann ‚Alles Mögliche' passieren' und solange wir ‚nicht Alles wissen', sollten wir auch nicht Handeln. Wobei dies oft noch ergänzt wird um die prinzipiell unerfüllbare Forderung nach einem ‚Beweis der Ungefährlichkeit'. Ein so geartetes Vorsorgeprinzip käme einer absoluten Innovationsblockade gleich. ‚Neuheit' allein ist also kein hinreichender Grund für weit reichende Vorsorgemaßnahmen (z. B. ein Moratorium), genauso wie die Nichtbeweisbarkeit von Risiken kein Freibrief sein kann für sehr weit reichende ‚Experimente'. Es muss hier also mit Blick auf den oben dargestellten Ansatz der Technikcharakterisierung noch einmal darauf verwiesen werden, dass es zwischen dem ‚Beweis' einer möglichen ‚Schadwirkung (und dem oft allein akzeptierten ‚evidence based risk management') auf der einen Seite und der ‚völligen Ahnungslosigkeit' auf der anderen Seite Formen des Wissens gibt, auf die sich vernünftige Maßnahmen nach dem Vorsorgeprinzip (precautionary risk management) stützen können, selbst dann, wenn noch keine konkreten wissenschaftlich begründbaren Wirkungshypothesen vorliegen.

Sowohl für die Möglichkeiten der Risikoabschätzung als auch für das Risikomanagement ist die Schrittweite von Innovationen von hoher Relevanz. Schritte, die als solche schon tendenziell globale und irreversible (also nicht mehr reparierbare bzw. rückholbare) Folgen nach sich ziehen, sind nach Möglichkeit zu vermeiden, zumindest erfordern sie weit reichende Maßnahmen nach dem Vorsorgeprinzip. Hier kommen somit die Leitplanken ins Spiel. Mit ihrer Hilfe soll die Schrittweite von Innovationen so begrenzt werden, dass zur Not noch gegengesteuert werden kann. Aber auch für Schritte innerhalb der Leitplanken empfehlen sich Vorsichtsprinzipien. Wenn wir wenig über mögliche Folgen wissen, sind wir in der Regel auf ein Vorgehen nach dem Trial and Error-Prinzip angewiesen. Dann empfiehlt sich eine möglichst kleine ‚fehlerfreundliche' Schrittweite, so dass, wenn etwas schief geht, noch angemessen reagiert, repariert oder gegengesteuert werden kann. Doch auch das Vorgehen nach dem Trial and Error Prinzip kann und sollte noch erheblich verfeinert werden. Empfehlenswert sind z. B. Vorsichtsprinzipien, wie ein langsames Hochfahren (scaling up) mit Blick auf Einsatzmengen und Einführungsgeschwindigkeiten von Stoffen oder anderen Innovationen (Steigerungsraten) oder erste Einführungstests in überschaubaren (ggf. extra zu diesem Zweck abgegrenzten) Versuchsräumen (Sandkastenspiele)[10]. Für ein erweitertes vorsorgeorientiertes Risikomanagement gilt es die ganze Bereite der bisher entwickelten Maßnahmen zu sichten und (durchaus auch vor dem Hintergrund einer Kosten-Nutzen-Analyse) je nach Bedarf und Möglichkeiten einzusetzen. Anstatt sich also immer wieder auf die Wissenslücken in der Risikoabschätzung zu fixieren und diese zu beklagen, sollte viel stärker das Augenmerk auf die Möglichkeiten eines erweiterten vorsorgeorientierten Risikomanagements gerichtet werden.

Mit den angedeuteten Leitplanken und dem methodisch ausgefeilten Trial and Error-Prinzip sind die Möglichkeiten eines vorsorgeorientierten Risikomanagements aber noch lange nicht ausgeschöpft. Diese Ansätze müssen kombiniert werden mit den im ersten Teil geschilderten Ansätzen

[10] Hier kann viel von den Arbeiten zur ‚Ökologie der Zeit' (vgl. z. B. Kümmerer 1997) sowie von den gegenwärtigen Forschungen zu einer ‚reflexiven Modernisierung' gelernt werden, vgl. Böschen 2004

zu einer vorsorgeorientierten Gestaltung von Technologien, Prozessen und Produkten. Auch die Gestaltung von Technologien und die Entwicklung von Stoffen sollten als integrale Elemente des Risikomanagements betrachtet werden. Es macht keinen Sinn erst eine Technik oder einen Stoff für einen breiten gesellschaftlichen Anwendungsbereich zu entwickeln und dann erst über mögliche Risiken nachzudenken. Beide Ansätze, die leitbildorientierte Gestaltung und das erweiterte vorsorgeorientierte Risikomanagement erhalten im übrigen wichtige Impulse aus der Technikcharakterisierung. Die besonders problematischen Aspekte aus der Technikcharakterisierung wie ‚Länge der relevanten Wirkungsketten in Raum und Zeit', ‚Umweltoffenheit / Freisetzung', Naturfremdheit, Mobilität, Persistenz, Bioakkumulation usw. können schließlich im Umkehrschluss als Designvorgaben formuliert werden, z. B. dahingehend, bevorzugt Stoffe zu verwenden, die ohnehin schon in größeren Mengen in der Biosphäre kreisen (vgl. das Perlmuttbeispiel), die in der Biosphäre schnell abgebaut werden, oder eine geringe Mobilität aufweisen. Leitbilder sollten allerdings viel mehr umschreiben als das Gegenteil des Unerwünschten.

5 Konkurrierende Nano-Visionen

Es wurde schon darauf hingewiesen, dass Bilder und Leitbilder in der Entwicklung der Nanotechnologien eine besonders wichtige Rolle spielten und noch spielen. So lassen sich aktuell zwei zentrale Entwicklungsrichtungen unterscheiden, die sogenannte Top-down-Richtung, bei der die Beherrschung des Gegenstandes aus dem Makroskopischen schrittweise bis in die Nanoskala ausgedehnt wird und die Bottom-up-Richtung, bei der sich komplexe nanoskalige Strukturen aus noch kleineren Einheiten mehr oder minder ‚selbstorganisiert' bilden lassen. Die ‚Top down' Nanotechnologien sind das (vorlaufige) Ergebnis einer Bewegung der Naturbeherrschung vom Makroskopischen über die Mikrosystem technik bis hinein zur Legotechnik im nanoskaligen und atomaren Bereich. Besonders erfolgreich und z. T. spektakulär wurde dieser Weg bisher bei der Herstellung von Computerchips beschritten oder in den viel publizierten Fähigkeiten, mit Hilfe von Rasterkraftmikroskopen einzelne Atome hin und her zu schieben. Die ‚bottom up' Nanotechnologien setzen dagegen auf Selbstorganisation. Sie haben ihre Erfolge in der Kolloidchemie (z. B. Self Assembled Monolayers SAM), bei der Herstellung von Kohlenstoffmakromolekülen wie Nanoröhren oder Buckminster Fullerenen und in der templatgesteuerten Kristallisation wie beim künstlichen Perlmutt (vgl. Abbildungen 7-8.

Abbildung 7:
Gegenläufige Strategien – Top down: Miniaturisierung in der Chipsproduktion

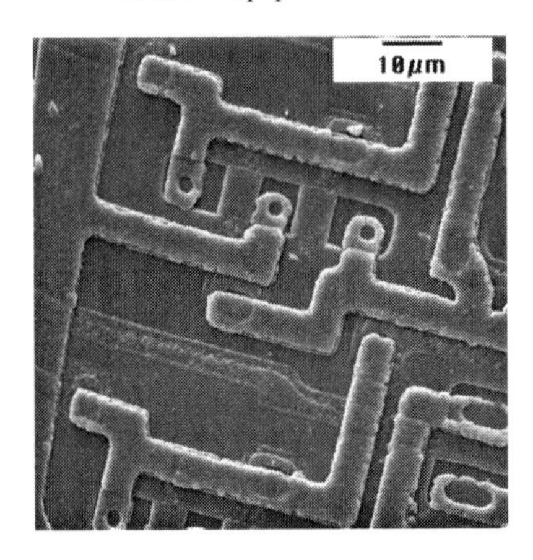

Abbildung 8:
Gegenläufige Strategien – Bottom up: Selbstorganisation von Buckminster-Fullerenen

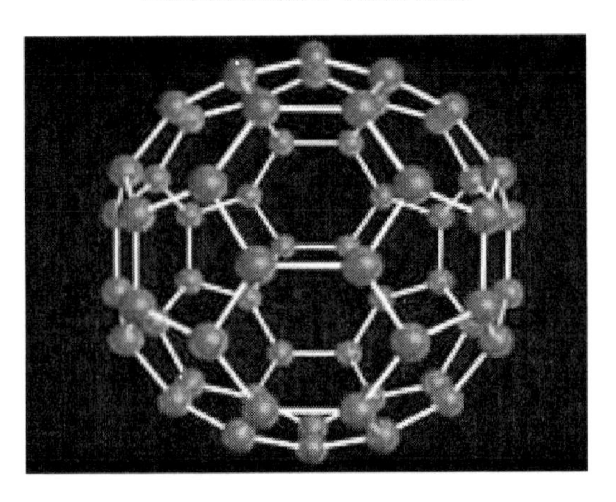

Zu beachten ist allerdings noch eine dritte Entwicklung, nämlich die Tendenz zum Zusammenwachsen mehrerer technologischer Entwicklungslinien, die mit dem Begriff ‚Converging Technologies' beschrieben und analysiert werden (vgl. Abbildung 9 aus: Roco, Bainbridge 2002; vgl. auch Nordmann 2004).

Abbildung 9: Converging Technologies Aus: Roco; Bainbridge 2002

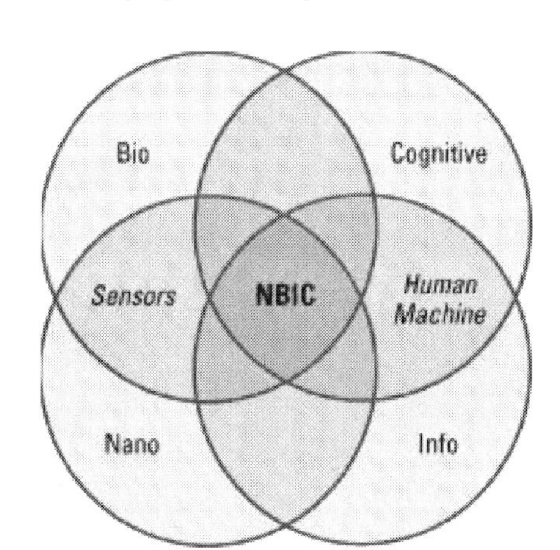

Noch sind die öffentlichen Debatten über ‚Chancen und Risiken von Nanotechnologien' geprägt durch blauäugige Wunsch- und schwarz malende Horrorszenarien. Auf der einen Seite wird von Nanotechnologien die Lösung fast aller unserer Probleme erwartet, einschließlich der Umwelt- bzw. Nachhaltigkeitsprobleme. Nanotechnologien sind auch Teil einer radikalen ‚grünen' Vision mit Kohlenstoff als Grundstoff, mit enormen Fortschritten bei der Reduktion des Ressourcenverbrauchs bzw. der Verbesserung der Ökoeffizienz von Technologien, Prozessen und Produkten, angefangen von Sonnenkollektoren über Katalysatortechnik bis hin zu Werkstoffen und Beschichtungssystemen. Auf der anderen Seite wird nicht nur über Gesundheits- und Umweltrisiken ausgehend von nanostrukturierten Systemen (Partikel, Oberflächen) diskutiert, sondern auch über die Gefahr, dass Nanotechnologien sich als nicht beherrschbar erweisen könnten und zwar nicht so sehr in Form von selbstreplizierenden Robotern (Drexlers Assembler) sondern eher über die

Kombination von Nano- mit Bio- und Gentechnologien. Derzeit bestimmt noch die humantoxikologische Debatte über mögliche Wirkungen von Nanopartikeln das Feld. Doch wie mit einem Blick auf die Abbildung 10 deutlich wird, unterliegen wir auch hier wieder der Gefahr, dass die Technologie wesentlich schneller voran schreitet, als die Debatte über mögliche Folgen. Während wir noch über Nanopartikel diskutieren, werden die ersten ‚aktiven' Nanosysteme zur Anwendung geführt. Diese haben zwar noch nicht die Fähigkeit zur Selbstreplikation, aber sie sind nach Roco, einem der Vordenker und zentralen Akteur in der US-Amerikanischen Nanoinitiative, auf dem Weg dahin.

Abbildung 10: Ungleichzeitigkeiten zwischen Technikentwicklung und Technikfolgenabschätzung, aus Rejeski 2003

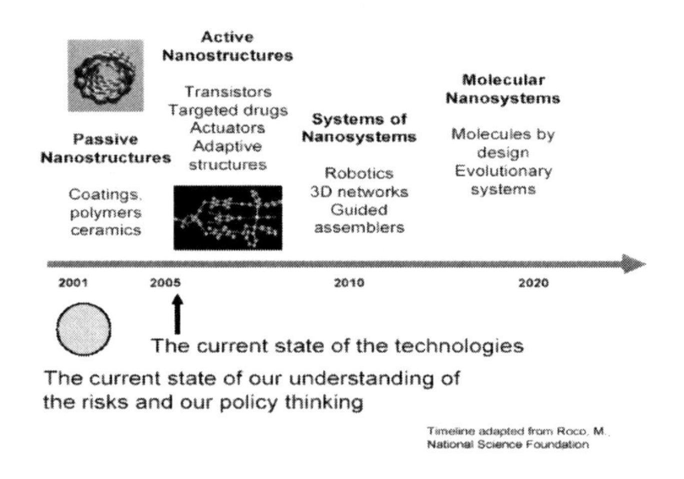

Nicht zuletzt angesichts dieser unübersichtlichen Situation in der Nanodebatte empfiehlt sich eine Kombination der beiden hier vorgeschlagenen Strategien. Es gilt zum einen im Rahmen einer prospektiven Technikbewertung sowohl die Befürchtungen als auch die Versprechungen über heute schon zugängliche Indizien auf ihren Wahrheitsgehalt zu überprüfen. Mit Blick auf die Risiken wurde dies im Rahmen der Technikcharakterisierung schon ansatzweise geleistet. Bleibt noch die Überprüfung der Umweltentlastungspotentiale. Auch diese wurde im Rahmen einer für das BMBF durchgeführten Studie angegangen, wobei mit den ‚prospektiven Ökoprofilen' nach dem methodischen Vorbild von Ökobilanzen methodisches Neuland betreten wurde (vgl. Steinfeldt u. a. 2004). Es wurden mehrere Fallstudien durchgeführt, zwei durchaus positive Ergebnisse sollen hier herausgegriffen werden. In der Fallstudie zu Beschichtungssystemen für Aluminiumoberflächen auf Autos konnten ebenso deutliche Umweltentlastungspotentiale identifiziert werden (vgl. Abbildungen 11 und 12), wie in der Studie über Katalysatoren für die Styrolproduktion (vgl. Abbildung 13). Im Bereich der Nanolacke, in dem in einigen Fällen schon Marktreife erzielt werden konnte, ging es um eine Entwicklung von mittlerem bis hohen Innovationsgrad.

Abbildung 11: Konkurrierende Lacksysteme im Automobilbau

	Konventionelles Lackieren mit Chromatierung	„Nano"-Lackieren
Einsatzstoff	Vorbehandlung: Chromsäure (toxisch)	Silane (anorganisch-organische Hybridpolymere)
Schichtdicke (Lack)	50-100 µm	5-10 µm
Arbeitsschritte	Grundierung + Lack	Eine Schicht ausreichend

Lack-und Chromatierungsmengen
(g/m² lackierter Aluminium-Automobilfläche)

In der Fallstudie zur Katalysatorentwicklung in der Styrolsynthese ging es um eine radikale Prozessinnovation, die im Labormaßstab funktioniert, deren Marktreife aber erst mittel- bis langfristig zu erwarten ist. Auch hier zeigt sich ein enormes Potential zur Verbesserung der Ressourceneffizienz (vgl. Abbildung 12, vgl. Steinfeldt et al. 2004)).

Abbildung 12: Einsatzmengen von Lackrohstoffen in konkurrierenden Lackierungssystemen

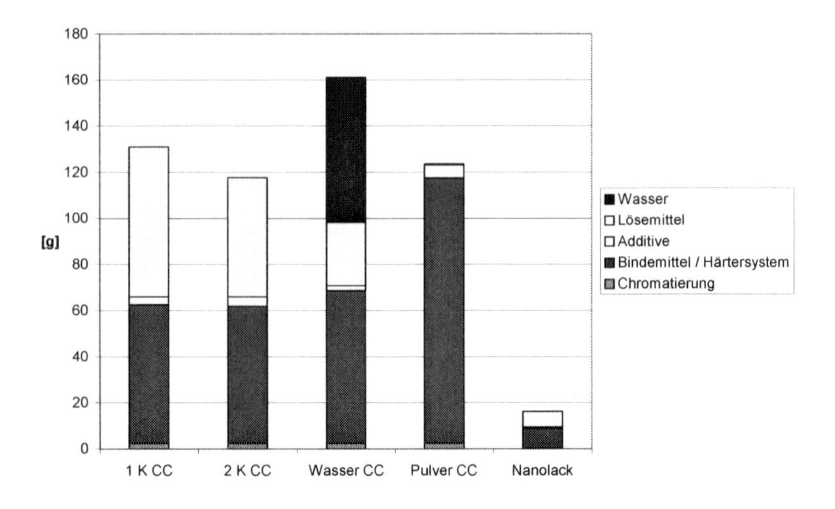

Abbildung 13: Verbesserte Ressourceneffizienz der Styrolsynthese durch ,Nanokatalysatoren'

	Alt	Neu
Katalysator	Eisenoxid mit Schwer-metallpromotoren (Chrom)	Einsatz mehrwandiger Kohlenstoff-Nanoröhren
Reaktions-temperatur	Ca. 600°C	Ca. 400°C
Maximale Styrol-Ausbeute	45%	60%
Reaktion	Endotherm Dehydrierung mit Wasserdampfzufuhr	Exotherm Oxydehydrierung mit Sauerstoffzufuhr

Solche Methoden und Ergebnisse einer prospektiven Technikbewertung sind als Argumente in technologiepolitischen Diskussionen wichtig. Das weiter gehende Potenzial liegt aber möglicherweise in der leitbild-orientierten Technikgestaltung, also in der Formulierung und Konkretisierung von Leitbildern und insbesondere im Entwurf von diesen konsistenten Entwicklungspfaden, in denen die positiven Ziele aktiv angestrebt und die Risiken bewusst minimiert werden.

6 Schlussfolgerungen

Die Chemische Industrie strebt für sich eine nachhaltigere Zukunft an, sie versteht darunter nicht nur den Erhalt der Unternehmen, sondern auch eine ‚nachhaltigere Chemie'. Die Zukünfte der Chemie scheinen auf der technischen Seite in der Effizienzsteigerung (Katalysatoren), in der kombinatorischen Chemie, in der Biotechnologie, der Nanotechnologie und der Biomimetik zu liegen. Entwicklungen die durchaus Zustimmung erheischen – wenn da nicht die weitgehend ungeklärte Frage der Risiken wäre.

Auch die Kritiker der Chemie kamen (ähnlich wie im Energiebereich) nicht umhin darzustellen, wie sie sich denn eine nachhaltigere Zukunft der Chemie vorstellen. Und hier ergeben sich derzeit erstaunliche Ähnlichkeiten. Dort wo früher ein paar wenige Aufrechte die ‚Kreislaufwirtschaft' und eine ‚Sanfte Naturstoffchemie' propagierten, sind breitere Bewegungen entstanden um Begriffe wie ‚Green Chemistry' und ‚biomimetics' bzw. Bionik. Auch die Chemische Industrie hat die Biomimetik in ihren Zielhorizont aufgenommen. Es bleibt abzuwarten, ob sie dort vorwiegend in der Funktion als Akzeptanzbeschaffer für Gentechnologie und Nanotechnologie fungieren soll, oder ob sich dieses Leitbild tatsächlich eigenständig entfalten kann. Es lohnt sich auf jeden Fall genauer hinzusehen, auf die Leitbilder und auf die einzelnen Techniklinien. Und es lohnt sich sicher auch die gesellschaftlich vorhandenen Einflussmöglichkeiten auf Leitbilder und Leitplanken zu nutzen.

Innovationsprozesse sind auf größtmögliche Vielfalt und Freiheit angewiesen. Diese Freiheit muss begrenzt werden durch ethische Schranken (insbesondere dort wo das Menschenbild tangiert ist) und durch Leitplanken (insbesondere dort wo es um Großrisiken geht). Leitplanken sind Maßnahmen eines vorsorgeorientierten und damit erweiterten Risikomanagements. Eine wichtige Rolle spielt hier die Begrenzung der Schrittweite von Innovationen unter Berücksichtigung von Eingriffstiefe, Wirkmächtigkeit, Fehlerfreundlichkeit und Rückholbarkeit. Vorsorge wird schließlich von dem Ziel geleitet, auch dann noch handlungsfähig zu bleiben, wenn der ‚worst case' eintritt. Neben der Begrenzung der Schrittweite sind aber noch weitere Ansätze des Risikomanagements von Bedeutung, z. B. die Gestaltung von Anwendungssystemen nach den Prinzipien der Geschlossenheit und Eigensicherheit, Vorsichtsprinzipien, wie ein langsames Hochfahren (scaling up) mit Blick auf Einsatzmengen und Einführungsgeschwindigkeiten von Stoffen oder anderen Innovationen (Steigerungsraten) oder erste Einführungstests in überschaubaren (ggf. extra zu diesem Zweck abgegrenzten) Versuchsräumen (so genannte Sandkastenspiele).

Bei den Leitbildern und Leitplanken handelt es sich also um Formen eines möglichst angemessenen Umgangs mit Unsicherheit und Nichtwissen, eines Umgangs mit den unhintergehbaren Unzulänglichkeiten des Wissens über mögliche Folgen, die mit allen Innovationen immer verbunden sind. Leitbilder haben dort ihre wichtigste Funktion, wo unser Wissen über die zu erwartenden Wirkungen sehr beschränkt ist. Bei weit reichenden Innovationen ist dies der Normalfall. Mit dem Verfolgen von Leitbildern ist keine Erfolgsgarantie verbunden, schon gar keine (Richtungs)Sicherheit. Das Verfolgen solcher Leitbilder kann allenfalls die Wahrscheinlichkeit dafür erhöhen, dass die von ihnen geleitete Lösung von vornherein etwas mehr auf der ökologischen oder sicheren Seite ist. Bionische Lösungen müssen deshalb selbstverständlich – wie alle anderen technischen Lösungen – einer Technikfolgenabschätzung, einem methodisch geleiteten Prüf- und Bewertungsprozess unterzogen werden. Und dies nicht nur aufgrund der Tatsache, dass technische Risiken nicht allein vom Charakter, von der Qualität, der eingesetzten Technik ausgehen, sondern auch sehr stark vom jeweiligen Anwendungskontext und von der Anwendungsintensität. Leitbilder dürfen also nicht mit Kennzeichnungen (labels) verwechselt werden, die der jeweiligen Technik, dem Prozess oder dem Produkt (im Vergleich zu anderen) eine bestimmte geprüfte Qualität zuschreiben.

Wie am Beispiel des künstlichen Perlmutts gezeigt werden konnte, gibt es aber eine ganze Reihe von Gründen für die Berechtigung einer Orientierung am Vorbild Natur bzw. an Leitbildern wie Bionik, Biomimetics, Sanfte Chemie / Green Chemistry, Industrial Ecology oder auch

Eigensicherheit. Zentrale Punkte sind dabei u. a. der Opportunismus, die evolutionäre Erprobtheit und die Adaptivität der ‚bionischen' Vorbilder. Diesen Orientierungen und vor allem auch dem ‚Einsatz' von Leitbildern sind jedoch auch deutliche Grenzen gesetzt. Ein Vorteil der Orientierung an Leitbildern liegt darin, dass sie sehr früh im Innovationsprozess wirken können (schon im Erkenntnisprozess), und nicht erst dann; wenn diverse Pfadabhängigkeiten gegriffen haben. Leitbilder und Leitplanken sind aber nur Elemente im komplexen Innovationsprozess. Ihre Wirksamkeit wird ermöglicht und begrenzt durch andere – zum Teil wesentlich mächtigere – Treiber wie Globalisierung, (Qualitäts)Wettbewerb, neue Märkte, Markenstrategien, Aktienkurse, Haftungsrecht, Bedeutung von Öffentlichkeit und Bürgergesellschaft und deren Fähigkeiten zur Skandalisierung. Einige dieser Entwicklungen können allerdings die Chancen für eine Beeinflussung der komplexen Innovationsprozesse mit Hilfe von Leitplanken und Leitbildern durchaus verbessern. Hierzu gehören die Verschärfung des Wettbewerbs im Zuge der Globalisierung, der Übergang zum Qualitätswettbewerb, einhergehend mit Markenstrategien in endverbrauchernahen Segmenten sowie die Schwerpunktsverschiebung von technologiegetriebenen zu nachfrage- und problemgetriebenen Innovationen.

Literatur

Ahrens, A.; Braun, A.; von Gleich, A.; Heitmann, K.; Lißner, L. (2006): Hazardous Chemicals in Products and Processes – Substitution as an Innovative Process (Physica Verlag) Heidelberg

Anders, G. (1958): Die Antiquiertheit des Menschen. Über die Seele im Zeitalter der zweiten industriellen Revolution, München

Blank, S.; M. Arnoldi; S. Khoshnavaz; L. Treccani; M. Kuntz; K. Mann; G. Grathwohl; M. Fritz (2003): The nacre protein perlucin nucleates growth of calcium carbonate crystals. J. Microscopy, 212, 280–291

Bloch, E. (2001): Das Prinzip Hoffnung. 3 Bde. (Werkausgabe, 5) (Suhrkamp Verlag), Neuauflage

Böschen, S. (2000): Risikogenese: Prozesse gesellschaftlicher Gefahrenwahrnehmung: FCKW, DDT, Dioxin und Ökologische Chemie (Leske + Budrich), Opladen

Böschen, S. (2004): Reflexive Wissenspolitik: Zur Formierung und Strukturierung von Gestaltungsöffentlichkeiten. In: Bogner, A.; Torgersen H.

(Hrsg.): Wozu Experten? (VS Verlag für Sozialwissenschaften) Wiesbaden

Dierkes, M.; Hoffmann, U.; Marz, L. (1992): Leitbild und Technik. Zur Genese und Steuerung technischer Innovationen (edition sigma) Berlin

Dosi, G. (1982): Technological paradigms and technological trajectories, in: Research Policy 11/1982, pp. 147-162

European Environmental Agency (EEA) (2002): Late lessons from early warnings: the precautionary principle 1896-2000, Environmental issue report No. 22, Copenhagen http://reports.eea.eu.int/environmental_issue_report_2001_22/en

Fritz, M.; Grathwohl, G.; von Gleich; A., Kuntz, M.; Zinsmeister, K. (2005): Perlmutt – Vorbild für nachhaltig zukunftsfähige Werkstoffe (2005), http://www.tecdesign.unibremen.de/FG10/dokumente/PerlmuttBericht.doc

Gleich, A. von (1989): Der wissenschaftliche Umgang mit der Natur. Über die Vielfalt harter und sanfter Naturwissenschaften (Campus Verlag), Frankfurt/M.

Gleich, A. von (1998): Ökologische Kriterien der Technik- und Stoffbewertung: Integration des Vorsorgeprinzips, in: Umweltwissenschaften und Schadstoff-Forschung – Zeitschrift für Umweltchemie und Ökotoxikologie, Jg. 10, Nr. 6 1998, Jg. 11, Nr. 1 + Nr. 2 1999

Gleich, A. von (2005): Technikcharakterisierung als Ansatz einer vorsorgeorientierten prospektiven Innovations- und Technikanalyse, in: Bora, A.; Decker, M.; Grunwald, A.; Renn, O. (Hrsg.): Technik in einer fragilen Welt – Die Rolle der Technikfolgenabschätzung, Reihe: Gesellschaft – Technik – Umwelt. Neue Folge 7 (edition sigma) Berlin 2005

Huber, J. (2004): New Technologies and Environmental Innovation, (Edward Elgar) Cheltenham

Innovationsreport (2005): Nanobionics III – Von Biomolekülen zu technischen Anwendungen, 31.3.2005, *http://www.innovations-report.de/html/berichte/biowissenschaften_chemie/bericht-42349.html* (Zugriff: 24.8.06

Jonas, H. (1985): Warum die moderne Technik ein Gegenstand für die Ethik ist, in: Ders.: Technik, Medizin und Ethik. Zur Praxis des Prinzips Verantwortung, (Insel-Verlag) Frankfurt/M, S. 42 ff.

Kümmerer, K. (1997): Schwerpunktthema: Die Bedeutung der Zeit in den Umweltwissenschaften. *Umweltwissenschaften und Schadstoff-Forschung,* Teil I: 1/97: 49-54, Teil II (gem. mit M. Held): 3/97: 169-178, Teil III (gem. mit M. Held) 5/97: 283-290

Kuhn, T. (1976): Die Struktur wissenschaftlicher Revolutionen (Suhrkamp Verlag) Frankfurt/M

Kursawe, F.; Schwefel, H.-P. (1998): Künstliche Evolution als Modell für Natürliche Intelligenz, in: A. von Gleich (Hrsg.): Bionik Ökologische Technik nach dem Vorbild der Natur? (B. G. Teubner) Stuttgart

Matje, A. (1996): Unternehmensleitbilder als Führungsinstrument. Komponenten einer erfolgreichen Unternehmensidentität, Wiesbaden

Möhrle, M. G.; Isenmann, R. (2005): Technologie-Roadmapping – Zukunftsstrategien für Technologieunternehmen (Springer) Berlin, Heidelberg et al.

Mattheck, C. (1997): Design in der Natur (Rombach Verlag) Freiburg

Naumann, K. (1993): Chlorchemie der Natur, in: Chemie in unserer Zeit, Jg. 27, H. 1 1993, S. 33-44

Nordmann, A.; Baird, D. Schummer, J. (eds.) (2004): Discovering the Nanoscale (IOS Press) Amsterdam

Nordmann, A. (Rapporteur) (2004): Converging Technologies – Shaping the Future of European Societies, European Commission Research, Brussels http://www.ntnu.no/2020/pdf/final_report_en.pdf

Roco, M. C. Bainbridge W. S. (eds.) (2002): "Converging Technologies for Improving Human Performance: Nanotechnology, Biotechnology, Information Technology and Cognitive Science", NSF/DOC-sponsored Report, Arlington, VA, National Science Foundation, June 2002.

Rechenberg, I. (1994): Evolutionsstrategie '94. Band 1, Werkstatt Bionik und Evolutionstechnik (Frommann-Holzboog), Stuttgart

Rejeski, D. (2006): Welcome to the next industrial revolution. Presentation given to the National Science Foundation (2003). http://es.epa.gov/ncer/publications/nano/pdf/RejeskiNSF(9.15.PDF, Zugriffsdatum: 20.06.2006.

Risikokommission (2003): Ad hoc-Kommission ‚Neuordnung der Verfahren und Strukturen zur Risikobewertung und Standardisierung im gesundheitlichen Umweltschutz der Bundesrepublik Deutschland, Abschlussbericht, Salzgitter.

Schramm, E. (1997): Im Namen des Kreislaufs. Ideengeschichte der Modelle vom ökologischen Kreislauf. Forschungstexte Institut für sozial-ökologische Forschung ISOE. Frankfurt/M

Steinfeldt, M.; Petschow, U.; Haum, R.; Gleich, A. von; Chudoba, T.; Haubold, S. (2004): Innovations- und Technikanalyse zur Nanotechnologie – Themenfeld ‚Nachhaltigkeitseffekte durch Herstellung und Anwendung nanotechnologischer Produkte, Berlin, September 2004, http://www.bmbf.de/pub/ nano_nachhaltigkeit_ioew_endbericht.pdf

Von Anfang an – Nachhaltigkeit durch Chemieunterricht

Ilka Parchmann & Jürgen Menthe

Einleitung

Nachhaltigkeit durch Chemieunterricht – diese Forderung lässt sich in zweierlei Hinsicht verstehen:

(1) Der Chemieunterricht soll dazu beitragen, dass Schülerinnen und Schüler jetzt und zukünftig in der Lage sind, auf der Basis ihrer chemischen Kenntnisse Fragen und Maßnahmen für eine nachhaltige Entwicklung zu erkennen, zu diskutieren und umzusetzen.

(2) Der Chemieunterricht soll so gestaltet sein, dass erworbene Kenntnisse und Kompetenzen nachhaltig verankert sind und auch zukünftig nutzbar bleiben.

Die Forderungen nach der Vermittlung von Aspekten einer nachhaltigen Chemie stehen in gutem Einklang mit vielen Lehrplänen und Bildungskonzepten. Die Nachhaltigkeit des Chemieunterrichts selbst darf allerdings verschiedenen Studien zufolge in Frage gestellt werden. Insbesondere bezogen auf den Bereich des Urteilens und Bewertens zeigen Schülerinnen und Schüler häufig nicht die gewünschten Resultate (z.B. Ratcliffe 1997), dabei bietet allerdings auch die Unterrichtsgestaltung vielfach nur wenig Anlässe für eine Auseinandersetzung mit entsprechenden Urteils- und Bewertungsfragen. Diese Diskrepanz lässt sich einerseits sicherlich auf die begrenzten zeitlichen Kapazitäten zurückführen, andererseits darf aber auch die Frage nach der Ausschöpfung inhaltlicher und methodischer Möglichkeiten der verfügbaren Unterrichtszeit gestellt werden. Nachfolgend sollen daher Ansätze vorgestellt werden, die das Ziel verfolgen, Nachhaltigkeit im und durch Chemieunterricht im Sinne beider Forderungen besser umzusetzen. Die vorgestellten Maßnahmen setzen auf der Ebene der Schulsysteme (am Beispiel des Modellversuchs BLK 21 – Bund-Länder-Kommision für Bildungsplanung und Forschungsförderung, Programm 21), der Unterrichtsgestaltung (am Beispiel der Konzeption *Chemie im Kontext*) und der empirischen Unterrichtsforschung an.

Chemieunterricht auf neuen Wegen: Modellversuche, Unterrichtskonzeptionen und empirische Untersuchungen

Für den Chemieunterricht gelten Kritikpunkte, wie sie derzeit etwa im Nachklang der PISA-Untersuchungen für Schule und Unterricht in Deutschland allgemein diskutiert werden, in besonderem Maße:

(1) Der Chemieunterricht verzeichnet ähnlich wie der Physikunterricht einen messbaren Interessenverlust im Verlauf der Unterrichtszeit (vgl. Gräber, 1992).

(2) Obwohl chemische Reaktionen überall ablaufen – im chemischen Labor ebenso wie in der Natur –, ist allein der Begriff „Chemie“ oftmals negativ besetzt, und „chemische Stoffe“ werden von einem Großteil der (in dieser Beziehung sicher unzureichend gebildeten) Bevölkerung als etwas erachtet, das besser zu vermeiden ist. Die untenstehende Zeitungsmeldung steht stellvertretend für derart undifferenzierte Berichte und Anzeigen.

Abb. 1: Zeitungsmeldung zu „Chemie freien Waschmitteln“ (Blume, 2006)

Keine Chemie in Bio-Waschmitteln

Berlin — Ein Waschmittel, das mit der Bezeichnung „Bio“ wirbt, muß von chemischen Substanzen völlig frei sein. Das hat das Berliner Kammergericht in einem noch nicht rechtskräftigen Urteil entschieden (AZ: 15 0 357/89, 22. 09. 1992). Wie der Verbraucherschutzverein Berlin mitteilte, wurde einem Unternehmen damit in zweiter Instanz untersagt, sein mit chemischen Stoffen versetztes Waschmittel zu vertreiben und dafür zu werben. Nach Ansicht der Richter handele es sich eindeutig um eine Irreführung des Verbrauchers. (dpa)

(3) Schließlich stellt das grundlegende Erklärungskonzept der Chemie, das Wechselspiel zwischen beobachtbaren oder messbaren Phänomenen und der Deutung mit Hilfe von Atom- und Bindungsmodellen, viele Lernende vor eine große Herausforderung. Dabei besteht das Problem weniger darin, Aussagen über Atome zu lernen, als vielmehr in der Anwendung dieser Erklärungen, wie das nachfolgende Zitat einer Schülerin zeigt: „Brommoleküle haben zu Bromid-Ionen reagiert. Aber wo ist die braune Flüssigkeit geblieben?"

Wege zur Verbesserung dieser Situation müssen somit an allen drei Problemstellungen ansetzen. Der Chemieunterricht soll – ebenso wie andere Fächer auch – Wissen und Kompetenzen zur Verfügung stellen, die langfristig helfen, Vorgänge besser zu verstehen, Entscheidungen zu begründen und persönliche Interessen zu entwickeln. Um dieses Ziel zu erreichen, müssen Maßnahmen auf unterschiedlichen Ebenen umgesetzt werden.

BLK 21: verschiedene Fächer, ein Ziel!

Im Rahmen des Modellversuchs „BLK 21" sind Unterrichtsansätze zur Bildung für eine nachhaltige Entwicklung entwickelt, erprobt und evaluiert worden, wobei Lehrkräfte aus unterschiedlichen Fächern gemeinsam zentrale Fragestellungen bearbeitet und in der Schule umgesetzt haben.

In einem der so entwickelten Unterrichtsbeispiele wird beispielsweise der Tourismus und konkret das Reiseverhalten der Schülerinnen und Schüler thematisiert (Download unter *http://www.transfer-21.de*). In dieser Einheit sollen die Folgen des Tourismus aus vielen verschiedenen Perspektiven beleuchtet werden: die ökologischen, die wirtschaftlichen aber auch die sozialen Auswirkungen werden im Unterricht besprochen und abgewogen. Dabei werden – gemäß dem Ansatz „Syndrome des globalen Wandels" Nachhaltigkeitsindikatoren entwickelt, mit deren Hilfe es möglich sein sollte, die mit einem bestimmten Verhalten einhergehenden Veränderungen zu bewerten.

Ein so angelegter Unterricht möchte die Fähigkeiten fördern, die Lernende zur Bewältigung zukünftiger Herausforderungen benötigen, ohne dass eine bestimmte Sichtweise vorgegeben oder ein bestimmtes Verhalten sanktioniert werden:

> „Als Bewertungskompetenz" wird die Fähigkeit verstanden, bei Entscheidungen unterschiedliche Werte zu erkennen, gegeneinander abzuwägen und in den Entscheidungsprozess einfließen zu lassen" (Lauströer, Rost & Raack 2003, S. 4).

Die Lernenden sollen selbst und vor dem Hintergrund ihrer eigenen Werthaltungen die beschriebenen Entwicklungen (z.B. die ökologischen Folgen verschiedener Urlaubsreisen) bewerten. Der Fächer verbindende Ansatz soll sicherstellen, dass in diese Abwägung sowohl die notwendigen naturwissenschaftlichen Grundlagen zur Bewertung bestimmter Entwicklungen vorhanden sind, als auch die sozialen und politischen Aspekte Berücksichtigung finden können. In der realen Unterrichtspraxis lässt sich ein solcher integrierter Ansatz in Form von Projekten problemlos umsetzen. Die Integration in den etablierten Fächerkanon erfordert jedoch eine starke Abstimmung mit den jeweiligen Vorgaben und Richtlinien.

Ein Ansatz wird mit dem nächsten Beispiel vorgestellt.

Nachhaltigkeit im Fach Chemie am Beispiel von Chemie im Kontext

Der naturwissenschaftliche Unterricht ist in den meisten Lehrplänen in Deutschland entlang der jeweiligen Fachsystematiken aufgebaut. Dabei bieten gerade naturwissenschaftliche Prozesse zahlreiche Anknüpfungsmöglichkeiten für Urteilsfragen und Abwägungen nachhaltiger Entwicklungen. Die Verknüpfung solcher Themen und Fragestellungen mit dem Erwerb eines strukturierten Fachverständnisses ist folglich eine der zentralen Zielsetzungen fachdidaktischer Arbeiten und bildungspolitischer Maßnahmen. So hat sich die Diskussion um die Ziele des naturwissenschaftlichen Unterrichts verstärkt durch die PISA-Untersuchungen in Richtung der Entwicklung einer „Scientific Literacy" verschoben:

> „Naturwissenschaftliche Grundbildung (Scientific Literacy) ist die Fähigkeit, naturwissenschaftliches Wissen anzuwenden, naturwissenschaftliche Fragen zu erkennen und aus Belegen Schlussfolgerungen zu ziehen, um Entscheidungen zu verstehen und zu treffen, welche die natürliche Welt und die durch menschliches Handeln an ihr vorgenommenen Veränderungen betreffen" (OECD 1999, zitiert nach Baumert 2001, S. 198).

Auch die 2004 von der Kultusministerkonferenz verabschiedeten Einheitlichen Bildungsstandards für den Mittleren Schulabschluss legen dieses Bildungsziel als Basis für die beschriebenen Kompetenzbereiche und Standards zugrunde. In der Präambel für das Fach Chemie heißt es dazu:

> „Die Schülerinnen und Schüler erkennen die Bedeutung der Wissenschaft Chemie, der chemischen Industrie und der chemierelevanten Berufe für Gesellschaft, Wirtschaft und Umwelt. Gleichzeitig werden sie für eine nachhaltige Nutzung von Ressourcen sensibilisiert. Das schließt den verantwortungsbewussten Umgang mit Chemikalien und Gerätschaften aus Haushalt, Labor und Umwelt sowie das sicherheitsbewusste Experimentieren ein." (KMK, 2004, S. 5).

Die Formulierung eines eigenen Kompetenzbereichs „Bewerten" betont die Bedeutung der hier benannten Ziele, zumal die dazu formulierten Standards erstmalig gleichberechtigt neben die Entwicklung von Kompetenzen aus den Bereichen „Fachwissen" (Anwenden von Basiskonzepten der Chemie), „Erkenntnisgewinnung" (Anwenden von Methoden der Chemie) und „Kommunikation" (Fachsprache, Informationen und Darstellungen) gestellt worden sind.

Die Verknüpfung der genannten vier Bereiche ist eine wichtige Grundlage der Unterrichtskonzeption *Chemie im Kontext* (Parchmann et al., 2001). *Chemie im Kontext* weicht ab von der verbreiteten Prämisse, zunächst Fachwissen vorzulegen um anschließend Anwendungsgebiete damit zu erschließen. In diesem Ansatz dient vielmehr gerade ein solches Anwendungsgebiet (ein Kontext) dazu, chemische Inhalte zu erarbeiten und fachbezogene wie fachübergreifende Kompetenzen zu entwickeln. Die nachfolgende Abbildung skizziert einen solchen Weg einer naturwissenschaftlichen Erschließung eines Kontextes.

Die Wahl der Kontexte richtet sich im Unterricht sowohl nach den Interessen und Möglichkeiten der Lernenden und Lehrenden als auch nach den Vorgaben der Richtlinien des jeweiligen Bundslandes. Im Rahmen eines vom BMBF und den beteiligten Ländern geförderten Projekts wurden mittlerweile zahlreiche verschiedene Unterrichtseinheiten entwickelt und erprobt. Die gewählten Kontexte betrachten sowohl Fragen aus dem unmittelbaren Alltag der Lernenden als auch gesellschaftlich oder wissenschaftlich-technisch relevante Fragestellungen. Ein zu dieser Konzeption entwickeltes Schulbuch beinhaltet zum Beispiel Einheiten mit den Titeln „Treibstoffe in der Diskussion", „Kohlenstoffdioxid im

Blickpunkt", „Mobile Energiequellen für eine mobile Welt", „Müll wird wertvoll", „Nahrung für 8 Milliarden?" u. a. m. (Cornelsen, 2006).

Abb. 2: Skizzierung einer naturwissenschaftlichen Erschließung von Kontexten nach Chemie im Kontext (die Kennzeichnung zeigt die Verknüpfung der vier in den Bildungsstandards formulierten Kompetenzbereiche auf)

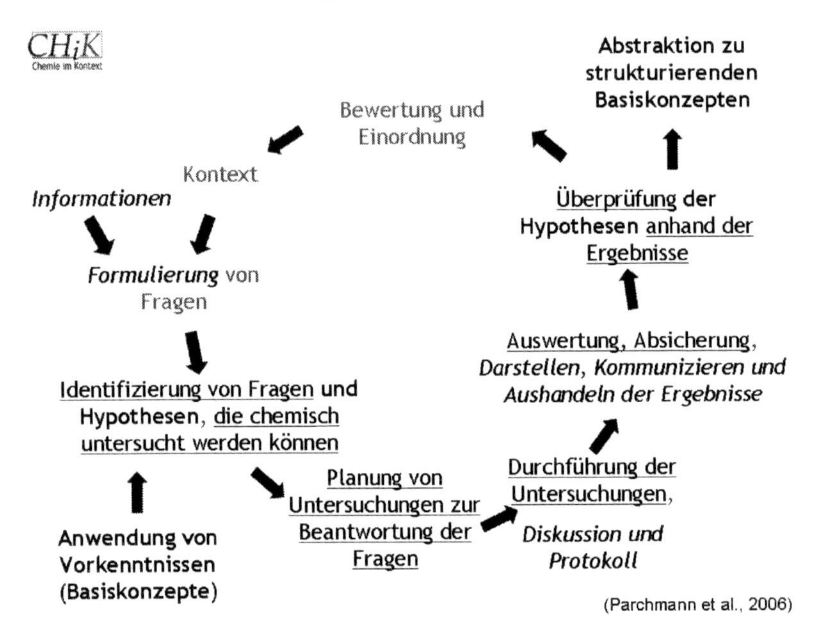

Wie dargelegt, beginnt ein Unterricht nach *Chemie im Kontext* mit relevanten Fragestellungen aus authentischen Kontexten, verzichtet aber keineswegs auf eine Erarbeitung fachlicher Grundlagen. Diese werden vielmehr, wie in Abbildung 2 veranschaulicht, als Basis für die Erschließung eines Kontextes eingebracht oder erarbeitet und am Ende nicht nur zur Bewertung des Kontextes selbst genutzt, sondern auch auf andere Beispiele übertragen. Somit werden in dieser Konzeption gerade durch die Erschließung verschiedener Kontexte die zentralen Basiskonzepte der Chemie fortlaufend angewendet, wiederholt und vertieft. Die nachfolgenden Beispiele zweier Unterrichtseinheiten sollen das dargelegte Vorgehen veranschaulichen

„Erwünschte Verbrennungen, unerwünschte Folgen?“

Die chemische Reaktion stellt neben der Einführung der Atomvorstellung sicherlich das zentrale Element des Chemieunterrichts dar. Nach anfänglichen Überlegungen und Untersuchungen zu Stoffen und Stoffeigenschaften wird sie in der Regel im ersten Jahr des Chemieunterrichts eingeführt. Dabei sind den Schülerinnen und Schülern durchaus viele Beispiele chemischer Reaktionen aus ihrem Alltag bekannt, auch wenn sie diese nicht immer unbedingt als solche erkennen und erklären. Die Unterrichtseinheit von *Chemie im Kontext* (Parchmann & Schmidt, 2003) greift eine solche Reaktion auf: die Verbrennung organischer Stoffe, enthalten in Wachs, Papier, Benzin u. a. m. Diese Reaktionen, die sichtbar zur Vernichtung der Ausgangsmaterialien führen, bieten für den Chemieunterricht einige interessante Diskussionsanlässe, wenn man die Reaktionen nicht isoliert, sondern in ihrem jeweiligen Kontext betrachtet. Die Untersuchung einer Kerze legt schon in der Grundschule eine Hinführung zu Verbrennungsreaktionen, ohne dass diese als solche thematisiert werden. Gesellschaftlich bedeutsame Verbrennungsprozesse finden etwa in der Industrie, in Heizungsanlagen, im Verkehr oder in der Müllentsorgung statt, diese Kontexte werfen die Frage nach „erwünschten und unerwünschten Folgen“ auf. Die Vorstellung, dass nach einer Verbrennung die Ausgangsstoffe vernichtet sind, legt dabei doch den Gedanken nahe, Treibstoffe zu produzieren, die keine unerwünschten Produkte erzeugen. Dieser Gedankengang wird in dieser Einheit aufgegriffen. Den Lernenden ist dabei durchaus bewusst, dass auch bei Verbrennungsreaktionen immer Produkte auftreten, den Zusammenhang zwischen den eingesetzten Brennstoffen und den entstehenden Produkten können sie jedoch nicht erklären. Im Sinne des in Abbildung 2 dargestellten Schemas soll somit näher untersucht werden, wie die Entstehung von Produkten durch Verbrennungsreaktionen am Beispiel von Treibstoffen oder anderen Brennstoffen erklärt und womöglich besser vorhergesagt werden kann. Dazu recherchieren die Schülerinnen und Schüler zunächst Informationen über die Herkunft bekannter Brennstoffe wie Erdöl oder Benzin und werten diese so aus, dass sie Hypothesen oder auch Fragen für weitere chemische Untersuchungen formulieren können (Bereiche Kommunikation und Erkenntnisgewinnung). Die Produkte verschiedener Verbrennungsreaktionen werden anschließend experimentell untersucht (Bereich Erkenntnisgewinnung). Die nachfolgende Auswertung bringt die Schülerinnen und Schüler schließlich dazu, verschiedene Teilprozesse miteinander zu vernetzen und einen Kreislauf zu formulieren, der die Produkte der Verbrennung letztlich wieder als Ausgangsstoffe der Entstehung der Brennstoffe aufzeigt (Abb. 3):

> „Die Reaktionen hängen zusammen, weil man immer das Produkt der einen als Edukt der nächsten Reaktion hat!" (Aussage eines Schülers Jahrgang 9, damals im ersten Jahr des Chemieunterrichts).

Abb. 3: Verknüpfung verschiedener Reaktionen der Synthese und Verbrennung organischer Brennstoffe zu einem Kreislauf

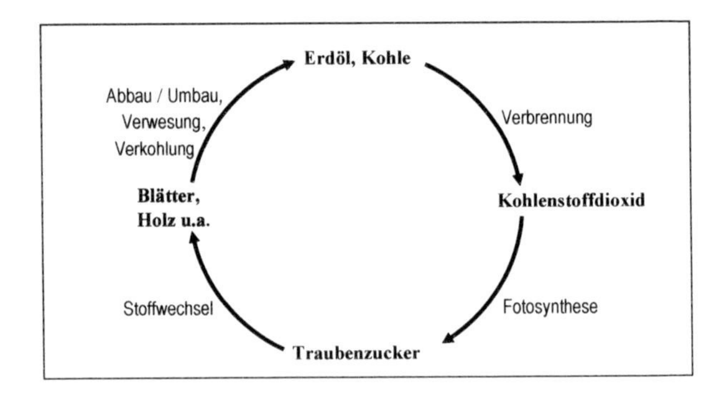

Dieser Zusammenhang bringt die Schülerinnen und Schüler tatsächlich dazu, zunächst ihre ursprüngliche Idee der Vernichtung zu hinterfragen:

> „Der Kreislauf beginnt immer wieder von neuem, [...] die Stoffe können wieder gewonnen werden!" (Zitat einer Schülerin Klasse 9).

Auf der Basis ihres Wissens können sie jedoch nicht weiter klären, was in einem solchen Kreislauf tatsächlich kreist. An dieser Stelle des Unterrichts können aber Überlegungen helfen, die Chemiker und andere Wissenschaftler im Laufe der Geschichte angestellt haben (so genannte

„history lifts“ nach Jansen et al., 1990). Eine solche Erklärung ist die folgende Annahme John Daltons:

> „Wir können wohl versuchen, einen neuen Planeten dem Sonnensystem einzuverleiben oder einen anderen zu vernichten als ein Atom zu erschaffen oder zu zerstören. Änderungen, die wir hervorbringen können, bestehen immer nur in der Trennung von Atomen, die vorher verbunden und in der Vereinigung solcher, die vorher getrennt waren.“ (aus Jansen, 1984).

Diese Annahme liefert in der Tat eine sinnvolle und – wie sich später auch an anderen Beispielen herausstellen wird – sehr tragfähige Erklärung für den zu findenden Zusammenhang zwischen Edukten und Produkten (Bereich Fachwissen: Basiskonzept Stoffe und Teilchen): Nur die Atome, die bereits die Bausteine der Edukte bilden, bilden nach einer Reaktion auch die Bausteine der Produkte. In einem Kreislauf aus Reaktionen kreisen folglich nicht die Stoffe, sondern vielmehr die Atome, was eine Schülerin den Vorschlag entwickeln ließ, den obigen Kreislauf „Kohlenstoffatomkreislauf“ zu nennen. Die Anwendung der Atomtheorie eröffnet aber nicht nur eine andere Erklärungsebene zur „chemischen Deutung“ von Phänomenen und Prozessen im Sinne des Stoff-Teilchen-Konzeptes. Sie bietet tatsächlich auch eine erste verstehbare und hilfreiche Basis für die Bewertung von Treibstoffen und die prinzipielle Vorhersage möglicher Produkte (Bereich Bewerten): Alle Treibstoffe, deren Bausteine Kohlenstoffatome enthalten, werden bei der Verbrennung mit Sauerstoff (aus der Luft) Kohlenstoffdioxid erzeugen! Möchte man dieses Produkt vermeiden, so muss ein Treibstoff gefunden werden, dessen Bausteine aus anderen Atomen zusammengesetzt sind. Einen solchen Treibstoff kennen auch die Schülerinnen und Schüler: Wasserstoff. Dass auch dieser aber keineswegs automatisch die Lösung aller Mobilitätsfragen darstellt, zeigen komplexere Überlegungen und Bewertungsprozesse, wie sie in der zweiten Unterrichtseinheit skizziert werden.

„Das Wasserstoffauto – Mobilität der Zukunft?“

Mobilität ist für unsere heutige Gesellschaft in Privat- und Berufsleben eine entscheidende Größe. Dennoch bringt gerade dieser hohe Mobilitätsgrad eine Reihe von Problemen mit sich, etwa die Endlichkeit der benötigten Treibstoffe oder die bei der Verbrennung freigesetzten Abgase. Ausgehend von einer ähnlichen Fragestellung wie im ersten Beispiel kann auch in der gymnasialen Oberstufe auf der Basis chemischer Kenntnisse und anderer Argumente erarbeitet und diskutiert werden, wie mögliche Treibstoffe und Antriebsverfahren der Zukunft aussehen könnten (Huntemann et al., 2000).

Die mittlerweile für Schülerinnen und Schüler etablierte Internetseite „wikipedia“ definiert das dabei diskutierte Ziel einer nachhaltigen Entwicklung wie folgt:

> „Nachhaltige Entwicklung (engl.: Sustainable Development) bezeichnet eine Entwicklung, welche den Bedürfnissen der heutigen Generation entspricht, ohne die Möglichkeiten künftiger Generationen zu gefährden, ihre eigenen Bedürfnisse zu befriedigen (Verkürzte Definition *Brundtland-Bericht*).“

Ausgehend von dieser Zielstellung können die Lernenden zunächst wiederum Informationen recherchieren, Hypothesen und Argumente für die Wahl des einen oder anderen Verfahrens formulieren und für sie offene Fragen aufzeigen (vgl. Abb. 2). Auf Basis ihrer Vorkenntnisse sollten sie hier durchaus in der Lage sein, grundsätzliche Aussagen über mögliche Produkte und energetische Umsätze verschiedener Treibstoffe zu treffen. Unbekannt ist ihnen bis zu diesem Zeitpunkt aber in der Regel die Funktionsweise der viel diskutierten Wasserstofffahrzeuge. Vorherrschende Annahmen, dass auch diese in ihrem Motor Wasserstoff verbrennen, führen unseren Erfahrungen zufolge eher zu einer Skepsis gegenüber der Technologie, da sich die meisten wohl noch an die Entzündung eines Wasserstoffballons im Chemieunterricht oder an Erzählungen über den Unfall des Luftschiffs Hindenburg erinnern können. Erst der Hinweis, dass es sich bei diesen Fahrzeugen überwiegend um Elektrofahrzeuge handelt, führt schließlich auf den richtigen Weg. Im nachfolgenden Unterricht können dann Aufbau und Funktionsweisen verschiedener Brennstoffzellen sowie Wasserstoffspeicher und Produktionsverfahren experimentell erarbeitet werden. Dieses Vorgehen führt dazu, dass die Lernenden elektrochemische Reaktionen wiederholend anwenden und vertiefen (Basiskonzept der Donator-Akzeptor-Reaktionen). Für eine tatsächliche Bewertung der Kontextfrage nach möglichen Treibstoffen und Antrieben der Zukunft reicht chemisches Wissen allein indes nicht aus, hier ist vielmehr das Abwägen ganz unterschiedlicher (wissenschaftlicher und persönlicher) Argumente und Werthaltungen von Bedeutung. Eine Podiumsdiskussion am Ende einer solchen Unterrichtseinheit bietet die Möglichkeit, entsprechende Argumente auszutauschen und mögliche Entscheidungen zu diskutieren. Die Schwierigkeiten, die sich aber für die Entwicklung einer solchen Bewertungskompetenz ergeben, werden im nächsten Absatz kurz angeschnitten und zeigen auf, dass neben den dargestellten Entwicklungsarbeiten und Modellprogrammen ebenso grundlegende Forschungsarbeiten ausgebaut und begleitend eingesetzt werden müssen.

Führen neue Wege zum Ziel? Ergebnisse und Konsequenzen aus empirischen Untersuchungen

In einer empirischen Untersuchung (Menthe 2006), die die Erprobung von Unterrichtseinheiten mit Urteilsfragen begleitet hat, wurde erforscht, welchen Einfluss im Unterricht erworbene naturwissenschaftliche Fachinhalte für das Urteilen von Schülerinnen und Schülern (9. bis 11. Klasse) in naturwissenschaftsnahen Themen haben und welche anderen Faktoren jenseits naturwissenschaftlicher Fakten die Urteile der Lernenden bestimmen.

Untersucht wurden dafür drei Unterrichtsthemen (zu Nahrungsmitteln, Batterien und Möglichkeiten der Energieversorgung), wobei die Lernenden vor und nach den jeweiligen Unterrichtseinheiten aufgefordert wurden, einen kurzen Fragebogen auszufüllen. In diesem Fragebogen wurde exemplarisch der fachliche Lernzuwachs festgehalten und eine mit dem unterrichteten Inhalt in direktem Zusammenhang stehende Entscheidungsfrage zur Diskussion gestellt. Um weitere Hintergründe der Urteilsbegründung zu erfahren, wurden zudem Interviews geführt, in denen verschiedene Antworten mit den Lernenden diskutiert wurden.

Die Ergebnisse zeigten, dass für alle untersuchten Themen ein Lernzuwachs festgestellt werden konnte. Dieser Lernzuwachs fiel jedoch für Fragen, zu denen fest verwurzelte gegenteilige Überzeugungen vorlagen, bereits deutlich geringer aus. Eine solche Überzeugung war beispielsweise die, dass Mineralwasser grundsätzlich mehr Mineralien enthalte als Leitungswasser. Obwohl die Schülerinnen und Schülern in ihren eigenen experimentellen Untersuchungen für einige der ausgewählten Produkte

Gegenteiliges feststellten, hielten auch nach dem Unterricht die meisten Lernenden an ihren Überzeugungen fest!

Zentrales Ergebnis der Studie war weiterhin der Befund, dass sich die Urteile der Schülerinnen und Schüler in allen hier untersuchten Themen als weitgehend stabil erwiesen. Dieser Befund lässt sich gut erklären, wenn man die Literatur aus dem Bereich der „Conceptual Change Forschung" einbezieht (z.B. Stark 2003): Schülerurteile lassen sich ebenso wenig wie im Alltag bewährte Erklärungskonzepte allein durch neue Erkenntnisse verändern. Hier spielen neben der Abwägung fachlicher Erkenntnisse vor allem Gefühle und Überzeugungen eine wichtige Rolle (vgl. Abb. 4).

Abb. 4: Rechte Seite: Schritte der bewussten Abwägung hinsichtlich einer Entscheidung. Wichtiger Einflussfaktor: unbewusste Überzeugungen usw. (Kasten links).

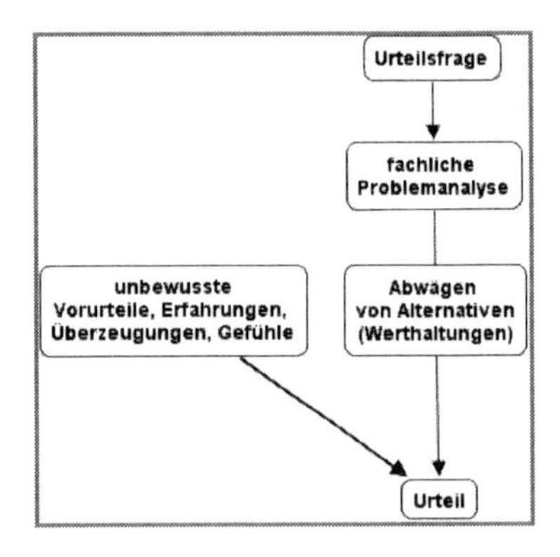

Aus den hier nur kurz angedeuteten Befunden ergibt sich eine Reihe von Empfehlungen für einen Unterricht, der als ein zentrales Ziel die Entwicklung von Bewertungskompetenz verfolgt:

Das Fällen von Urteilen und vor allem die anschließende Diskussion der Urteile muss Teil des Unterrichts sein. Es reicht nicht, Fachwissen zu vermitteln und darauf zu vertrauen, dass die Lernenden die Anwendung selbst bewerkstelligen.

- Die im Unterricht behandelten Fragen sollten sich den Lernenden auch jenseits des Fachunterrichts stellen können. Nur lebensweltliche

Unterrichtsinhalte (aus authentischen Kontexten) ermöglichen es, dass die Lernenden neu erlerntes Wissen mit ihren bestehenden Werthaltungen und Überzeugungen in Zusammenhang bringen können.

- Die im Unterricht behandelten fachlichen Inhalte müssen in einem hinreichend eindeutigen Verhältnis zur behandelten Urteilsfrage stehen und sollten sich aus den Fachinhalten eine Schlussfolgerung hinsichtlich der Urteilsfrage ableiten lassen.
- Auch Faktoren jenseits fachlicher Inhalte (Gewohnheiten, Überzeugungen, affektive Faktoren) sollten im Unterricht thematisiert und so von den Lernenden mit der Urteilsfrage in Zusammenhang gebracht werden.

Ausblick

Dieser Beitrag hat in aller Kürze verschiedene Wege aufgezeigt, mit dem die Nachhaltigkeit von Unterricht gerade durch die Behandlung von Aspekten einer nachhaltigen Entwicklung verbessert werden sollen. Neben der hier dargestellten Thematik „Mobilität" bieten sich gerade im Chemieunterricht zahlreiche weitere Beispiele, die die Lernenden zu Diskussionen und Urteilen über verschiedene Produkte oder Verfahren vor dem Hintergrund einer nachhaltigen Chemie anregen können (z.B. die Herstellung von Stoffen unter den Gesichtspunkten der Umwelt- und Gesundheitsverträglichkeit, der Atomökonomie oder des Energieverbrauchs, vgl. Gesellschaft Deutscher Chemiker, 2003). Die Erschließung solcher Fragestellungen erfordert – wie dargestellt – die Verknüpfung ganz unterschiedlicher Kenntnisse, Fertigkeiten und affektiver Faktoren, wie es der zurzeit im Bildungsbereich viel gebrauchte Kompetenzbegriff nach Weinert (2001) beinhaltet. Inwieweit ein solcher Unterricht dann tatsächlich zu mehr Nachhaltigkeit führen kann, hängt aber sicher von zahlreichen schulischen und außerschulischen Faktoren ab. Mit Lichtenberg kann somit gegenwärtig wohl nur das folgende Fazit gezogen werden:

> „Ich kann freilich nicht sagen, ob es besser werden wird, wenn es anders wird; aber soviel kann ich sagen: Es muss anders werden, wenn es gut werden soll!"
> (http://de.wikiquote.org/wiki/Georg_Christoph_Lichtenberg; Zugriff 26.05.06)

Literatur

Baumert, J. et al. (Hrsg.). (2001). PISA 2000: Basiskompetenzen von Schülerinnen und Schülern im internationalen Vergleich. Opladen: Leske + Budrich.

Blume, R. (Zugriff 22.03.2005). http://dc2.uni-bielefeld.de/dc2/zeitungl/zeitung1.htm

Gesellschaft Deutscher Chemiker (Hrsg.) (2003). Green Chemistry, Nachhaltigkeit in der Chemie. Wiley-VCH.

Huntemann, H., Honkomp, H., Parchmann, I., Jansen, W. (2001). Die Wasserstoff/Luft-Brennstoffzelle mit Methanolspaltung zur Gewinnung des Wasserstoffs – Der Fahrzeugantrieb der Zukunft? In: *CHEMKON* 8(1), 15-21.

Kultusministerkonferenz (2004). Bildungsstandards im Fach Chemie für den Mittleren Schulabschluss (Jahrgangsstufe 10) – Beschluss der Kultusministerkonferenz vom 16.12.2004 (http://www.kmk.org/schul/Bildungsstandards/Chemie_MSA_16-12-04.pdf)

Lauströer, A., Rost, J. & Raack, N. (2003). Kompetenzmodelle einer Bildung für Nachhaltigkeit; in: *Praxis der Naturwissenschaften – Chemie in der Schule*, 52(8), 10-15.

Menthe, J. (2006). Urteilen im Chemieunterricht – eine empirische Untersuchung zum Einfluss des Chemieunterrichts auf das Urteilen von Lernenden in Alltagsfragen. Dissertation zur Erlangung des Doktorgrades der Mathematisch-Naturwissenschaftlichen Fakultät der Christian-Albrechts-Universität zu Kiel.

Parchmann, I. & Schmidt, S. (2003). Von erwünschten Verbrennungen und unerwünschten Folgen zum Konzept der Atome; in: *MNU* 56(4), 214-221.

Parchmann, I., Ralle, B., Demuth, R., Huntemann, H. & Paschmann, A. (2001). *Chemie im Kontext* – Begründung und Realisierung eines Lernens in sinnstiftenden Kontexten; in: *Praxis der Naturwissenschaften – Chemie in der Schule* 50(1), 2-9.

Ratcliffe, M. (1997). Pupils decision-making about socio-scientific issues within the science curriculum. In: *International Journal of Science Education* 19, 167-182.

Stark, R. (2003). Conceptual Change: kognitiv oder situiert? in: *Zeitschrift für Pädagogische Psychologie* 17(2), 133-144.

Unterrichts- und Informationsmaterial zu BLK21 (Zugriff 24.05.2006): *http://www.transfer-21.de/*

Vorausschauend Kriterien Nachhaltiger Chemie integrieren: Von Anfang an – rationales Design von Molekülen

Klaus Kümmerer

„Ein schlauer Mensch löst ein Problem. Ein weiser Mensch vermeidet es.“ (Albert Einstein)

1 Persistenz und Nachhaltigkeit

Chemikalien sind aus dem modernen Leben nicht wegzudenken. Sie finden vielfältige Verwendung in allen Lebensbereichen. Sie sind als Arzneimittel, Farben und Lacke, Textilhilfsmittel, Konservierungsstoffe, Waschmittel, Pestizide u.a. unverzichtbarer Bestandteil unseres Bemühens um eine möglichst gute Gesundheit, hohe Lebenserwartung und hohen Lebensstandard. Sofern es sich nicht um geschlossene Anwendungen handelt, gelangen diese Chemikalien nach ihrer Anwendung und Verwendung z.T. trotz Gegen- und Reinigungsmaßnahmen in die Umwelt. Die Chemikalien sind oft in der Umwelt nicht oder nur langsam abbaubar und mineralisierbar. Mengenmäßig hoher Verbrauch von chemischen Stoffen in Verbindung mit einer schlechten Abbaubarkeit beispielsweise in der Abwasseraufbereitung führt zu Einträgen in die aquatische Umwelt. Der Nachweis von chemischen Stoffen aus unterschiedlichen chemischen Klassen und unterschiedlichen Anwendungsbereichen in Wasser, Sedimenten, Böden, Luft und Organismen einschließlich des Menschen zeigt, dass sie zumindest nicht vollständig eliminiert werden. Die in der Literatur dokumentierten Daten weisen beispielsweise auf ein deutliches Risiko des Vordringens verschiedener Chemikalien und ihrer Metabolite bis ins Trinkwasser hin, da sich viele der bisher nachgewiesenen Stoffe als persistent und Grundwasser gängig bzw. Trinkwasser relevant erwiesen haben.

Manche in der Umwelt nachweisbare Stoffe sind zwar grundsätzlich abbaubar, z.B. durch Licht oder biologisch durch Bakterien. Die Rate ihres Eintrags in die Umwelt ist aber oft größer als die ihres Umbaus und ihrer vollständigen Mineralisierung in der Umwelt. Sie können sich daher trotz grundsätzlich vorhandener Abbaubarkeit in der Umwelt wie schwer abbaubare Stoffe anreichern, wenn die Eintragsrate hoch und die Mineralisierungsrate im Vergleich dazu niedrig ist. In solchen Fällen kann man von *Pseudopersistenz oder Persistenz zweiter Ordnung* sprechen: Es bildet sich ein Gleichgewicht aus Eintrag und Abbau mit der Folge, dass diese Stoffe kontinuierlich auf einem bestimmten Konzentrationsniveau in der Umwelt nachweisbar sind. Eine vergleichsweise lange Lebensdauer führt auch zu einer großen Reichweite (Kümmerer und Held 1997, Scheringer und Dunn 2002).

Persistente Stoffe stellen ein räumlich und zeitlich nur schwer abschätzbares Risiko für die Böden (chemische Erosion), die Wasserressourcen und Umwelt wie auch die Qualität der Nahrung insgesamt und damit für die Menschen dar. Nicht zuletzt aus umwelthygienischer Sicht sind alle Fremdstoffe in Trinkwasser und anderen Nahrungsmitteln unerwünscht und ein Eintrag ist soweit als möglich zu vermeiden oder zu vermindern. Schadstoffe, die ins Grundwasser vorgedrungen sind, lassen sich daraus kaum oder nur sehr aufwändig wieder entfernen. Dies zeigt, dass die Verwendung von persistenten Chemikalien auch mit sehr hohen (volks)wirtschaftlichen Kosten verbunden sein kann.

Im Rahmen von nationalen und internationalen Forschungsprojekten wurden weltweit seit mehreren Jahrzehnten vielfältige Untersuchungen zum Eintrag von chemischen Stoffen, ihrem Nachweis, ihrer Abbaubarkeit, ihrem Verbleib und ihrer Wirkung auf Organismen in der Umwelt und den Menschen durchgeführt. Dies konnte jedoch nicht verhindern, dass immer wieder neue Schadstoffe oder Schadstoffgruppen mit zum Teil erheblichem Schädigungspotential in der Umwelt auftraten und immer noch auftreten. Mit zunehmender Dauer und Anzahl von in die

Umwelt eingetragenen anthropogenen[1] chemischen Stoffen wird das Gleichgewicht zwischen der Kapazität natürlicher Abbauvorgänge und unkontrollierter Zuführung nicht oder nicht schnell genug abbaubarer Substanzen erheblich beeinflusst. Die Expositionszeit von chemischen Stoffen in natürlichen Systemen kann möglicherweise sehr viel länger sein, als sie normalerweise bei Tests im Routinelabor üblich ist (Cairns und Mount 1990). *Persistenz ist daher eines der zentralen Kriterien für die Umweltbewertung von Chemikalien.*

Die sehr persistenten organischen Stoffe werden unter der Bezeichnung POPs (persistent organic pollutants) zusammengefasst. Sie fallen unter die Konvention von Stockholm (http://www.pops.int/documents/context/convtext_en.pdf, Karalagnis et al. 2001). Dies unterstreicht die Bedeutung der Stoffeigenschaft Persistenz. In der Stockholmer Konvention sind zu den POPs auch Kriterien festgeschrieben, die für noch nicht explizit aufgeführte Stoffe herangezogen werden, um zu beurteilen, ob sie als POPs einzustufen sind. Eines dieser Kriterien ist eine Halbwertszeit von mehr als 50 Tagen in Wasser. Die Stockholmer Konvention beschränkt sich bisher noch auf sehr persistente toxische und bioakkumulierbare Stoffe. Aktuelle Untersuchungen lassen erwarten, dass sich auch Stoffe mit geringerer Persistenz und höherer Polarität als die bisher in der Konvention geregelten zwölf Chlororganika global verteilen und letztlich dann wohl auch im Menschen anreichern können (Ballschmitter et al. 2002, Wania 2006, de Witt et al. 2006, Kallenborn 2006, Calafata et al. 2006).

Neueste Untersuchungen legen nahe, dass es einen statistisch signifikanten Zusammenhang gibt zwischen der Persistenz von Stoffen und der Häufigkeit des Vorkommens von Stoffen mit einem Krebs auslösenden Potential in der Umwelt (Pollack et al. 2003). Von besonderer Bedeutung ist daher u.a. der Schutz der Umweltmedien Wasser, Boden und Luft vor persistenten und oft auch technisch schwer entfernbaren Spurenstoffen.

Damit stellt sich die Aufgabe der Verminderung von Schadstoffeinträgen in die Umwelt. Der Eintrag von Stoffen aus Punktquellen kann, entsprechende Technologie und Finanzmittel vorausgesetzt, an der Quelle wirksam vermindert werden. Unmöglich ist dies jedoch bei einem Großteil der heutzutage genutzten Chemikalien, da sie mit Produkten

[1] Hier im Sinne von durch menschliche Aktivitäten in ihrer Qualität und/oder Quantität veränderten Stoffströmen verwendet.

z.B. Flammschutzmittel mit elektronischen Geräten oder Textilien oder selbst als Produkte wie z.B. Wasch- und Reinigungsmittel, Pestizide, Farben und Lacke, Arzneimittel flächenhaft verteilt werden und diffus in die Umwelt gelangen. Hinzu kommt, dass neben den Zeitskalen der Stoffe auch kulturelle, technische, soziale und politische Zeitskalen zu beachten sind (Kümmerer 2006). Ihr Zusammenwirken und ihr Wechselspiel kann dazu führen, dass trotz wiederholt gezeigter Gefährlichkeit von Stoffen deren Verbot sehr lange auf sich warten lassen kann (s. Abb. 1).

Abb. 1: Geschichte der PCB (Daten nach EU-EPA 2001)

Daher stellt sich die Frage, ob und wie solche Probleme in der Zukunft vermieden werden können. Ein Ansatz, der sich dazu anbietet, besteht darin, die Abbaubarkeit von Chemikalien schon bei ihrer Konzeption zu berücksichtigen. Im Folgenden wird daher zunächst die leichte Abbaubarkeit von Chemikalien, nachdem sie ihre Funktion erfüllt haben, als ein zentrales Prinzip der Nachhaltigen Chemie erläutert. Dafür ist der Zusammenhang zwischen der Struktur einer Chemikalie und ihren Eigenschaften, die notwendig sind, um eine gewünschte Funktionalität zu erfüllen, zentral. Dieser Zusammenhang ist aber auch der eigentliche Kern der Chemie und wird daher anschließend thematisiert. Unter toxikologischen Aspekten sind Chemikalien daher eigensicher zu gestalten. Dies wird bei Arzneimitteln auch schon so gemacht, d.h. die unerwünschten Nebenwirkungen werden minimiert durch die Auswahl der für eine bestimmte Therapie zugelassenen Wirkstoffe. Was dies im Kontext der Nachhaltigen Chemie bedeutet, wird im 4. Abschnitt ausgeführt, um dann im 5. Abschnitt diesen Ansatz genauer zu beschreiben. Dazu ist es notwendig, die bisher dominierende Sichtweise zu hinterfragen, dass Chemikalien möglichst stabil sein sollten, um eine ökonomisch relevante Anwendung zu finden. Im darauf folgenden Abschnitt 6 wird dargestellt, wie die sich entlang des Lebenswegs einer Chemikalie wechselnden Bedingungen dafür genutzt werden können. Für die systematische Entwicklung von chemischen Strukturen bieten sich (quantitative) Struktureigenschaftsbeziehungen an. Deren Rolle im Kontext der nachhaltigen Chemie wird dann aufgezeigt. Dass die hier vorgestellte Strategie aussichtsreich ist, wird an in der Vergangenheit schon umgesetzten Beispielen verdeutlich, um anschließend das Gesamtkonzept des rationalen Designs genauer auszuführen. Diese Strategie hat auch ein enormes ökonomisches Potential wie in Abschnitt 10 aufgezeigt wird.

2 Leichte Abbaubarkeit – ein zentrales Prinzip der Nachhaltigen Chemie

Aufgrund der vielfältigen und immer wieder auftretenden Belastung der Umwelt mit Chemikalien aus Produktion und Anwendung sowie des Rohstoffverbrauchs wurde das Leitbild „Nachhaltige Chemie“[2] im Rahmen der gesamten Nachhaltigkeitsdiskussion geprägt. Um dieses Leitbild operationalisieren zu können, wurden Kriterien entwickelt, die Orientierung geben (z.B. Anastas und Warner 1998, Böschen et al. 2003). Das Konzept der nachhaltigen Chemie beinhaltet u.a. die Schonung natürlicher Ressourcen, z. B. durch Atomökonomie, Verzicht auf umweltun-

[2] Im angloamerikanischen Sprachraum ist neben dem Begriff „Sustainable Chemistry“ in gleicher Bedeutung „Green Chemistry“ üblich. Im Deutschen setzt sich der bessere und umfassendere Begriff „Nachhaltige Chemie“ durch. Im angloamerikanischen Sprachraum wird erwartet, dass sich längerfristig der analoge Begriff „Sustainable Chemistry“ durchsetzen wird.

verträgliche Lösungsmittel[3], Nutzung nachwachsender Rohstoffe, die Verminderung von Abfällen, die Erhöhung der pharmakologischen Wirksamkeit und gleichzeitig eine gute Abbaubarkeit der Chemikalien in der Umwelt (Anastas und Warner 1998).

Lange Zeit standen einzelne Chemikalien als Schadstoffe – als unbeabsichtigt in die Umwelt gelangende Stoffe – im Zentrum des Interesses. In den vergangenen Jahren und Jahrzehnten konnten diese Umweltbelastungen jedoch dank verschiedener Maßnahmen sehr stark reduziert werden. Zwischenzeitlich hat sich gezeigt, dass es weniger die Nebenprodukte der Herstellung von Chemikalien und anderen chemischen Produkten die Hauptemissionen der chemischen Industrie sind, die die Umwelt belasten, sondern die gezielt hergestellten Produkte. Chemikalien als die eigentlichen Produkte der chemischen Industrie tragen zwischenzeitlich aufgrund der enormen Produktionsmengen, die weltweit weiter ansteigen werden, und nicht zuletzt aufgrund der intensiven und erfolgreichen Bemühungen zum Schutz der Umwelt in der Vergangenheit oft sehr viel stärker zur Belastung und Gefährdung der Umwelt bei als Abfälle, Abwässer und Abluft.

Die Lösung der anstehenden Aufgabe kann aufgrund des unbestrittenen Nutzens vieler Chemikalien sicher nur in den wenigsten Fällen in einem Verbot der Stoffe analog den POPs bestehen. Wenn es aber gelingt, zunehmend mehr synthetische Chemikalien so maßzuschneidern, dass sie nicht nur ihren Anwendungszweck möglichst gut erfüllen, sondern auch nach ihrer Anwendung eine möglichst geringe Lebensdauer in der Umwelt aufweisen oder sie beispielsweise in Kläranlagen vollständig mineralisiert werden, ist ein wichtiger Beitrag zur Lösung der beschriebenen Problematik geleistet.

[3] In diesem Zusammenhang werden und wurden auch große Hoffnungen auf ionische Flüssigkeiten gesetzt, u.a. wegen ihrer geringen Flüchtigkeit. Allerdings zeigen erste Untersuchungen, dass diese Lösungsmittel ökotoxikologisch ebenfalls problematisch sein können (Pretti et al. 2006, Latala et al. 2005, Ranke et al. 2004). Daher böte sich zunächst eine Risikobewertung an, bevor ungebremst auf die Nutzung ionischer Flüssigkeiten gesetzt wird (Jastorff et al. 2005).

3 Struktur und Funktionalität

Eine Verbesserung der für die Anwendung relevanten Eigenschaften von Chemikalien wurde in der Vergangenheit vor allem aus betriebswirtschaftlichen Gründen angestrebt. Das erfolgreiche Beschreiten dieses Wegs führte oft dazu, dass die verwendeten und damit auch in die Umwelt eingetragenen Mengen eines Stoffes anstiegen und damit auch mögliche Gefährdungen von Mensch und Umwelt durch höhere Konzentrationen von Einzelstoffen aber auch durch eine größere Vielfalt von Stoffen. Über deren Zusammenwirken ist nur wenig bekannt. Chemikalien, die wegen ihrer Wirksamkeit gegenüber Organismen eingesetzt werden (Biozide, Arzneimittel) werden immer effizienter, d.h. auch dass immer geringere Mengen von Stoffen in der Umwelt ausreichen, um zu unerwünschten Wirkungen in der Umwelt zu führen. Somit gewinnt die Abbaubarkeit von Stoffen in der Umwelt zunehmende Bedeutung.

Stoffe, die in der Umwelt schnell und leicht mineralisiert werden, stellen naturgemäß keinen Grund zur Besorgnis dar. Bei der *Neuentwicklung* von chemischen Stoffen kann dies berücksichtigt werden, wenn bekannt ist, welche chemischen (Teil-)Strukturen von Molekülen besonders günstig für die jeweils erwünschte Anwendungseigenschaften und welche besonders ungünstig für eine biotische und abiotische, beispielsweise photochemische oder hydrolytische Zersetzung der Stoffe sind. Aus der Schnittmenge beider ergeben sich Strukturelemente, die bevorzugt anzustreben sind oder zumindest die Strukturelemente, die sowohl schlechten funktionalen Eigenschaften als auch schlechter (biologischer) Abbaubarkeit zuzuordnen sind. Dazu ist es notwendig, anders als bisher die Abbaubarkeit eines chemischen Stoffes nicht nur als untergeordnetes Kriterium, sondern als gleichberechtigt neben anderen Eigenschaften für die optimale Funktion eines chemischen Stoffes zu integrieren. In der Vergangenheit wurde dies trotz aller Bemühungen zum Umweltschutz zu wenig beachtet. *Die leichte Abbaubarkeit ist daher eine zentrale inhärente Eigenschaft von Stoffen, die dem Anspruch der nachhaltigen Chemie genügen.*

Ein schneller und vollständiger Abbau von Stoffen vor ihrem eigentlichen Eintrag in die Umwelt (z.B. in Kläranalgen oder durch Abluftbehandlung) führt letztlich auch dazu, dass Elementkreisläufe geschlossen werden.

4 Eigensichere Chemikalien für Mensch und Umwelt

Eigensichere Chemikalien sind solche, die ihren Anwendungszweck möglichst gut erfüllen und gleichzeitig möglichst wenig unerwünschte Folgen bei und nach ihrer Anwendung zeitigen. Ansätze hierzu finden sich z.B. hinsichtlich der Humantoxizität bei Arzneimitteln und bzgl. der Wirkungs- und Zielorganismenspezifität sowie des Verbleibs in der Umwelt bei der Entwicklung von Pflanzenschutzmitteln. Eigensichere Chemikalien sind möglichst wirksam und effizient hinsichtlich ihrer Anwendung und haben gleichzeitig möglichst wenige Nebenwirkungen, erfüllen also die Anforderungen an ihre Funktionalität. Was bisher bei Arzneimitteln fehlt, ist, wie bei vielen anderen Chemikalien auch, die Folgen schlechter Abbaubarkeit in der Umwelt als eine Nebenwirkung zu begreifen, die zu einer insgesamt schlechteren Funktionalität führt. Dies gilt es dadurch zu vermeiden, dass die ganze Funktionalität über den gesamten Lebensweg eines Moleküls schon bei der Entwicklung *von Anfang an* mitgedacht wird – aus Umwelt-, aber auch aus ökonomischen Gründen.

Eigensichere Chemikalien sind demnach solche, die ihren Anwendungszweck möglichst gut erfüllen, gleichzeitig wenig human- und ökotoxisch sind und sich durch hohe Umweltverträglichkeit auszeichnen, da sie gut biologisch, chemisch oder photochemisch abbaubar sind. Stoffe, die eine hohe Eigensicherheit aufweisen, entsprechen dem Leitbild der Nachhaltigen Chemie. Die Entwicklung von eigensicheren chemischen Stoffen im umfassenderen Sinn steht aber erst am Anfang (Jastorff et al. 2003, S. 252).

5 Chemische Struktur und Eigenschaften

Eine mögliche und Erfolg versprechende Strategie, um eigensichere Chemikalien zu erreichen, ist es, bekannte Stoffe (Leitstrukturen) gezielt so zu modifizieren, dass sie effizienter in der Anwendung und gleichzeitig besser abbaubar werden, also ihre Funktionalität zu verbessern.

Dazu müssen für die jeweilige Anwendung relevanten Teilstrukturen der Moleküle und die für eine gute Abbaubarkeit notwendigen Teilstrukturen bekannt sein. Beide können dann in einem neuen Molekül berücksichtigt werden, das dann bessere Anwendungseigenschaften aufweist, aber auch schneller und leichter mineralisierbar ist. Diese Strategie hat den Vorteil, dass auf dem über die Ausgangsstoffe schon vorhandenen Wissen aufgebaut werden kann, indem z.B. wie bei der Suche nach neuen Arzneimitteln von Leitstrukturen ausgegangen werden kann. Geringe Veränderungen der Molekülstruktur können physikalisch-chemische Eigenschaften von Stoffen, ihre Wirksamkeit, aber auch ihre Stabilität stark beeinflussen. Dass schon geringe strukturelle Änderungen zu deutlichen Veränderungen der Eigenschaften führen können, zeigt der Vergleich von Benzen und Phenol (Abb. 2).

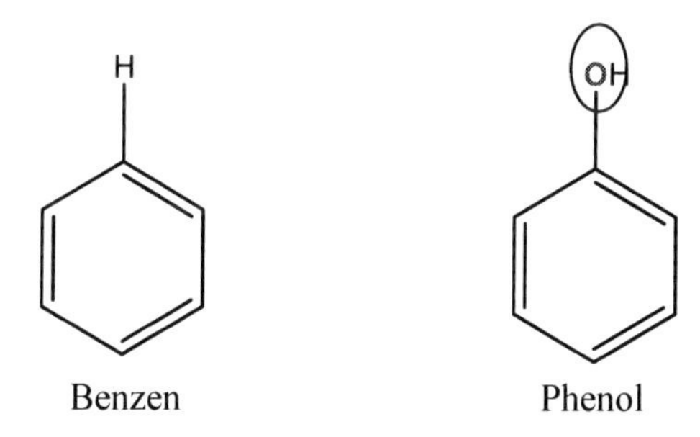

Abb. 2: Änderung der Eigenschaften durch eine einfache Änderung der Struktur am Beispiel von Benzen (schwer biologisch abbaubar, kanzerogen, nicht bakterizid) und Phenol (nicht kanzerogen, bakterizid, gut biologisch abbaubar)

Dieser Ansatz lässt sich auf weitere Stoffgruppen (Feinchemikalien, Massenchemikalien, Textilhilfsmittel, Pflanzenschutzmittel, Arzneimittel etc.) übertragen.

6 Stabilität, Funktion, Wirkung und Abbaubarkeit – ein grundsätzlicher Widerspruch?

Bisher fußt die Vorgehensweise bei der Entwicklung neuer Chemikalien häufig auf den gerade zur Synthese zur Verfügung stehenden Methoden und aktuellen Strukturklassen sowie auf der impliziten Annahme, dass Anwendbarkeit Stabilität voraussetze, also Stabilität grundsätzlich eine unabdingbare Vorraussetzung für die Anwendung von Chemikalien sei.[4] Dabei stellt sich nicht die Frage nach Stabilität bzw. Abbaubarkeit ja oder nein, sondern nach der Frage nach dem Verhältnis der Zeitskalen bzw. der Abbaukinetik: Wie lange muss ein Molekül stabil sein für eine bestimmte Anwendung. Über diesen Aspekt ergeben sich auch diesbezüglich maßgeschneiderte Moleküle: lange genug stabil für die Anwendung, ausreichende Abbaugeschwindigkeit danach.

Im Falle von Bioziden und Arzneimitteln ist eine gewisse Reaktivität für die Wirksamkeit unabdingbar. Allerdings ist die Reaktivität nur unter spezifischen Bedingungen notwendig, die z.B. im inneren eines Organismus gegeben sind. Diese unterscheiden sich von denen in der Umwelt. Manche Arzneimittel entfalten ihre erwünschte Wirkung ebenfalls erst in einer spezifischen Umgebung (z.B. im Körper eines Patienten), wo sie spezifisch aktiviert und metabolisiert werden (sogenannte Prodrugs wie z.B. Cyclophosphamid und Ifosfamid).

Bezüglich des *photochemischen* Abbaus (Fasani et al. 1998) sind einige begünstigende Strukturelemente bekannt, wie z.B. Mehrfachbindungen. Für die photochemische Abbaubarkeit sind Chromophore wichtige strukturelle Elemente. Das Beispiel der meist sehr persistenten Farbstoffe zeigt, dass dies jedoch nicht unbedingt ausreichend sein muss. Insofern ist eine Entfärbung von Farbstoff haltigen Abwässern sogar als kontraproduktiv anzusehen: Die Chromophore, die Tageslicht absorbieren und damit zu einem gewissen photochemischen Abbau führen können, werden zerstört. Ein weiterer photochemischer Abbau des Restmoleküls wird dadurch erschwert.

Estergruppen begünstigen oft den *Abbau durch Hydrolyse* (Rieger et al. 2002). Gleiches gilt für die *biologische Abbaubarkeit* (Alexander 1994, Haderlein et al. 2000, Rieger et al. 2002). Analoge Beispiele sind die Verschlechterung der aeroben biologischen Abbaubarkeit organischer Verbindungen nach Fluorierung (Beek 2001). Beispiele hierfür sind die FCKW und FKW sowie die zwischenzeitlich ebenfalls ubiquitär vorkommenden perfluorierten Oktansulfonate (PFOS, Calafat et al. 2005).

[4] Dies trifft natürlich nicht für Stoffe zu, die aufgrund ihrer Reaktivität Anwendung finden, aber auf ihre Reaktionsprodukte. So gibt es eine Vielzahl von Chemikalien, bei deren Anwendung z.B. durch Polymerisation erst die erwünschte Funktionalität erreicht wird. Diese Reaktionsprodukte sollen dann ihrerseits ebenfalls möglichst stabil sein.

Abbildung 3 zeigt, dass 5-Fluorouracil nicht biologisch abbaubar ist, wohingegen bekannt ist, dass die biologische Schlüsselkomponente Uracil, das nicht fluorierte Molekül leicht biologisch abbaubar ist.

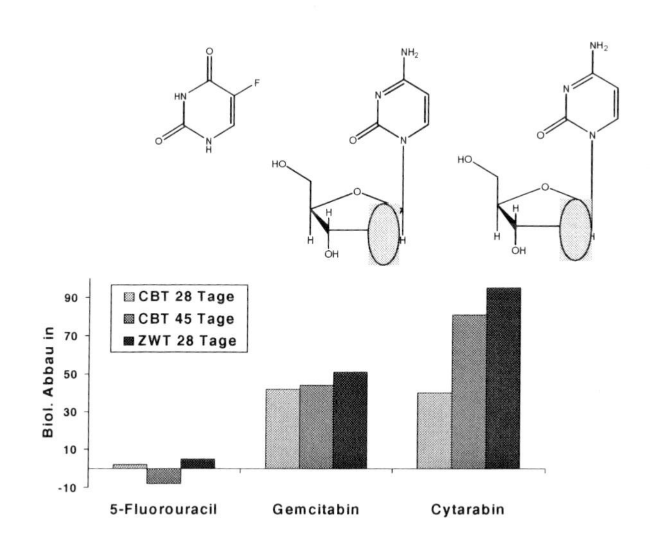

Abb. 3: Unterschiedliche biologische Abbaubarkeit und Elimination strukturell ähnlicher Zytostatika im Closed Bottle Test (CBT) und im Zahn-Wellens Test (ZWT) (Kümmerer und Al-Ahmad 1997).

Den negativen Einfluss des Fluoratoms auf die biologische Abbaubarkeit zeigt auch der Vergleich der strukturell ähnlichen Zytostatika Gemcitabin und Cytarabin untereinander und mit 5-Fluorouracil (Abb. 3). Die strukturell verwandten Verbindungen 5-Fluorouracil, Gemcitabin und Cytarabin belegen, dass mit verbesserter Wirksamkeit eine verbesserte biologische Abbaubarkeit einhergehen kann (Abb. 3). Die genaue Analyse der Daten zeigt, dass die verbesserte Abbaubarkeit von Cytarabin im Vergleich zu Gemcitabin nicht nur dem Anteil des Zuckerrests im Molekül entspricht, sondern auch die daran geknüpfte Base einschließt (Kümmerer und Al-Ahmad 1997). Eine ähnliche Wirkung wie Fluor (und Chlor) haben andere elektronegative Substituenten wie Nitrogruppen an Aromaten für die aerobe biologische Abbaubarkeit.

Im Gegensatz zu quartären und tertiären Stickstoffatomen sind sekundäre und primäre Stickstoffatome einem biologischem Abbau zugänglicher (Abb. 4). Der biologisch nicht abbaubare Komplexbildner EDTA (Abb. 4, links) ist eine weit verbreitete, nicht biologisch abbaubare Umweltkontaminante, die u. a. zur Remobilisierung von toxischen Schwermetallen aus Sedimenten führt. Der neu entwickelte Ersatzstoff EDDS (Abb. 4 rechts) enthält im Gegensatz zum EDTA nur sekundäre Stickstofffunktionen.

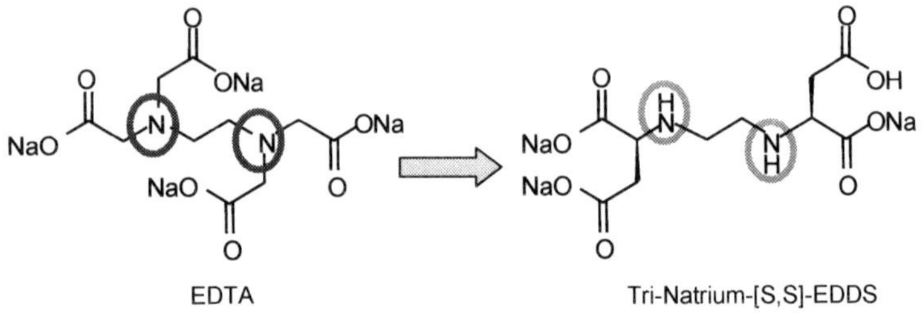

EDTA

Tri-Natrium-[S,S]-EDDS

Abb. 4: Gezielte Verbesserung der Umwelteigenschaften eines Komplexbildners durch Überführung tertiärer Aminogruppen in sekundäre Aminogruppen (Dixon 2004). EDTA ist nicht biologisch abbaubar, remobilisiert Schwermetalle aus Sedimenten; [SS]-EDDS ist ein Strukturisomeres von EDTA, ein sehr guter Komplexbildner und leicht biologisch abbaubar.

EDTA ist dem EDDS strukturell sehr ähnlich. Durch Verschieben der Carboxylfunktionen werden aus tertiären sekundäre Stickstoffatome und das Molekül wird einem biologischen Abbau sehr viel besser zugänglich (Dixon 2004). Der Übergang von EDTA zu EDDS ergibt sich durch die Verschiebung der für die Anwendung wichtigen Carboxylfunktionen. Beim EDDS eignen sich die Stickstoffatome zusätzlich als Liganden für die Komplexierung von Schwermetallen. EDDS ist nicht nur sehr viel besser biologisch abbaubar als EDTA, es weist je nach Anwendungsbereich und Metallion, das zu komplexieren ist, sogar bessere Anwendungseigenschaften auf. Auch quartäre und tertiäre C-Atome sind ungünstig für den biologischen Abbau (s. Abb. 8). Ein weiterer Faktor für die biologische Abbaubarkeit ist die Molekülgröße, wenn die Verbindung nicht durch extrazelluläre Enzyme abgebaut wird. Je größer ein Molekül ist, desto schlechter biologisch abbaubar ist es meist. In dieser Hinsicht darf man auf die biologische Abbaubarkeit von ionischen Flüssigkeiten, die oft lange Alkylreste aufweisen, und Nanopartikeln in Kläranlagen gespannt sein.

7 Nutzung wechselnder Rahmenbedingungen entlang des Lebenswegs eines chemischen Stoffs

Beim Beispiel des Zytostatikums Glufosfamid (ß-D-Glucosylisophosphoramidmustard: ß-D-Glc-IPM, INN Glufosfamid, Abb. 5) ist die Stereochemie entscheidend.

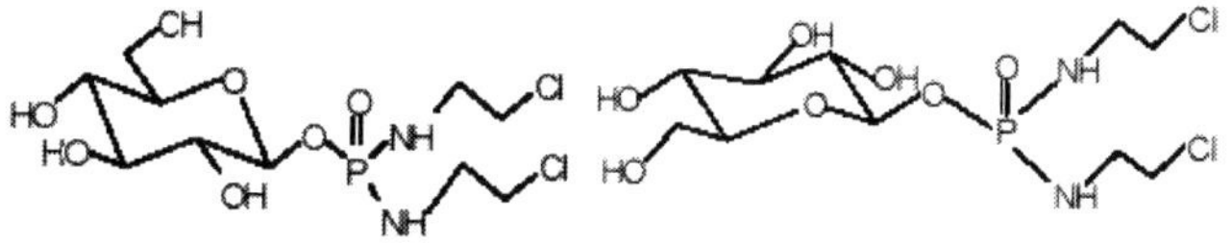

Abb. 5: β-D-Glucosylisophosphoramidmustard (β-D-Glc-IPM; INN=Glufosfamid) und β-L-Glucosylisophosphoramidmustard (β-L-Glc-IPM).

Es ist bekannt, dass auch die Stereochemie nicht nur für die Wirksamkeit, sondern auch für die biologische Abbaubarkeit eine bedeutende Rolle spielt. Das ß-D-Isomere ist nicht wirksam und nicht biologisch abbaubar, das ß L-Isomere Gluphosphamid aber sehr gut (Kümmerer et al. 2000). Dies ist insofern verständlich, als für ß-D-Strukturen in der Natur und im menschlichen Organismus bedeutend mehr Enzyme vorhanden sind als für die eher xenobiotische ß-L-Struktur.[5] Glufosfamid erwies sich im

[5] Allerdings kann nicht grundsätzlich davon ausgegangen werden, dass Strukturen biotischen Ursprungs besser biologisch abbaubar sind. Vielmehr dürfte dafür u.a.

Gegensatz zu nahezu allen bisher untersuchten Zytostatika als am besten biologisch abbaubar. Dies ist verständlich, da beispielsweise hinsichtlich Bakterienarten und Bakteriendichte, d.h. letztlich der enzymatischen α- und ß-Diversität[6], je nachdem wo die Bakterien vorkommen, im Darm oder beispielsweise in Kläranlagen, große Unterschiede bestehen können.

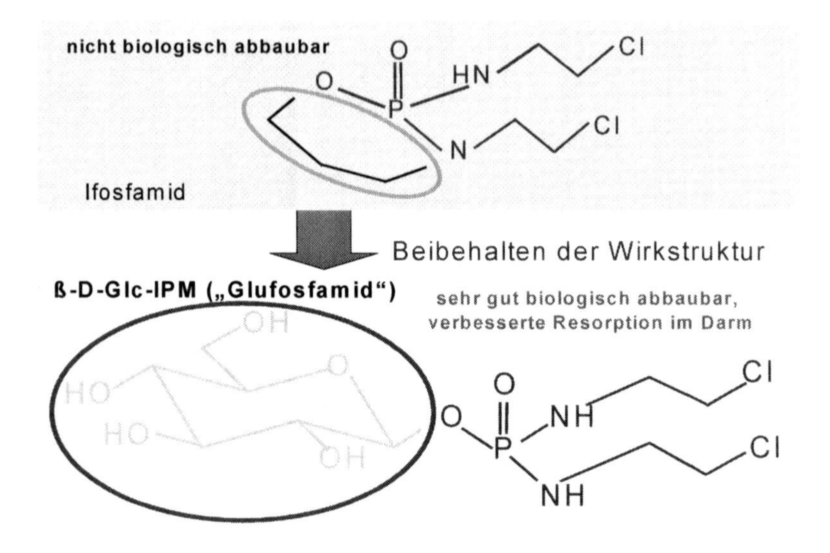

Abb. 6: Verbesserung der pharmakologischen Umwelteigenschaften des Zytostatikums Ifosfamid durch chemische Modifikation unter Beibehaltung der für die Wirkung verantwortlichen Teilstruktur (Kümmerer et al. 2000).

die Einmaligkeit bzw. Häufigkeit einer Struktur und ihrer Synthese bzw. für sie geeigneter Metabolisierungswege eine Rolle spielen.

[6] Unter α-Diversität versteht man in der Ökologie bei Organismen die Anzahl der Individuen einer Art, unter der ß-Diversität die Anzahl unterschiedlicher Arten in einem Gebiet. Analog ist auch die Vielfalt von Enzymmolekülen, die für den biologischen Abbau von Stoffen notwendig sind, von Bedeutung, da ein biologischer Abbau nur dann stattfinden kann, wenn das dafür notwendige Enzym in ausreichender Menge vorhanden ist.

Am Beispiel von Glufosfamid kann auch erkannt werden, dass die Modifizierung eines Moleküls nicht nur dessen Abbaubarkeit verbessern, sondern auch seine für die Anwendungseigenschaften notwendigen Eigenschaften, also die Funktionalität insgesamt, verbessern kann (Abb. 6). Die Glucosidierung von Ifosfamid verbesserte im Falle des Glufosfamids nicht nur die Wasserlöslichkeit, Darmresorption und Verträglichkeit im Vergleich zum Ifosfamid, sondern auch die biologische Abbaubarkeit. Das Glufosfamid befindet sich derzeit in der klinischen Prüfung (Phase III, Engel et al. 2003).

Struktur und Umgebung müssen also zusammen gesehen werden: Bei gezielter Beachtung der wechselnden Rahmenbedingungen entlang des Lebenslaufs eines Stoffes sind Stabilität und Abbaubarkeit kein grundsätzlicher Gegensatz. Vielmehr können sie gezielt einbezogen und genutzt werden. Solche unterschiedlichen Rahmenbedingungen entlang des Lebenswegs eines Moleküls sind beispielsweise der pH-Wert im Abwasser im Vergleich zum Magen, das Redoxpotential im Darm oder in der Kläranlage, die Möglichkeit des Lichtzutritts und auch die notwendige Lebensdauer und der evtl. eingeschränkte Ort bzw. Anwendungszweck eines Stoffes für eine bestimmte Anwendung.

8 Systematische Variation von Strukturen: Struktureigenschaftsbeziehungen

Für Moleküle, die unterschiedliche funktionelle Gruppen enthalten, ist ein rein empirisches Vorgehen zur Abschätzung ihrer Eigenschaften oft nicht Ziel führend. Mit zwischenzeitlich zur Verfügung stehenden leistungsfähigen, computerbasierten Methoden lassen sich sehr viel komplexere Struktureigenschaftsrelationen (SAR)[7] aufstellen. Computergestützte SAR erlauben es, den Erfahrungsraum systematisch zu erweitern, so wie es Landkarte und Kompass ermöglichen, sich in einem bisher unbekannten Land besser zurecht zu finden. Die Hersteller neuer Arzneimittelwirkstoffe nutzen beispielsweise SAR bei der Neuentwicklung von Wirkstoffen insbesondere, um Kandidaten mit unerwünschten Nebenwirkungen möglichst früh aussondern und später die Wirkung einer Leitstruktur verbessern zu können (Hillisch und Hilgenfeld 2003, Sahli et al.

[7] SAR wird hier im umfassenden Sinne aller stofflichen Eigenschaften im qualitativen und quantitativen Sinne verstanden.

2004). Neben einer Kosten- und Zeitersparnis können damit auch Tierversuche vermieden werden (s. z.B. http://ecvam.jrc.cec. eu.int/index. htm). In der Umweltforschung wurden solche Methoden bisher nahezu ausschließlich retrospektiv zur Bewertung bereits synthetisierter und sich schon in der Umwelt befindender Stoffe eingesetzt.

Die obigen Ausführungen legen nahe, dass dies auch für den Einbezug der Umwelteigenschaften möglich ist. Die SAR-Methodik ist allerdings kein ganz exaktes Vorhersageinstrument. Dies ist für den hier vorgeschlagenen Kontext aber auch nicht notwendig, da die Modelle nicht retrospektiv zur Stoffbewertung im legislativen oder ökotoxikologischen Kontext verwendet werden sollen, sondern ausschließlich als ein Screening-Instrument (Borije et al. 2002). Sie stellen insbesondere in der hier beabsichtigten Anwendung ein Instrument dar, prospektiv für eine Eigenschaft günstige und weniger günstige Teilstrukturen von Molekülen zu identifizieren. Im Gegensatz zu vielen nachsorgenden technischen Lösungen wird hier ein von der verfügbaren Technik (z.B. der Abwasserreinigung) unabhängiger und weltweit einsetzbarer Ansatz verwendet.

Expertensysteme, die eine Aussage darüber machen, mit welchen Metaboliten im Säugerorganismus und beim biologischen und photochemischen Abbau in der Umwelt zu rechnen ist, ermöglichen es darüber hinaus, auch Abbauzwischenprodukte in die Überlegungen einzubeziehen, was experimentell oft gar nicht möglich ist. Damit können mögliche Folgeprobleme ebenfalls schon im Vorfeld der Synthese eines Stoffes einbezogen werden. Mit diesem Wissen können neue Stoffe so gestaltet werden, dass sie gute Anwendungseigenschaften aufweisen (z.B. gute Wirksamkeit und Verträglichkeit bei Arzneimitteln) und gleichzeitig umweltverträglich sind. Ergebnisse von Struktureigenschaftskorrelationen können neben Hinweisen für anzustrebende Zielstrukturen auch Eingang in andere Modelle wie z.B. in die Simulation der Ausbreitung von schwer abbaubaren Stoffen in Oberflächen- und Grundwässern finden (Fugazitätsmodelle), um deren Umweltverhalten besser einschätzen zu können. Dies ermöglicht dann *prospektiv* ein Risk Assessment, ohne dass im Idealfall der Stoff überhaupt synthetisiert werden muss.

9 Gezielte Verbesserung der biologischen Abbaubarkeit – Beispiele aus der Praxis

Tetrapropylensulfonat (TPS) als wichtiges synthetisches Tensid, das Mitte der 50iger Jahre des letzten Jahrhunderts eingeführt wurde, war nicht biologisch abbaubar und führte zu ungewöhnlicher Schaumbildung in Kläranlagen und auf Flüssen (Abb. 7). Die daraufhin erfolgte gesetzliche Regulierung (Detergentiengesetz 1961) war eines der ersten Umweltgesetze in Deutschland. In diesem wurde eine Mindestabbaubarkeit für Tenside gesetzlich gefordert. Diese Anforderung wurde durch das LAS (lineares Alkylbenzolsulfonat) erfüllt, das Anfang der 60iger Jahre des letzten Jahrhunderts in den Markt eingeführt wurde.

Abb. 7: Schaumbildung in der aquatischen Umwelt durch das schwer abbaubare Tensid Tetrapropylensulfonat. Quelle: Werksarchiv Fa Henkel.

LAS erfüllte als Ersatzstoff diese Anforderungen, die Schaumberge verschwanden. LAS, eine Substanz, die in mehreren Millionen Tonnen pro Jahr produziert und angewendet wird, konnte sich aufgrund seiner guten biologischen Abbaubarkeit durchsetzen, obwohl es gegenüber Wasserorganismen toxischer ist (R. Schröder, Fa. Henkel, persönliche Mitteilung 2006) als das viel schlechter abbaubare TPS.

Die photochemische Deaktivierung eines antibiotisch wirksamen Stoffes wurde beschrieben, die gezielt konzipiert wurde (Lee et al. 2000). Eine Vielzahl von Beispielen der gezielten, empirischen Modifizierung von Molekülstrukturen, um die Abbaubarkeit in der Umwelt zu verbessern, findet sich im Bereich der Pestizide. So führte die historische Entwicklung von den persistenten Chlororganika wie DDT, Lindan (γ-Hexachlorcyclohexan) und den bizyklischen Chlordienen wie Aldrin und Dieledrin zu den schon leichter abbaubaren organischen Phosphorsäureestern wie Parathion (E 605) und danach den Carbamaten und Pyrethroiden.

Neue Beispiele sind die wegen ihrer guten Abbaubarkeit zum Teil mit dem Green Chemistry Award der US-EPA im Jahr 1999 und 2000 ausgezeichneten Wirkstoffe aus der Gruppe der Spinosoide (z.B. Spinosad*™) und Acylharnstoffe (z.B. Hexoflumuron*™) (Lopez et al. 2005). Auch das bereits weiter oben erwähnte EDDS gehört zu den Beispielen der gezielt unter Umweltaspekten modifizierten Moleküle.

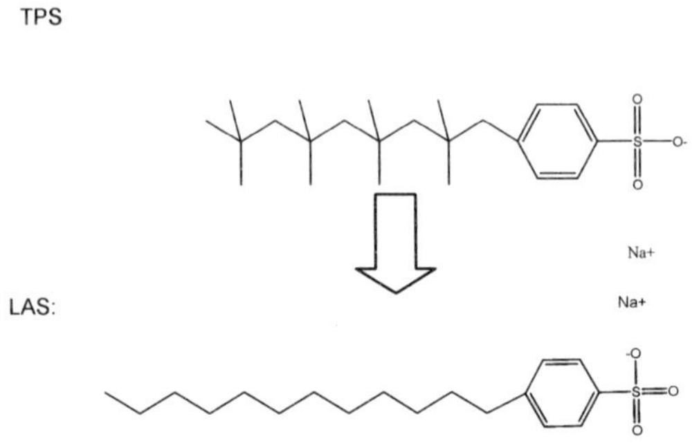

TPS

LAS:

Abb. 8: Gezielte Verbesserung der biologischen Abbaubarkeit von Tetrapropylensulfonat (TPS) durch Übergang zum linearen Alkylbenzolsulfonat (LAS): lineare Alkylketten sind besser abbaubar als verzweigte.

10 Rationales Design: Life Cycle Engineering by Molecular Design

Für die Ausrichtung des Umgangs mit dem Stoff- und Energiehaushalt der Natur ist die bisherige Kontrollorientierung, die im Prinzip eine vollständige Beherrschbarkeit und vollständiges Wissen unter Ausschluss von Unsicherheit voraussetzt, aufzugeben.

Derzeit werden vor allem Prozess- und Synthesedesign sowie Fragen der Rohstoffbasis unter dem Aspekt der Nachhaltigen Chemie diskutiert. Bei der Entwicklung neuer Chemikalien ist neben dem Ziel einer Synthesestrategie und -technologie, die mit möglichst wenig Umweltbelastung einher geht, auch die Umweltrelevanz der Stoffe selbst in Betracht zu ziehen. Das gezielte Design von Stoffen findet bisher nur untergeordnete Beachtung. Nicht zuletzt aus ökonomischen Gründen (Marktfähigkeit des neuen Stoffs) wird eine auf Nachhaltigkeit abzielende Strategie künftig schon bei der Stoffentwicklung in Betracht gezogen werden müssen, ähnlich wie auch die Beurteilung einer möglichen toxischen Belastung immer wichtiger wird und daher immer früher bei der Entstehung eines neuen Stoffes betrachtet werden wird. *Stoffe, die nach Erfüllung ihres Zwecks leicht biologisch abbaubar sind, vermeiden jedes weitere Folgeproblem wie schon vor Jahrzehnten am Beispiel des LAS gezeigt wurde. Sie sind so gestaltet, dass sie alle an sie zu stellenden Anforderungen gut erfüllen – auch die des leichten und schnellen Abbaus nach Erfüllen ihrer Funktion. Sie sind benign by design. Dieser Ansatz kann auch Kosten vermeiden für aufwändige Umweltprüfungen im Rahmen der Stoffzulassung.*

Eine Betonung des Vorsorgeprinzips (Kümmerer 2006) zusammen mit einer flexiblen Anpassungsbereitschaft ist die Konsequenz dieser Perspektive. Ein Zugang dazu stellt der Ansatz des Life Cycle Assessments dar, der hier fruchtbar gemacht werden kann, wenn darunter das Assessment eines Moleküls entlang seines *gesamten* Lebenslaufs mit Fokus auf die Rahmenbedingungen, die jeweils herrschen oder notwendig und für die Funktionalität des Moleküls von Bedeutung sind, verstanden wird. Die betrifft insbesondere die Lebenswegstationen

- Rohstoffe
- Synthese
- Produktion
- Anwendung
- Verbleib

Mit der beschriebenen Strategie können künftig neue Chemikalien so gestaltet werden, dass sie sowohl möglichst gute Anwendungseigenschaften aufweisen (z.B. gute Wirksamkeit und Verträglichkeit) als auch umweltverträglich sind. Durch das gezielte Design von Molekülen gemäß den Anforderungen aller Lebenswegstationen wird der Chemiker explizit zum Designer auf molekularer Ebene, zum Moleküldesigner, wie er dies in vielen Bereichen schon ist. Es gilt lediglich die Anforderungen, die aus

Umweltsicht an Moleküle zu stellen sind, ebenfalls zu integrieren. *Dies ist der chemiespezifische Teil der Nachhaltigen Chemie.* Durch diesen Ansatz werden die Kriterien der Nachhaltigkeit an die Chemikalien selbst angelegt. Dies geht über die nachhaltige Nutzung von Ressourcen, Energie- und Materialeffizienz hinaus! Hier trägt Chemie aus sich heraus zur Nachhaltigkeit bei und genügt nicht nur den allgemeinen Kriterien der Nachhaltigkeit. Neben der Tatsache, dass die Stoffe selbst per se, inhärent umweltfreundlich sind, gehört natürlich auch, dass ihre Synthese den allgemeinen Kriterien der Nachhaltigkeit wie Material- und Energieeffizienz genügt. Idealerweise kommen als Ausgangsmoleküle Bausteine aus nachwachsenden Rohstoffen zur Verwendung.

11 Potentiale

Schon in der 1992 in Rio de Janeiro verabschiedeten Agenda 21 heißt es „... Forschungsschwerpunkte (sind) unter anderem ... die Intensivierung der Forschung im Bereich der Entwicklung sicherer Ersatzstoffe ... (für Stoffe, deren) Langlebigkeit ... nicht ausreichend kontrolliert werden kann ... (Agenda 21, Rio 1992, Ziffer 19.21, www.agrar.de/agenda/agd21k00.htm). Im Konzept der nachhaltigen Chemie ist die Rolle eines Chemikers u. a. die eines Architekten auf molekularer Ebene („molecular design“): Er identifiziert die chemischen (Teil)strukturen, die für die Erfüllung der Anwendungserfordernisse einerseits und die Umweltverträglichkeit andererseits notwendig sind. Er synthetisiert diese Stoffe unter möglichst umweltschonenden Bedingungen, idealerweise ausgehend von nachwachsenden Rohstoffen. Dies erfordert einen interdisziplinären Ansatz und bedeutet u.a. eine Vermeidung biologisch schwer abbaubarer Stoffe. Zusammen mit anderen z.B. humantoxikologisch relevanten Eigenschaften lässt sich dies auch zusammenfassen unter dem Begriff „Eigensicherheit von Chemikalien“.

Der hier vorgestellte Ansatz beinhaltet auch ein enormes ökonomisches Potential. Die Enquete-Kommission des 12. Deutschen Bundestags „Schutz des Menschen und der Umwelt“ entwickelte schon früh Perspektiven für einen nachhaltigen Umgang mit chemischen Stoffen (Enquete 1994). Es wurde u.a. der Grundsatz des umweltverträglichen Designs von Stoffen für eine nachhaltige Entwicklung betont. Das Europäische Parlament und die EU-Kommission haben im 6. Umweltaktionsprogramm u.a. das Teilziel formuliert, dass innerhalb einer Generation Chemikalien nur so erzeugt und verwendet werden, dass sie keine negativen Auswirkungen auf die Umwelt haben (EU 2002). Der Rat von Sachverständigen für Umweltfragen rechnet mittel- bis langfristig mit einer Zunahme von Innovationen und steigenden Wettbewerbsvorteilen auf Märkten für Substitute und umwelt- und gesundheitsfreundliche Produkte (SRU 2003). Dem Beitrag Computer gestützter Methoden wird dabei das größte Potential zugemessen (Tsoca et al. 2004, Abb. 9).

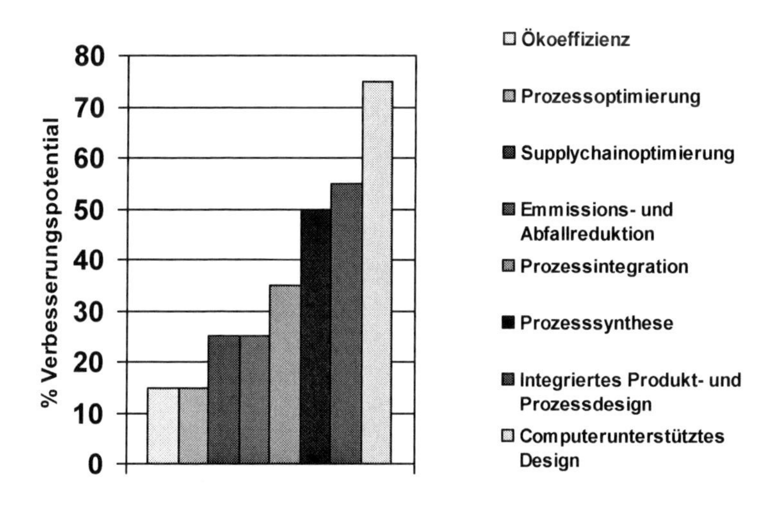

Abb. 9: Verbesserungspotentiale in der Chemie hinsichtlich Nachhaltigkeit

Die U.S. amerikanische Umweltbehörde (EPA) hat ein großes Programm zur nachhaltigen Chemie mit Schwerpunkt in der Synthese der Stoffe aufgelegt (http://glossary. eea.eu.int/EEA Glossary/G/green_ chemistry). Verbesserungspotentiale im Bereich der Green Chemistry werden vor allem im Bereich Computer gestützter Verbesserungen z.B. von Syntheseprozessen und Technologien gesehen (Tsoka et al. 2004, Abb. 7). Die gezielte Verbesserung der Moleküle selbst fällt ebenfalls in diese Kategorie. Damit ist der Weg aufgezeichnet, wie Nachhaltige Chemie nicht nur den allgemeinen Kriterien der Nachhaltigkeit Rechnung tragen und in vielen Bereichen zur Nachhaltigkeit beitragen kann, sondern insbesondere auch einen chemiespezifischen Beitrag leisten kann.

Literaturverzeichnis

Alexander M (1994): Biodegradation and Bioremedation. Academic Press. San Diego.

Anastas P., Warner J. C. (1998): Green Chemistry. Theory and Practice. Oxford University Press, New York.

Ballschmiter K, Hackenberg R, Jarman WM, Looser R (2002): Man-made chemicals found in remote areas of the world: the experimental definition for POPs. Environ Sci Pollut Res Int 9, 274-288.

Beek, B. (Ed.) (2002): Biodegradation and Persistence. Springer, Berlin Heidelberg New York

Böschen S, Lenoir D, Scheringer M (2003): Sustainable chemistry: starting points and prospects. Naturwissenschaften 90, 93-102

Cairns J jr. , Mount DI (1990): Aquatic toxicology. Part 2 of a four-part series. Environ Sci Technol 24, 154-161.

Calafata AM, Needhama LL, Kuklenyika Z, Reidya JA, Tullya JS, Aguilar-Villalobosb M, Naeher LP (2006): Perfluorinated chemicals in selected residents of the American continent, Chemosphere, im Druck

de Wit CA, Alaee M, Muir DC (2006): Levels and trends of brominated flame retardants in the Arctic. Chemosphere, im Druck

Dixon N (2004): Case Study: Biodegradable Alternatives to Chemicals – Octel's experience in the chelant market. Vortag auf der Tagung 2nd Annual EU Sustainable Chemicals Management. Brüssel 13.-14. 10.2004 (http://www.euconferences.com/chemicalsmanagement04/day2presentations.htm).

Engel J, Klenner T, Niemeyer U, Peter G, Pohl J, Schüßler M, Schupke H, Voss A, Wiessler M (2000): Glufosfamide, Drugs of the Future 25, 791.

Enquete-Kommission „Schutz des Menschen und der Umwelt“ (Hg.) (1994): Die Industriegesellschaft gestalten. Perspektiven für einen nachhaltigen Umgang mit Stoff- und Materialströmen. Economica, Bonn.

EU-EPA (2001):Late Lessons from Early Warnings, Report No. 28, EU-Umweltbehörde, Kopenhagen 2001

EU-Parlament und EU-Kommission (2002): Beschluss Nr. 1600/2002/EG des Europäischen Parlaments und des Rates vom 22. Juli 2002 über das sechste Umweltaktionsprogramm der Europäischen Gemeinschaft, 10.9.2002, Amtsblatt der Europäischen Gemeinschaften, L 242/1-15.

Fasani E, Profumo A, Albini A (1998): Structure and medium-dependent photodecomposition of fluoroquinolone antibiotics. Photochem Photobiol 68, 666-674.

Haderlein SB, Hofstetter TB, Schwarzenbach RP (2000): Subsurface Chemistry of nitroaromatic compounds. In: Spain JC, Huighes JB, Knackmuss HJ (Eds) Biodegradation of Nitroaromatic Compounds and Explosives. CRC Press, Boca Raton.

Hillisch A, Hilgenfeld R (Ed) (2003): Modern Methods of Drug Discovery. Birkhäuser, Basel.

Jastorff B, Mölter K, Behrend P, Bottin-Weber U, Filser J, Heimers A, Ondruschka B, Ranke J, Schaefer M, Schröder H, Stark A, Stepnowski P, Stock F, Störmann R, Stolte S, Welz-Biermann U, Ziegert S, Thöming J (2005): Progress in evaluation of risk potential of ionic liquids-basis for an eco-design of sustainable products. Green Chem., 2005, 7, 362.

Jastorff B, Störmann R, Wölcke U (2003): Struktur-Wirkungsdenken in der Chemie – eine Chance für mehr Nachhaltigkeit. Universitätsverlag Aschenbeck und Isensee, Bremen und Oldenburg.

Kallenborn R (2006): Persistent organic pollutants (POPs) as environmental risk factors in remote high-altitude ecosystems. Ecotoxicol Environ Saf 63, 100-107.

Karlaganis G, Marioni R, Sieber I, Weber A. (2001): The elaboration of the 'Stockholm convention' on persistent organic pollutants (POPs): a negotiation process fraught with obstacles and opportunities. Environ Sci Pollut Res Int. 8, 216-221

Kümmerer K (2006): Vielfalt der Zeiten in Natur und Kultur – ein komplexes Wechselspiel. In: Geißler K, Kümmerer K, Sabelis I: Zeitvielfalt wider das Diktat der Uhr. Hirzel, Stuttgart, im Druck

Kümmerer K, Al-Ahmad A (1997): Biodegradability of the anti-tumour agents 5-fluorouracil, cytarabine and gemcitabine: impact of the chemical structure and synergistic toxicity with hospital effluents. Acta Hydrochim. Hydrobiol. 25, 166-172.

Kümmerer K, Al-Ahmad A, Bertram B, Wießler M (2000): Biodegradability of antineoplastic compounds in screening tests: improvement by glucosidation and influence of stereo-chemistry. Chemosphere 40, 767-773.

Kümmerer K, Held M (1997): Die Umweltwissenschaften im Kontext von Zeit – Begriffe unter dem Aspekt der Zeit. UWSF – Z. Umweltchem. Ökotox. 9, 169-178

Latala A, Stepnowski P, Nedzi M, Mrozik W. (2005): Marine toxicity assessment of imidazolium ionic liquids: acute effects on the Baltic algae

Oocystis submarina and Cyclotella meneghiniana. Aquat Toxicol. 73, 91-98.

Lee W, Zhi-Hong L, Vakulenko S, Mobashery S (2000): A light-inactivated antibiotic. J Med Chem 43,: 128-132.

López Ó, Fernández-Bolaños JG, Gil MV (2005): New trends in pest control: the search for greener insecticides Green Chemistry, 7, 431-442.

Pollack N, Cunningham AR, Rosenkranz HS (2003): Environmental persistence of chemicals and their carcinogenic risks to humans. Mut Res Fundament Mol Mech Mut 528, 81-91.

Pretti C, Chiappe C, Pieraccini D, Gregori M, Abramo F, Monni G, Intorre L (2006): Acute toxicity of ionic liquids to the zebrafish (Danio rerio) Green Chem 8, 238.

Ranke J, Molter K, Stock F, Bottin-Weber U, Poczobutt J, Hoffmann J, Ondruschka B, Filser J, Jastorff B. (2004): Biological effects of imidazolium ionic liquids with varying chain lengths in acute Vibrio fischeri and WST-1 cell viability assays. Ecotoxicol Environ Saf, 58, 396-404

Rieger PG, Meier HM, Gerle M, Vogt U, Groth T, KnackmussHJ (2002): Xenobiotics in the environment: present and future strategies to obviate the problem of biological persistence. J Biotechnol 94, 101-123.

Rorije E, Germa F, Philipp B, Schink B, Beimbron DB (2002): Prediction of biodegradability from structure: imoidazoles. SAR QSAR Environ Res 13,199-204

Sahli S, Stump B, Welti T, Blum-Kaelin D, Aebi JD, Oefner C, Bohm JH, Diederich F (2004): Structure-based design, synthesis, and in vitro evaluation of nonpepticlic neprilysin inhibitors. Chembiochem. 5, 996.

Scheringer M, Dunn MJ (2002): Persistence and Spatial Range of Environmental Chemicals. Wiley VCH, Weinheim.

SRU (2003): Der Rat von Sachverständigen für Umweltfragen. Zur Wirtschaftsverträglichkeit der Reform der Europäischen Chemikalienpolitik. Stellungnahme Nr. 4, Juli, S. 29, Ziffer 38.

Tsoka C, Johns WR, Linke P, Kokossis A (2004): Towards sustainability and green chemical engineering: tools and technology requirements. Green Chemistry 6, 401-404.

Wania F (2006): Potential of degradable organic chemicals for absolute and relative enrichment in the Arctic. Environ Sci Technol 40, 569-577.

Nachwachsende Rohstoffe in Wasch- und Reinigungsmittel: Ein Schritt vorwärts in die Vergangenheit?

Frank Roland Schröder

Zusammenfassung

Nachwachsende Rohstoffe [NWR] spielen in den Wasch- und Reinigungsmitteln [WRM] seit jeher eine wichtige Rolle. So waren die Alkalisalze der Fettsäuren (Seifen) die ersten in Waschmitteln eingesetzten Tenside. Die vorliegende Arbeit diskutiert den Einsatz von NWR in WRM anhand der deutschen Verbrauchszahlen. Die meisten klassischen, Pflanzen-basierten NWR, können erst nach einer chemischen Modifizierung in WRM eingesetzt werden. Dies betrifft vor allem die Tenside und Carboxymethylcellulose. Daneben spielen auch Produkte der weißen Biotechnologie, die durch Fermentation hergestellt werden, eine wichtige Rolle. Citronensäure und Enzyme sind hier die prominentesten Beispiele. Unter dem Aspekt der weitergehenden Energieeinsparung und somit der Verminderung des CO_2-Ausstoßes ist die Betrachtung des Gesamtprozesses erforderlich, da der Energieverbrauch sein Maximum während des eigentlichen Waschvorgangs (Gebrauchphase) erreicht. WRM, die eine Verkürzung der Waschzeit sowie Senkung der Waschtemperatur ermöglichen, können somit wesentliche Beiträge zur Einsparung liefern.

Einleitung:
Nachwachsende Rohstoffe und Wasch- und Reinigungsmittel

Wasch- und Reinigungsmittel [WRM] nehmen unter den Stoffen, die bestimmungsgemäß in die Umwelt gelangen, immer noch eine Sonderrolle ein. Dafür spricht alleine die hohe Tonnage, die im Jahre 2004 für Deutschland 630.000 t Waschmittel und 220.000 t Waschhilfsmittel (inklusive Reinigungsmittel) betrug (IKW 2005) und die prononcierte aquatische Toxizität der in den WRM eingesetzten Tenside. Vor diesem Hintergrund spielte der Umweltschutzgedanke in der WRM-Industrie schon früh eine Schlüsselrolle. Anfänglich konzentrierten sich die Anstrengungen vor allem auf den biologischen Abbau der WRM-Inhaltsstoffe unter besonderer Berücksichtigung der Tenside. Seit Anfang der 90 er Jahre wurden die Inhaltsstoffe einer umfänglichen Risikobewertung für Mensch und Umwelt unterzogen. Die im Rahmen des durch die Verbände der WRM-Hersteller (A.I.S.E.) und Rohstoffhersteller (CEFIC) initiierten HERA-Programms (Human and Environmental Risk Assessment) erstellten Produktsicherheitsberichte sind im Internet frei verfügbar (*www. heraproject.com)*. In den letzten Jahren hat sich jedoch der Fokus immer mehr erweitert und so gewinnen bei der Beurteilung der WRM zunehmend Faktoren wie Ressourcenschonung und Klimaschutz – unter besonderer Berücksichtigung der CO_2-Emission – an Bedeutung.

Nachwachsende Rohstoffe [NWR] können sowohl zur Schonung der nicht erneuerbaren Ressourcen als auch zur Verbesserung der CO_2-Bilanz einen entscheidenden Beitrag leisten. Neben den klassischen NWR, die vorwiegend pflanzlicher Herkunft sind, stehen zunehmend Rohstoffe zur Verfügung, die von Mikroorganismen auf Basis biotechnologischer Verfahren hergestellt werden (Stichwort: Weiße Biotechnologie).

Es liegt auf der Hand, dass WRM aufgrund ihrer hohen Tonnagen einen potentiell attraktiven Markt für NWR darstellen. Welche konkreten Möglichkeiten bieten sich nun für deren Einsatz in WRM? Betrachtet man die in 2004 eingesetzten Tonnagen, so kann man die in WRM verwendeten Inhaltsstoffe in zwei annähernd gleich große Gruppen einteilen, wenn man willkürlich eine Grenze bei einer Tonnage von 10.000 t zieht.

In der Gruppe > 10.000 t dominieren vor allem anorganische Stoffe wie Zeolith, Soda und Natriumsulfat, die als Builder (Gerüststoffe) oder

Produktionshilfsmittel dienen. Die mengenmäßig wichtigsten organischen Stoffe in dieser Kategorie sind die Tenside, Alkohole, Citrate und Polycarboxylate.

Tenside

Tenside spielen nicht nur aufgrund ihrer Funktion sondern auch im Hinblick auf ihr Einsatzvolumen von annähernd 200.000 t in WRM die wichtigste Rolle. NWR haben hier schon immer eine Schlüsselrolle gespielt. So gehören Seifen auf Basis von Fettsäuren zu den ersten in WRM eingesetzten Stoffen mit einer grenzflächenaktiven Wirkung. Tenside sind dadurch charakterisiert, dass sie einen hydrophilen und einen hydrophoben Molekülteil vereinigen. Entsprechende Strukturen sind in der Natur relativ selten, daher ist bei den NWR eine chemische Modifizierung das Mittel der Wahl, um ausreichend leistungsstarke Tenside zu erhalten.

Eine EU-Arbeitsgruppe schätzt für das Jahr 2010 das Marktvolumen der Tenside auf Basis von NWR in der EU auf bis zu 1.450.000 t. Der Anteil am EU-Tensidmarkt könnte demnach 52 % erreichen (EU Commission, 2002). Schon heute beträgt im Unternehmensbereich Wasch- und Reinigungsmittel der Henkel KGaA der Anteil der NWR an den eingesetzten Tensiden 35 % (Henkel KGaA 2005).

Typischerweise geht man von Palmkern- und Kokosöl als hydrophoben Molekülteil aus, deren Alkylketten unter anwendungstechnischen Gesichtspunkten eine optimale Länge aufweisen. Durch die Einführung eines hydrophilen Molekülteils, der der Verbesserung der Wasserlöslichkeit dient, erschließen sich verschiedene Tensidklassen. So erhält man z.B. durch die Einführung einer Sulfatgruppe ein Fettalkoholsulfat, das aufgrund der negativen Ladung auch als anionisches Tensid bezeichnet wird. Eine weitere Möglichkeit bietet die Einführung von Ethoxylateinheiten, die die Klasse der nichtionischen Tenside erschließt, die zu den wichtigsten, auf NWR basierten Tensiden gehören. Da dass für deren Herstellung benötigte Ethylenoxid auf Erdöl basiert, stellen die Fettalkoholethoxylate eine Mischform dar. Durch Einführung einer Sulfatgruppe erhält man aus den Fettalkoholethoxylaten die wichtige Gruppe der Fettalkoholethersulfate, die vor allem in Reinigern und Spülmittel eingesetzt werden. Verwendet man Zuckermoleküle als Baustein für den hydrophilen Molekülteil, so erhält man die Klasse der Alkylpolyglucoside [APG], die vollständig auf NWR beruhen. Sie werden vor allem in Spezialanwendungen eingesetzt und sind daher mengenmäßig von eher untergeordneter Bedeutung. Neben den anionischen und nichtionischen Tensiden finden NWR auch bei der Herstellung von kationischen Tensiden Verwendung. In Weichspülern haben die so genannten Esterquats, die leicht und vollständig biologisch abbaubar sind, die schlecht abbaubaren, petrostämmigen Tenside inzwischen vollständig ersetzt.

Alkohole

Insgesamt betrugen die im Jahre 2004 in Deutschland in Wasch- und Reinigungsmitteln eingesetzten Mengen an Alkoholen 28.000 t. Die wichtigsten Alkohole sind kurzkettige, aliphatische Alkohole (wie z.B. Ethanol), die in Reinigern und Geschirrspülmitteln als Lösungsvermittler Anwendung finden (Hauthal 2005). Daneben finden aber auch Polyole wie z.B. Ethylenglykol und Glycerin Verwendung. Aufgrund der Vielfalt der eingesetzten Alkohole sind generelle Aussagen zu deren Herkunft und somit Rohstoffbasis schwierig. Während Ethanol sowohl biotechnologisch als auch synthetisch aus Ethylen hergestellt werden kann, stellt Glycerin, das als Nebenprodukt bei der Verseifung von Fetten und Ölen anfällt, einen NWR im klassischen Sinne dar.

Citronensäure und deren Salze

Citronensäure und deren Salze (Citrate) werden schwerpunktmäßig in Flüssigwaschmitteln und Reinigern als pH-Regulatoren und Gerüststoffe (Builder) verwendet. Citrate stellt man bevorzugt biotechnologisch durch die Fermentation von Melasse her. Die in 2004 in Deutschland insgesamt eingesetzte Tonnage betrug 12.700 t, wobei aber der überwiegende Anteil der Citrate in der Nahrungsmittelindustrie Verwendung findet.

Polycarboxylate

Im Jahre 2004 wurden 11.200 t Polycarboxylate vorwiegend als Co-Builder in Waschmitteln eingesetzt. Bei den Polycarboxylaten handelt es sich um Polymere auf Basis Acrylsäure bzw. Maleinsäure. Neben Homopolymeren kommen auch Co-Polymere zum Einsatz. Polycarboxylate spielten eine Schlüsselrolle bei der Entwicklung Phosphat-freier Waschmittel. NWR, die ein ähnliches Leistungsspektrum aufweisen, sind zurzeit nicht bekannt.

Spezialitäten

Neben diesen großvolumigen Stoffen gibt es in Wasch- und Reinigungsmittel eine ganze Reihe von organischen Inhaltsstoffen, deren Einsatzmengen in 2004 die 10.000 t Grenze nicht überschritt. Aufgrund ihres maßgeschneiderten Aufgabenspektrums und der speziellen Funktionalitäten ist ein Ersatz durch NWR nur eingeschränkt möglich. Dennoch gibt es in dieser Gruppe zwei Stoffkategorien, die ganz bzw. teilweise auf Nachwachsenden Rohstoffen basieren. Hierbei handelt es sich um die Gruppe der Enzyme sowie die Carboxymethylcellulose.

Enzyme

Enzyme spielen funktional eine besonders wichtige Rolle in Wasch- und Reinigungsmitteln, da sie die selektive Entfernung kritischer, natürlicher Anschmutzungen (wie z.B. Blut, Eiweiß oder Stärke) unter schonenden Bedingungen ermöglichen. Insgesamt wurden in 2004 3.700 t Enzyme eingesetzt, vor allem Proteasen und Amylasen. Enzyme werden ausschließlich biotechnologisch hergestellt und sind als Produkte der „Weißen Biotechnologie“ den nachwachsenden Rohstoffen zuzurechnen.

Carboxymethylcellulose

Carboxymethylcellulose [CMC] dient in Waschmitteln als Schmutzträger und beugt somit der Vergrauung der Textilien vor. Die in Deutschland eingesetzten Mengen lagen in 2004 bei ca. 1.900 t. Bei CMC handelt es sich um eine chemisch modifizierte Cellulose, bei der je nach Anwendungszweck ca. 0,5 – 1,5 aller Monomeren mit einer Carboxymethylgruppe umgesetzt sind.

Parfumöle

Im Jahre 2004 setzte die WRM-herstellende Industrie ca. 7.000 t. Parfumölen ein. Parfumöle sind komplexe Mischungen aus natürlichen, halbsynthetischen und synthetischen Inhaltsstoffen; im legalen Sinne handelt es sich somit um Zubereitungen. Quelle für die natürlichen Inhaltsstoffe der Parfumöle sind die ätherischen Öle, die typischerweise durch physikalisch-chemische Trennoperationen aus Pflanzenbestandteilen wie z.B. Fruchtschalen, Blüten, Blättern, Rinde u.a. gewonnen werden. Der Anteil der Nachwachsenden Rohstoffe an der gesamten Parfumölmenge unterliegt naturgemäß einer starken Schwankung und wird derzeit auf 10 % geschätzt (Anfrage M. Vey, 27.03.2006).

Nachhaltigkeitsstrategie der Wasch- und Reinigungsmittelindustrie

Mit dem Einsatz von NWR verbindet man eine Reihe unterschiedlicher Ziele:

- Beiträge zur wirtschaftlichen Entwicklung ländlicher Gesellschaften
- Schonung von nicht erneuerbaren Ressourcen, insbesondere von Erdöl
- Reduzierung des CO_2-Ausstoßes

Die Schonung der nicht erneuerbaren Ressourcen und die Reduzierung des klimaschädlichen CO_2-Ausstoßes gewinnen aus ökologischen und ökonomischen Gründen zunehmend an Bedeutung. Neben dem Einsatz von NWR spielt aber auch die Verbesserung der Energie- und Materialeffizienz eine entscheidende Rolle bei der Erreichung dieser beiden Ziele. In den Jahren 1996 bis 2002 hatte die europäische Waschmittelindustrie im Rahmen ihre Nachhaltigkeitsstrategie auf Basis einer EU-Empfehlung (98/480/EC) ein Programm durchgeführt (A.I.S.E. Code of Good Environmental Practice), um die eingesetzten Mengen an Waschmitteln, biologisch schwer abbaubaren organischen Verbindungen (poorly biodegradable organics [PBO]) und Verpackungsmaterial zu reduzieren (um jeweils 10 % pro Person). Bei diesen drei Zielen stand die Optimierung des Produkts und seiner Verpackung durch die Hersteller im Vordergrund. Das vierte Ziel beinhaltete die Energieeinsparung während des Waschens. Mit Hilfe einer multimedialen Kommunikationskampagne sollte der Verbraucher animiert werden, Waschmittel und – durch die

Wahl geeigneter Waschtemperaturen – auch Energie einzusparen (*www.washright.com*). Die von PricewaterhouseCoopers überprüften Resultate erbrachten deutliche Einsparungen, auch wenn aufgrund der demographischen Entwicklung (Abnahme der durchschnittlichen Personenzahl in den Haushalten) nicht alle ursprünglich angestrebten Ziele erreicht wurden (Tab. 1).

Tab. 1: A.I.S.E. Code of Good Environmental Practice: Gegenüberstellung von Zielen und Ergebnissen

Kriterien	**Ziel**	**Ergebnis pro Person**	**Ergebnis pro Waschgang**
PBO	–10 % pro Person	–23,7 %	–30,4 %
Waschmittel	–10 % pro Person	–7,9 %	–16 %
Verpackung	–10 % pro Person	–6,7 %	–14,9%
Energie	–5 % pro Waschgang	Keine Aussage möglich	–6,4%

Das im Jahre 2004 gestartete Nachfolgeprogramm (A.I.S.E. Charter for Sustainable Cleaning – *www.sustainable-cleaning.com*) umfasst neben den Waschmitteln zusätzlich auch die Reinigungsmittel. Weiterhin beschränkt sich die A.I.S.E. Charter im Gegensatz zum A.I.S.E. Code nicht nur auf die Umwelt, sondern berücksichtigt im Sinne einer Nachhaltigkeitsbetrachtung auch soziale Aspekte.

Aufgrund der aktuellen Wetterereignisse genießt der Klimaschutz in letzter Zeit verstärkte Aufmerksamkeit. Dabei wird der Reduzierung des CO_2-Ausstoßes eine besondere Bedeutung zugeschrieben. Um für den Bereich der WRM das volle Einsparpotential zu erschließen, ist die Betrachtung des gesamten Prozessablaufes von der Produktion der Waschmittel und deren Inhaltsstoffe über die Gebrauchsphase – also dem eigentlichen Waschvorgang – bis zur Entsorgung erforderlich. Lebenszyklusanalysen (Life Cycle Analysis [LCA]) zeigen, dass die höchsten Emissionen an CO_2, aber auch an Abfällen, während der Gebrauchsphase auftreten (Wagner 2005). Eine Senkung der Waschtemperatur bzw. Produkte, die durch eine gezielte Auswahl von Inhaltsstoffen eine Verkürzung der Waschzeit ermöglichen, helfen während der Gebrauchsphase Energie zu sparen und liefern dadurch einen wesentlichen Beitrag zur Nachhaltigkeit. Daher kommt Inhaltsstoffen auf Basis von NWR insbesondere dann eine große Bedeutung zu, wenn sie die Energie- und Materialeffizienz des Gesamtprozesses entscheidend steigern.

Literaturverzeichnis

IKW 2005

EU Commission 2002 (Current Situation and Future Prospects of EU Industry Using Renewable Raw Materials, EU Commission, DG Enterprise, 2002)

Henkel KGaA 2005: Nachhaltigkeitsbericht 2005, S. 10, 2006

Hauthal, H.G. 2005, Wagner, G: Reinigungs- und Pflegemittel im Haushalt, 2005

Wagner, G. 2005: Waschmittel, Wiley-VCH, 2005

Nachhaltige Chemiepolitik am Beispiel des Einsatzes von Organozinnverbindungen in der Schifffahrt

Burkard Theodor Watermann und Katarina Gnass

Makrobewuchs stellt für zahlreiche technische Anwendungen in Binnengewässern und vor allem im marinen Bereich ein enormes Problem dar. Makrobewuchs auf Schiffsrümpfen kann das Gewicht und den Reibungswiderstand bis zur Manövrierunfähigkeit erhöhen.

Bewuchs in industriellen Bereichen wie Einläufen von Kühlkreisläufen kann den Zufluss derartig reduzieren, dass auf Grund von Erhitzungen die Anlagen abgeschaltet werden müssen. Netze von Aquakulturanlagen können zuwachsen und den Wasseraustausch so behindern, dass die Fische, Muscheln Austern etc. ersticken.

Unterwasserbeschichtungen bestehen überwiegend aus einer wasserundurchlässigen Beschichtung (Korrosionsschutz, Osmoseschutz, Schutz vor mechanischen Beschädigungen) und einer bewuchshemmenden Beschichtung als Endanstrich. Insbesondere die bewuchshemmenden Anstriche stehen seit einigen Jahren im Zentrum von Diskussion, gesetzlichen Regulierungen und einer intensiven Abschätzung ihres humantoxischen und ökotoxischen Potenzials. Dieses ist vor allem darin begründet, dass sie ihre bewuchshemmende Wirkung über die permanente Abgabe von Bioziden entfalten, die nicht nur die Organismen treffen, die sich am Schiffsrumpfen ansetzen wollen, sondern auch beträchtliche Fernwirkung und Magnifikation in der aquatischen Biosphäre verursachen können. Bekanntestes Beispiel sind die Organozinnverbindungen wie Tributylzinn- und Triphenylzinnchlorid, auf deren Fernwirkung man zuerst durch massive Einbrüche in der französischen Austernproduktion in den 70er Jahren aufmerksam wurde. Mit einer Verzögerung von ca. 10 Jahren kam es zu einem Verbot dieser Verbindungen als Antifoulingbiozide für Boote unter 25 Metern in Frankreich und kurz danach auch in allen europäischen Ländern.

Inzwischen sind Organozinnverbindungen fast völlig vom Markt verschwunden, da die Internationale Schifffahrtsorganisation (IMO) eine Konvention verabschiedet hat, die faktisch schon in Kraft getreten ist, welche den Einsatz von schädlichen Antifoulingsystemen verbietet. Bisher sind damit explizit Antifoulingsysteme mit Organozinnverbindungen verboten.

Das EU-Parlament verabschiedete im Februar 2003 eine Verordnung, nach der ab dem 1.1.2008 ein Einfahrverbot in europäische Häfen für alle Schiffe unabhängig von ihrer Flagge mit einer organozinnhaltigen AF als aktiven Bewuchsschutz besteht. Auch wenn die IMO-Konvention noch nicht von einer genügenden Anzahl von Staaten unterzeichnet wurde, wird allgemein davon ausgegangen, dass sie in Kraft treten wird.

Die Konvention sieht aber auch vor, dass auf Verlangen eines Staates und gründlicher Prüfung weitere als gefährlich eingestufte Systeme weltweit verboten werden können.

Das europäische Parlament und der Rat der europäischen Union haben am 16. Februar 1998 die Richtlinie 98/8/EC über die Inverkehrbringung von Biozid-Produkten verabschiedet (OJL, 1998).

Durch die Umsetzung der EU-Biozid Richtlinie werden zurzeit für die von der Industrie notifizierten Biozide umfangreiche Dossiers erstellt, auf deren Basis geprüft werden soll, welche Biozide in der EU in Zukunft zugelassen werden können:

- Alle Biozide, die vor dem 14.5.2000 auf dem Markt waren, werden bis zum 14.5.2010 aufgearbeitet werden.
- Alte Antifouling Biozide wurden bis zum 31.01.03 identifiziert und notifiziert.
- Umfangreiche Prüfdossiers sollen bis zum März 2006 erstellt werden.
- Erste Entscheidungen über eine Aufnahme in den Annex I werden 2008/2009 erwartet.

Nach dem Verbot der Organozinnverbindungen richtete sich das Interesse der Rohstoffhersteller und Formulierer auf die bestehenden und gebräuchlichen Biozide mit der Frage, ob hier langfristig ähnliche Probleme auftauchen könnten. Tatsächlich muss dieses für eine gewisse Anzahl von Bioziden erwartet werden. Bei einigen sind jetzt schon starke Zweifel bekannt, da sie aufgrund humantoxischer oder umwelttoxischer Eigenschaften in den EU-Staaten, in denen schon seit einigen Jahre ein Zulassungsverfahren besteht, verboten sind:

- Diuron (UK, DK, S)
- S-Triazin (UK, DK, S)
- Kupfer (NL, S,)
- Dithiocarbamate (S)
- Chlorothalonil (S)

Das meist verwandte Biozid in herkömmlichen Antifoulingfarben ist Kupfer, sowohl als Metall-Pulver, als auch in verschiedenen Verbindungen. Um die Effektivität des Kupfers zu verstärken, werden den meisten Produkten weitere Biozide zugesetzt. Die gebräuchlichsten Biozide in konventionellen Antifoulingprodukten sind in der folgenden Tabelle 1 aufgelistet.

Es muss bedacht werden, dass einige Biozide (die anorganischen Metallverbindungen und die metallischen Anteile der organischen Metallverbindungen, z. B. Zink in Zinkpyrithion) prinzipiell nicht abbaubar sind. Die meisten organischen Biozide, die im Gebrauch sind, sind nur schwer abbaubar (z.B. Diuron). Für einige Biozide liegen keinerlei Daten vor. Generell sind alle Biozide, die in Tabelle 1 aufgeführt sind, als „umweltgefährdend“ eingestuft und müssen entsprechend der EU-Richtlinie 67/548 mit dem Symbol „N“ gekennzeichnet werden.

Einschränkungen und Verbote bestehen für einige Biozide nicht nur im Sportbootbereich, sondern auch in der Handelsschifffahrt und zwar aufgrund ihrer Persistenz und ihrer Öko- und Humantoxizität.

Tabelle 1: Hauptbiozide und Kobiozide, die in Antifoulingfarben genutzt werden

Chemische Bezeichnung der Biozide (IUPAC)	Handelsname	Persistenzklasse aquatisch	Bioakkumulationsklasse
Kupfer (II)-Ionen	Kupfermetall und Kupfer-verbindungen	Nicht biologisch abbaubar aber chelatisierbar und/oder immobilisierbar	BCF/Meerwasser 75-27.000 Algen 10.000-20.000 Makrophyten 7.000-10.000 Krustazeen[1]
Zink-2-pyridinthiol-N-oxid	Zinkpyrithion	Schneller Primärabbau [1]	Unter Berücksichtigung des $logP_{ow}$ von 0,97 kann angenommen werden, dass das Bioakkumula-tionspotential geringer ist als das der anderen Biozide
Tetramethylthiuram-disulfid	Thiram	II[2]	$LogP_{ow} = 1,73$ [2] Kein Anzeichen für ein Bioakkumulationspotential
Zinkethylen-bis-(dithiocarbamat)	Zineb	k.D.	II [2]
Manganethylen-bis-(dithiocar-bamat)	Maneb	II [2] Nicht leicht bio-logisch abbaubar	$LogP_{ow} = 1,75$ [2] Kein Anzeichen für ein Bioakkumulationspotential
Manganethylen-bis-(dithiocarba-mat) (Polymer-Komplex mit Zinksalzen)	Mancozeb	II[3]	$LogP_{ow}= 1,34$ [3] Kein Anzeichen für ein Bioakkumulationspotential
4,5-Dichlor-2-n-octyl-4-isothiazo-lin-3-on	Sea-Nine 211	III [2]	III [2]
3-(3,4-Dichlor-phenyl)-1,1-dimethylharnstoff	Diuron, Preventol A6	III-IV [3]	III [2]

[1] MEPC 43/INF.19 (1999) Harmful effects of the use of anti – fouling paints for ships submitted by Germany. IMO, 4pp.

[2] Bruckmann, U. (1995) Bewertung des biologischen Abbaus, der mikrobiellen Hemmung und der Bioakkumulation von ausgewählten Antifoulingwirkstoffen, 18pp. (unveröffentlicht)

[3] Mitt. UBA (unveröffentlicht) 2003

N-Dichlor-fluormethylthio-N`,N`-dimethyl-N-phenyl-sulfamid	Dichlofluanid, Preventol A4	IV [3]	I [3]
N-Dichlor-fluormethylthio-N`, N`-dimethyl-N-p-tolylsulfamid	Tolylfluanid, Preventol A5	III [3]	II [3]
Tetrachlorisophthalonitril	Chlorthalonil	III [3]	III [3]
N^2-tert-butyl-N^4-cyclopropyl-6-methylthio-1,3,5-triazin-2,4-diamin (2-Methylthio-4-tert-butylamino-6-cyclopropylamino-s-triazin)	Irgarol 1051	Nicht leicht biologisch abbaubar [2]	III [2]

Persistenzklassen, abgeleitet aus der Kombination der folgenden Parameter: (a) Primärabbau, (b) Mineralisation und (c) gebundene Rückstände
I gering persistent
II mäßig persistent
III hoch persistent
IV biologisch nicht abbaubar

Gesamtbewertung der Bioakkumulation abgeleitet aus der Kombination der folgenden Kriterien: (a) Biokonzentrationsfaktor BCF und (b) Elimination (oder Depuration ausgedrückt als Ausscheidungs-Halbwertszeit CT_{50})

I kein Anlass zur Besorgnis
II Hinweis auf ein Risiko
III Anlass zur Besorgnis
IV hohes Risiko (Empfehlung für eine Risikominderung)
k.D.= keine Daten verfügbar

Durch das Verbot der Organozinnverbindungen und die Regulierung von biozidhaltigen Antifoulingbeschichtungen mit sehr hohen Kosten für die Zulassung und Prüfung kamen verstärkt biozidfreie Formulierungen auf den Markt.

Doch begann mit dem Aufkommen dieser Produkte und der Forderung nach einem Ökolabel für diese Produktklasse rasch eine Diskussion über die Human- und Ökotoxizität ihrer Inhaltsstoffe auf. Von den Verteidigern des Einsatzes von Bioziden wurde zu Recht auf kritische Inhaltsstoffe in biozidfreien Produkten verwiesen. Zudem mache die Biozidfreiheit aus einer Beschichtung noch nicht zwangsläufig ein ökologisch und gesundheitlich unbedenkliches Produkt. Diese Argumentation ist sehr gut nachzuvollziehen, wenn man bedenkt, dass Unterwasserbeschichtungen nicht nur aus Bioziden, sondern in der Regel aus einer Mischung von 20 – 30 Einzelkomponenten bestehen, die ebenfalls einer kritischen Betrachtung bedürfen:

Bindemittel, Pigmente, Füllstoffe, Lösemittel und Additive

Biozide können als Pigmente, Hilfs- und Füllstoffe, Additive und als Konservierungsmittel zugesetzt werden. Als Additive werden sie häufig als Stabilisatoren – gegen photolytische und mikrobielle Zersetzung – oder als Konservierungsstoffe – in wasserbasierenden Lacken – bezeichnet.

So steht für die Formulierung einer Beschichtung eine imposante Zahl an möglichen Verbindungen zur Verfügung. Geht man allein von den in der wissenschaftlichen Literatur beschriebenen chemischen Verbindungen aus, sind erhältlich:

- 18.000 generische chemische Verbindungen zur Lackherstellung
- 3.000 Lösemittel
- 5.000 Konservierungsstoffe
- 2.500 Füllstoffe

(Ash & Ash, 2003, a, b und c)

Die enorme Zahl macht eine Bewertung fast unmöglich, aber auch die Anforderungen an die Langlebigkeit der Produkte macht eine umweltfreundliche Produktlinie schwer.

Wie erwähnt, besteht ein großer Widerspruch in dem Wunsch nach einer hohen Langlebigkeit und Wirksamkeit von Unterwasserbeschichtungen, sei es als Korrosionsschutz oder als Antifoulingfarbe und einer gesundheitlichen und umweltmäßigen Unbedenklichkeit seiner Komponenten. Aktuell sind Standzeiten von 3 – 5 Jahren üblich, diskutierter werden aber schon Standzeiten von 10 –12 Jahren, um die Dockungskosten zu senken.

Auf der anderen Seite sollen die verwandten Materialien nicht persistent, nicht akkumulierbar und somit leicht abbaubar sein. Insbesondere bei erodierenden Antifoulingbeschichtungen, bei denen im Laufe ihrer Standzeit alle Komponenten inklusive Bindemittel etc und Bioziden komplett in das Wasser abgegeben werden, sind die heutigen Anforderungen geradezu unvereinbar mit einer umweltfreundlichen Produktentwicklung.

Zudem sind einige Bestandteile der biozidhaltigen wie biozidfreien Formulierungen kritisch zu betrachten. Dieses soll an wenigen Beispielen deutlich gemacht werden.

Bindemittel

PMMA

Sehr viele biozidhaltige aber auch einige biozidfreie erodierende Antifoulingbeschichtungen bestehen aus Poly(methylmethacrylat) (PMMA) als Bindemittel. Durch seine Hydrolyse werden MMA-Monomere oder -Oligomere in die marine Umwelt eingetragen. Dieser Eintrag beträgt ca. 20 – 30.000 Tonnen pro Jahr (Isensee et al. 1994). Bisher existieren keinerlei wissenschaftliche Untersuchungen über die Abbaubarkeit und den Verbleib dieser Substanzen in der marinen Umwelt. Da neue biozidfreie Formulierungen nur auf der erodierenden Wirkung des Bindemittels beruhen und eine stark erhöhte Erosionsrate aufweisen, kommt es durch diese biozidfreien Varianten wahrscheinlich zu noch höheren Einträgen in das Seewasser. Daher kann bisher keinerlei fundierte Abschätzung über die tatsächliche Umweltfreundlichkeit dieser Formulierungen abgegeben werden.

Silikone

Silikone finden zunehmend in der Handelsschifffahrt auf schnellen Containerschiffen und Autotransportern mit hohem Aktivitätspotenzial sowie auf Kreuzfahrtschiffen Verwendung. Sie wirken als Antihaftbeschichtungen und geben keine Biozide in das Wasser ab. Dennoch bestehen auch hier Zweifel und Bedenken hinsichtlich ihres langfristigen Verhaltens in der Umwelt. Silikone sind persistent und sollten daher während ihres Einsatzes auf dem Rumpfe verbleiben und nicht durch mechanischen Abrieb durch Eis oder Fenderkontakt abgerieben und in das Wasser eingetragen werden (Watermann et al. 1997). Zudem besteht bei Silikonbeschichtungen die Problematik, dass ihnen zur Verbesserung ihrer Wirksamkeit Silikonöle zugegeben werden, die während des Einsatzes langsam „ausschwitzen" und somit in das Wasser gelangen (Truby et al. 2000) Wenn auch der Hinweis richtig ist, dass es durch andere Quellen wie Kosmetika, Polituren etc. zu wesentlich höheren Einträgen in die Gewässer kommt, ist diese Praxis als bedenklich anzusehen.

Inerte, nicht erodierende Beschichtungen ohne leachende Biozide haben einen umweltrelevanten Vorteil gegenüber erodierenden Beschichtungen mit leachenden Bioziden, die vollständig in die marine Umwelt aufgelöst werden und dadurch zu einer permanenten Belastung beitragen. Dieser Vorteil wird bei Silikonpolymeren mit ausschwitzenden Ölen deutlich gemindert. Bei der ökotoxikologischen Beurteilung aller in die Meeresumwelt eingebrachten Stoffe ist eine hohe Persistenz unabhängig von der Toxizität und Akkumulationsfähigkeit immer als problematisch anzusehen. Werden daher inerten, nicht erodierenden Silikonbeschichtungen austretende/leachende Komponenten zugesetzt, sollten diese nicht persistent sein.

Teflon

Als umweltfreundliche Alternative zu herkömmlichen Antifoulings wurden im Sportbootbereich Antihaftbeschichtungen auf Teflonbasis eingeführt, denen in der Regel Kupferverbindungen zugesetzt werden. Mittlerweile haben Teflon-Antifoulings im Sportbootbereich einen sehr hohen Marktanteil erreicht und werden auch in Süßwasserbereichen ohne Zusatz von Bioziden eingesetzt, in denen biozidhaltige Antifoulinganstriche verboten sind (Deutschland, Wakenitz, Voralpenseen, Dänemark, Schweden). Teflon und seine Abbauprodukte PFOS galten lange Zeit als inerte Substanzen, die nur geringe Interaktionsmöglichkeiten mit biologischen Zielstrukturen aufwiesen. PFOS ist ein vollständig fluoriertes Anion der entsprechenden Sulfonsäure und ihrer Salze aus der Gruppe der Perfluoralkysulfonate (PFAS). PFOS ist Ausgangsprodukt für die Synthese und persistierendes Abbauprodukt von fluorierten Polymeren, die für unterschiedlichste Zwecke eingesetzt werden: Neben Antihaft- und Antifoulingbeschichtungen), zählen hierzu Feuerlöschschäume, photographische Prozesse, Halbleiterproduktion und Zusatz zu Hydraulikflüssigkeiten. Vor allem die massiv steigende Verwendung in konsumentennahen Produkten (Bodenbeläge und Teppiche, Leder- und andere Bekleidungsartikel, Textilien und Polstermöbel, Papiere und Verpackungen, Wachse und Polituren, Reinigungsprodukte, Zusatz zu Pestiziden) führte zu einer rapide steigenden Belastung der Umwelt und einer Berücksichtigung der Substanz in der Liste der prioritären Chemikalien durch OSPAR. Da die Substanz stark lipophil und persistent ist, liegen die gemessen Konzentrationen im Süß- und Meerwasser bei nur maximal 160 ng/L, während eine erhebliche Anreicherung in Sedimenten (bis zu 2,74 mg/kg TG) und Biota (bis zu 1,2 mg/kg TG bei Austern, 1,3 mg/kg TG bei Fischen sowie von bis zu 7,7 mg/kg FG bzw. 4,8 mg/kg FG in der Leber von Fischen und fischfressenden Säugern) ermittelt wurde. Gemäß einem aktuellen OSPAR-Dokument (OSPAR 2005) erfüllt PFOS zwar die PBT-Kriterien, doch liegen für eine Risikobewertung im marinen Bereich zu wenige Effektdaten vor. Mittlerweile konnte für die Ostsee eine relevante Belastung in Konsumfisch und ein Transfer auf den Menschen nachgewiesen werden (Falandysz et al. 2006). Ob Antifoulingbeschichtungen auf Teflonbasis weiterhin als umweltfreundliche Alternative eingestuft werden können, bleibt zweifelhaft.

Stabilisatoren (Katalysatoren) und andere Additive

Viele Polymere und somit auch Beschichtungen werden gegen mikrobiellen Abbau durch entsprechende biozide Additive ausgerüstet (Paulus, 1987). In Antifoulingbeschichtungen wie Silikonen finden sich Organozinnverbindungen als Katalysatoren, die im Überschuss ebenfalls eine antimikrobielle Wirkung entfalten (Watermann et al. 2005).

Ebenso befinden sich in erodierenden biozidhaltigen wie biozidfreien Beschichtungen und in Korrosionsschutzbeschichtungen Weichmacher wie Nonylphenol und Bisphenol A. Beide Stoffe besitzen endokrine Wirkung und können keineswegs als unbedenkliche Substanzen eingestuft werden.

Lösungsmittel

Organische Lösungsmittel (auch VOC = Volatile Organic Compound) bzw. Verdünner werden in Beschichtungsprodukten, d.h. auch in Antifoulings im großen Umfang eingesetzt. Sie dienen zum einen dazu, den Beschichtungsstoff in einen verarbeitungsfähigen Zustand zu bringen, zum anderen zur Reinigung von Werkzeugen und Geräten wie Spritzdüsen und Schläuchen.

VOCs haben vielfältige öko- und humantoxikologische Auswirkungen. Einerseits tragen sie zur Bildung von Sommersmog bei und außerdem verursachen die VOCs Schleimhautreizungen von Augen, Nase und Rachen, sie haben Wirkungen auf das Nervensystem, allergiesierende, kanzerogene, mutagene oder reproduktionstoxische Eigenschaften.

Die Verarbeitung von organischen Lösungsmitteln wird deshalb gesetzlich eingeschränkt. Schiffswerften müssen auf Grund der 31. Bundesimmissionsschutzverordnung (31.BImSchV) die Freisetzung von VOCs reduzieren. Wegen den speziellen Bedingungen auf Schiffswerften sind diese zurzeit allerdings nur verpflichtet die VOC-Emissionen nach dem Stand der Technik zu reduzieren.

Die Möglichkeiten der Reduzierung des Lösungsmittelgehaltes in Antifouling-Produkten sind zu einem die Erhöhung des Feststoffgehaltes (High-Solid-Produkt) und zu anderem wasserbasierende Produkte. Im Sportbootbereich werden einige wenige Antifoulings auf Wasserbasis angeboten, für die Berufschifffahrt gibt es keine wasserbasierenden Produkte.

Perspektiven

Wie die Ausführungen zeigen, ist es keineswegs einfach und eindeutig, welche Stoffe und somit welche Produkte im Antifoulingbereich als umweltfreundlich und im Sinne einer nachhaltigen Chemiepolitik als positiv beurteilt werden können. Im Sinne einer vorsorglichen Auswahl von Stoffen und Komponenten für ein neues Produkt sollten nur solche eingesetzt werden, über deren Eigenschaften Datensätze vorliegen, wie sie von REACH gefordert werden. Nur so könnten hohe ökonomische Verluste durch die Verwendung von Stoffen, die später vom Markt genommen werden müssen vermieden werden.

Durch die Einführung eines Ökolabels für biozidfreie Antifoulingprodukte, würde Deutschland einen großen Schritt in Richtung einer Entwicklung von Prüfkriterien unternehmen und Anreize für die Vermarktung und den Gebrauch umweltfreundlicher Antifoulingprodukte schaffen, statt ausschließlich den Einsatz von Bioziden zu überwachen (Watermann et al. 2004).

Ende 2002 wurde der „Blaue Engel“ für ein umweltbewusstes Management von Schiffen geschaffen. Es beinhaltet u.a. folgende Aspekte: Begrenzung der Luft-Emissionen durch Abgase, Abfallmanagement und den Einsatz von Antifouling*farben*. Doch dürfte die Entwicklung einer geprüften umweltfreundlichen Formulierung im Moment noch sehr schwierig sein, da verlässliche Daten zur Auswahl geeigneter Stoffe, Verbindungen und Komponenten bisher nicht existieren. Hierzu könnten REACH und ein Ökolable eine hilfreiche Einrichtung sein, die auf den ersten Blick teurer ist, aber langfristig Kosten für den Hersteller und die Allgemeinheit sparen.

Literatur

Ash, M & Ash I (2003a): Handbook of Solvents, Synapse, NY, 750 pp

Ash, M & Ash I (2003b): Handbook of Paint and coating Raw Materials, Synapse, Vol I and II NY, 2000 pp

Ash, M & Ash I (2003c): Handbook of Preservatives, Synapse, NY, 850 pp

Falandysz, J., Taniyasu, S., Gulkowska, A., Yamashita, N., Schulte-Oehlmann, U. (2006): Is fish a major source of fluorinated surfactants and repellents in humans living on the Baltic coast? Environ. Sci. Technol. 40, 748-751.

Isensee, J., Watermann, B., Berger, H.-D. (1994): Emissions of antifouling-biocides into the North Sea – an estimation. German J. Hydrograph. 46, 4, 355-365.

OJ L 123, 24.4.98, Directive 98/8/EC of the European Parliament and of the Council of 16 February 1998 concerning the placing of biocidal products on the market, 63 pp

Paulus, W. (1987): Developments in microbiocides for the protection of materials. In: Houghton, D.R., Smith, R.N., Eggins, H.O.W. (Eds), Biodeterioration, 7, 1-19.

Truby, K., Wood, C. Stein, J., Cella, J., Carpenter, Kavanagh, C., Swain, G., Wiebe, D., Lapota, D., Meyer, A., Holm, E. Wendt, D., smith, C., Montemarano, J. (2000): Evaluation of the performance enhancement of silicone biofouling-release coatings by oil incorporation. Biofouling 15 (1-3), 141-150.

Watermann, B., Berger, H-D., Sönnichsen, H., Willemsen, P. (1997): Performance and effectiveness of non-stick coatings in seawater. Biofouling 11 (2), 101-118.

Watermann, B., Weaver, L., Hass, K. (2005): Feasibility study of new eco labels according to DIN EN ISO 14024 for new products. Part 3: biocide free antifouling products. Texte 48/2004, UBA, *www.uba.de*

Watermann, B.T., Daehne, B., Sievers, S., Dannenberg, R., Overbeke, J.C., Klijnstra, J., Heemkne, O. (2005): Bioassays and selected chemical analysis of biocide-free antifouling coatings. Chemosphere, 60, 1530-1541.

Produktoptimierung – Beiträge der Kraftstoffadditive zur nachhaltigen Mobilität

Erich Fehr

Nachhaltigkeit ist ein Begriff in der Umweltdebatte, der häufig verwendet und oft missverstanden wird. Auch der Begriff „Nachhaltige Mobilität" unterliegt der Gefahr der Missinterpretation. Der Europäische Automobil Industrie Bericht von 2005 (ACEA 2005) enthält eine Definition, die nachvollziehbar ist:

Nachhaltige Mobilität ist die Voraussetzung zur Befriedigung der folgenden gesellschaftlichen Bedürfnisse:

- Bewegungsfreiheit
- freier Zugang
- offene Kommunikation
- freier Handel und
- Kontaktaufbau,

ohne dass grundlegende menschliche und ökologische Werte auf Dauer geopfert werden.

Dazu sieht sich die Automobilindustrie nicht allein in der Pflicht. Die Fahrzeugtechnologie ist nur einer der Faktoren, welche die Nachhaltigkeit von Straßenfahrzeugen beeinflussen. Weitere Faktoren werden in der Kraftstoffqualität, der Infrastruktur der Verkehrswege und dem Fahrverhalten gesehen. Auf die Einflussmöglichkeiten über die Kraftstoffadditivierung zur nachhaltigen Mobilität beizutragen, soll in diesem Beitrag eingegangen werden.

In der World Wide Fuel Charter (WWFC 2005) haben die weltweit tätigen Automobilhersteller ihre Vorstellungen zu geeigneten Kraftstoffen mit vier Qualitätsstufen spezifiziert. Das Ziel dieser Aktivitäten ist, eine weltweite Kraftstoffharmonisierung zu erhalten und allgemein gültige, weltweite Empfehlungen für Qualitätskraftstoffe zu entwickeln. Dabei sollen insbesondere Kundenbedürfnisse und Anforderungen, die durch die Abgastechnologie der Fahrzeuge bedingt sind, berücksichtigt werden. Davon sollen die Kunden der Automobilindustrie und die anderen involvierten Parteien profitieren. Moderne Motoren haben im Vergleich zu früheren Modellen mit entsprechendem Hubraum eine höhere Leistung, ermöglichen eine höhere Fahrgeschwindigkeit, führen zu weniger Abgasemissionen und haben geringere Wartungsintervalle. Die Leistungsfähigkeit moderner Motoren wird durch ein hohes Maß an Computerisierung unterstützt. Solche Motoren können nur mit optimierten Kraftstoffen während ihrer gesamten Laufzeit kostengünstig und umweltgerecht betrieben werden. Die Mineralölindustrie stellt ihrerseits durch optimierte Produktionsverfahren in den Raffinerien sicher, dass die Kraftstoffe den aktuellen Mindestanforderungen, wie z.B. den Europanormen für Otto- und Dieselkraftstoffe, entsprechen.

Abbildung 1: Ablagerungen im Einlasssystem eines Ottomotors

Umgangssprachlich wird für Ottokraftstoff Benzin und für Dieselkraftstoff Diesel verwendet. Im weiteren Beitrag werden die beiden Kraftstoffsorten daher mit Benzin und Diesel bezeichnet.

Abbildung 2: Effekt von Keropur® Benzin-Additiven

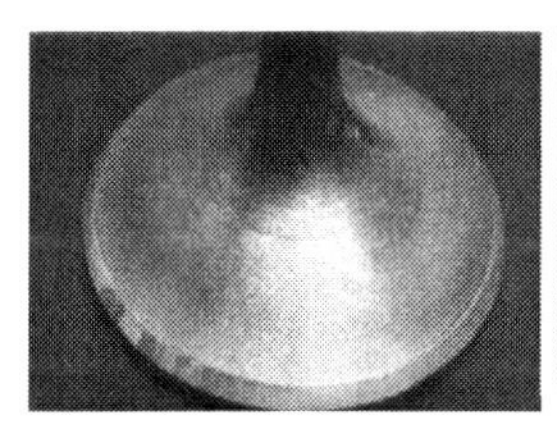

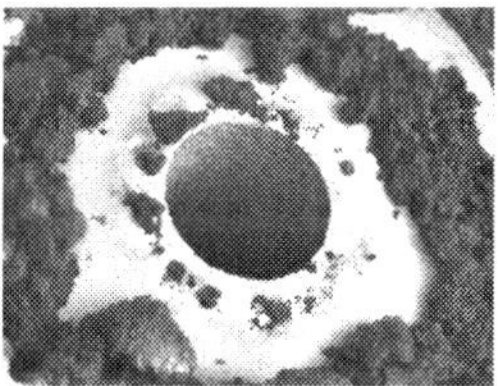

Kraftstoffe aus der Raffinerieproduktion müssen den jeweiligen Normen entsprechen, können sich aber in ihrer Qualität deutlich unterscheiden. Auch der Einsatz von Benzin guter Qualität kann im Motor zu Ablagerungen führen (Abb. 1). Solche Ablagerungen sind die Ursache für den Anstieg der Abgasemissionen sowie des Kraftstoffverbrauches und haben einen negativen Einfluss auf die Fahrbarkeit. Qualitätsbenzine enthalten Additive, die Ablagerungen deutlich reduzieren bzw. verhindern, wobei das Einlasssystem des Motors mit einem Film vor Ablagerungen geschützt wird (Abb. 2). Darüber hinaus können die Emissionen und der Benzinverbrauch reduziert werden (Abb. 3).

Beim Diesel gelten vergleichbare Kriterien. Auch der Einsatz von Diesel guter Qualität kann zu Ablagerungen im Hochdrucksystem (Common Rail) und in den Einspritzdüsen moderner Motoren führen. Der Systemdruck beträgt zur Zeit ca. 1.600 bar und soll in Zukunft noch weiter gesteigert werden. Nur saubere Düsen gewährleisten maximale Leistung, niedrigen Verbrauch und geringe Emissionen. Qualitätsdiesel enthält Additive, die Ablagerungen deutlich reduzieren bzw. verhindern (Abb. 4).

Abbildung 3: Reduzierung von Emissionen und Benzinverbrauch beim Einsatz von BASF Benzin-Additiven

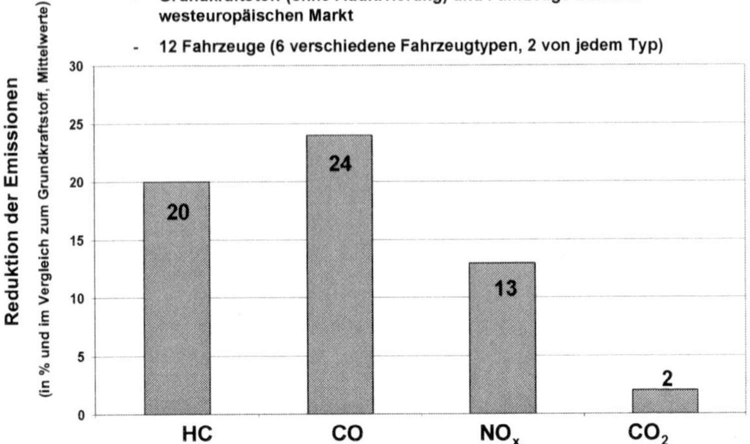

Abbildung 4: Auswirkungen der Ablagerungen in der Diesel-Einspritzdüse

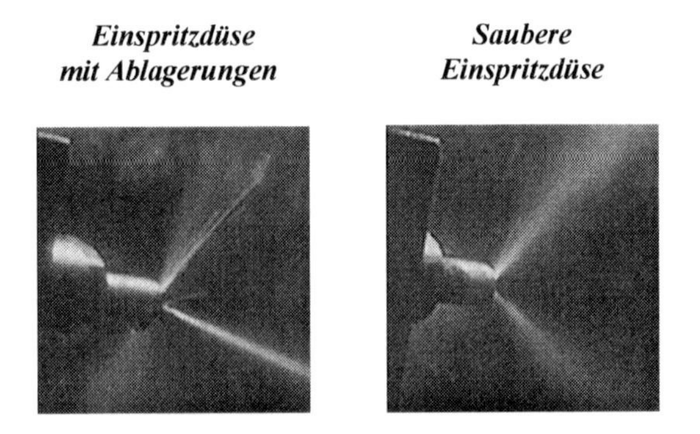

Die Tröpfchengröße und das Abspritzbild sind entscheidend

Die Additive bestehen im Wesentlichen aus Detergentien, die auf Polyisobuten aufgebaut sind. Das sind das PIBA (Polyisobutenmonoamin) in den BASF Keropur® Benzin-Additiven und das PIBSI (Polyisobutensuccinimid) in den BASF Keropur® Diesel-Additiven (Abb. 5 und 6). Anhand dieser Detergentien soll die Produktoptimierung in der BASF aufgezeigt werden. Die Ursprünge der Polyisobuten-Chemie finden sich in der Historie der IG Farben. Mit der Weiterentwicklung von hochreaktivem Polyisobuten (HR PIB) im Jahr 1979 wurde der Grundstein für eine neue halogenfreie hocheffektive Chemie von Detergentien gelegt. Mit dem PIBA der BASF lassen sich die vier Benzinqualitäten der WWFC problemlos, leistungs- und umweltgerecht einstellen. Auch das Kraftstoffeinlasssystem moderner Benzin-Direkt-Einspritzer (BDE), wie das des Volkswagen FSI Motors, wird über die gesamte Laufzeit in einem optimalen Zustand gehalten.

Abb. 5: Keropur® Benzin-Additive von BASF

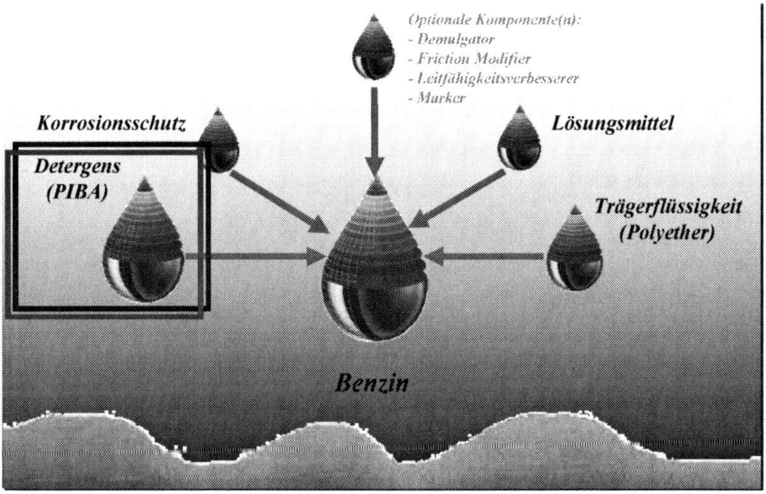

Optionale Komponente(n):
- Demulgator
- Friction Modifier
- Leitfähigkeitsverbesserer
- Marker

Korrosionsschutz
Lösungsmittel
Detergens (PIBA)
Trägerflüssigkeit (Polyether)
Benzin

Das über thermische Maleinierung von BASF hergestellte halogenfreie PIBSI führt in modernen Dieselmotoren zu sauberen Kraftstoffeinlasssystemen (Abb. 7). Auch neue Einspritzdüsen mit höherer Lochzahl und geringerem Querschnitt der Kraftstoffkanäle als heute gebräuchlich bleiben sauber. Mit dem PIBSI der BASF lassen sich die vier Dieselqualitäten der WWFC problemlos, leistungs- und umweltgerecht einstellen.

Abb. 6: Keropur® DP: Diesel-Additive von BASF

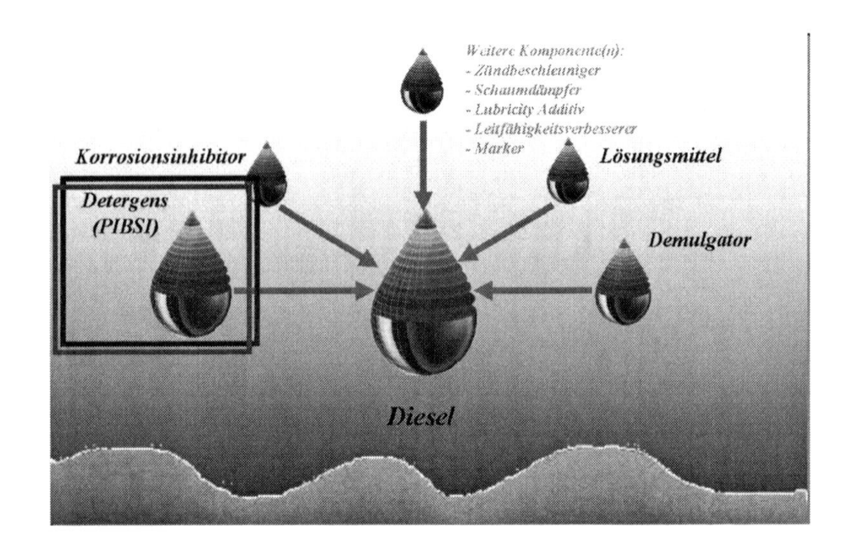

Abb. 7: Herstellung von PIBSI und PIBA (Schema)

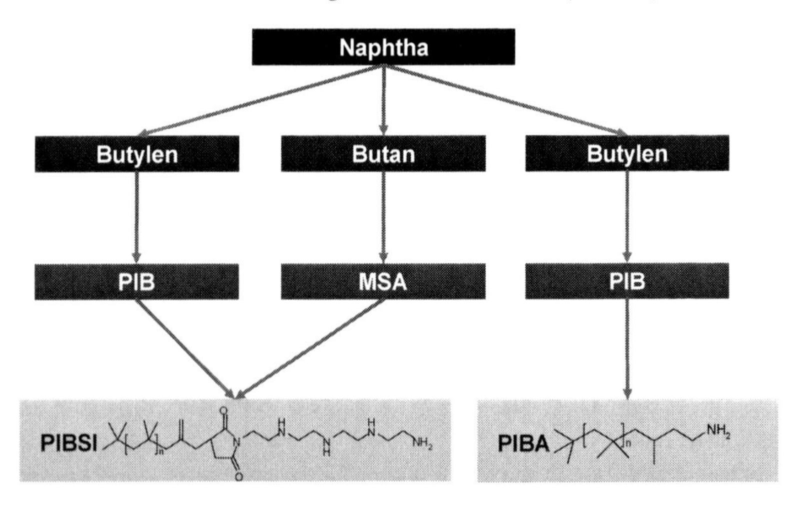

Die Ökoeffizienzanalyse, ein von der BASF entwickeltes Werkzeug, zeigt, dass additiviertes Benzin im Vergleich zum nicht additivierten sowohl Kostenvorteile als auch verminderte Umweltbelastung ermöglicht. Der Vergleich aus Verbrauchersicht von unadditiviertem Kraftstoff mit einem, der ein BASF High Performance Additive enthält, zeigt bei einer betrachteten Fahrleistung von 200.000 km einen Kraftstoffverbrauch (unadditiviert) von 8.7 l je 100 km und eine 2%ige Kraftstoffersparnis durch den Einsatz von additiviertem Kraftstoff (Abb. 8).

Abb. 8: Ökoeffizienz Portfolio –
Additivierter vs. Unadditivierter Kraftstoff – Europa

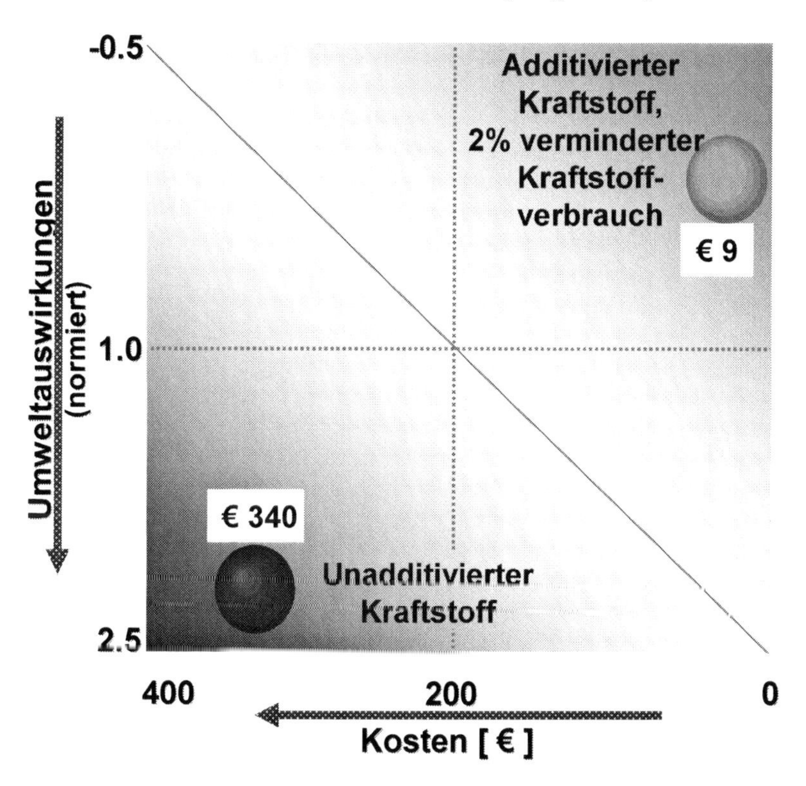

Die Optimierung der bekannten Detergentien PIBA und PIBSI durch BASF ist Grundlage zur Additivierung von Kraftstoffen, um Benzin und Diesel als Qualitätsprodukte in modernen Motoren einsetzen zu können.

Damit kann eine Forderung der Automobilindustrie nach optimaler Kraftstoffqualität, um eine nachhaltige Mobilität gewährleisten zu können, erfüllt werden.

Literatur

ACEA (2005): http://www.acea.be/ASB20/axidownloads20s.nsf/Category2ACEA/0ED967FB0DA32BECC125704B0035F273/$File/Industry-Report05.pdf; S. 14; Stand September 2006

WWFC (2005): http://www.acea.be/ASB20/axidownloads20s.nsf/Category2ACEA/B7B4BCA0F61EDD74C1257066004594FC/$File/wwfc.pdf; Stand September 2006

Chemikalien-Leasing im Bereich der Entlackung

Beyer Umwelt + Kommunikation

Walter Beyer

1 Allgemeines

Die Entfernung von organischen Belägen von Eisen-, Aluminium-, Kunststoff- und Holzteilen ist insbesondere im Bereich von Unternehmen die beschichten, aber auch bei Lackproduzenten erforderlich. Je nach Material und Geometrie des Untergrundes und der Beschichtung – Lack – können verschiedene „Entlackungsverfahren“ eingesetzt werden.

Bis Ende 1990 erfolgte die Entlackung fast ausschließlich im Unternehmen das auch die Beschichtung durchführte. Erst seit 1989 gibt es eine Entlackungsmöglichkeit auch in Österreich.

Von den Anwendern wurden die Entlackungsmittel so gut wie möglich – nach Vorgaben der Lieferanten – eingesetzt. Eine Optimierung des Prozesses und der Zusammensetzung des Entlackers war aufgrund des fehlenden Know how für die Anwender selbst nicht möglich. Von Seiten der Lieferanten bestand das Interesse so viel wie möglich zu verkaufen.

Die Tiefenbacher GmbH ist ein chemisch technisches Unternehmen, das für seine Kunden organische Beschichtungen – insbesondere Lacksysteme – von Metall-, Kunststoff und Holzoberflächen entfernt. Dazu werden mechanische, thermische und chemische Verfahren eingesetzt.

Das Unternehmen wurde 1989 gegründet und wurde 1996, bereits am Standort in Leonding, nach EMAS – damals als 17. Unternehmen und kleinster Betrieb in Österreich – zertifiziert. Am neuen Standort in Ennsdorf wurde ein integriertes Managementsystem aufgebaut und im

Dezember 2001 nach ISO 14.001 zertifiziert und zuletzt im März 2004 revalidiert.

Vor der Gründung der Tiefenbacher GmbH waren Unternehmen gezwungen, notwendige Entlackungen in eigenen, oft unzureichend ausgestatteten, Anlagen selbst durchzuführen. Zu einer wesentlichen Entlastung der Umwelt kam es durch die Schließung von solchen Kleinstentlackungen und die Vergabe dieser Arbeiten an die Fachfirma Tiefenbacher.

Seit Gründung des Unternehmens wurden zahlreiche neue Technologien zur Entfernung organischer Beschichtungen eingeführt und auch weiterentwickelt. Dadurch wurde der Beratungsaufwand für die Kunden immer wichtiger.

Bei Lohnbeschichtungsbetrieben bzw. Betrieben, die für die Lackierung der Teile auf eine aufwendige Gestelltechnik angewiesen sind (z.B. Beschlägeerzeuger mit Millionen von Kleinteilen pro Jahr) ist eine Entlackung im eigenen Unternehmen unumgänglich. Eine professionelle interne Badpflege mit Kreislaufführung ist jedoch üblicherweise nicht möglich

Da die Firma Tiefenbacher GmbH für Firmen Entlackungen durchführt aber auch Entlackungsmittel liefert, wurden erste Gespräche mit Kunden über neue Organisationsformen („Chemikalien-Leasing") geführt

Die Weiterentwicklung und Optimierung der Entlackungstechnologien bei der Fa. Tiefenbacher ergab unter anderem, dass die organischen Lösemittelgemische durch Pflege- und Aufbereitungsmaßnahmen wieder in den Prozess zurückgeleitet werden können. Die dabei anfallenden Reststoffe sind ungefährliche Abfälle, die einer thermischen Verwertung zugeführt werden können.

Auf Basis der bisherigen Erfahrungen soll die bereits erprobte Kreislaufführung des organischen Lösemittels erweitert und Kunden der Fa. Tiefenbacher mit einbezogen werde.

Am Beispiel eines Kunden, einem Möbelbeschläge-Herstellers, wurde die Realisierbarkeit des Konzepts „Chemikalien-Leasing" in der Praxis erprobt.

2 *Teilnehmende Unternehmen*

Im Weiteren werden die beiden Firmen, die das Konzept eines Chemikalien-Leasings umsetzen, vorgestellt.

2.1 *Anwender*

Firmenprofil

Branche	Metallverarbeitung
Produktionsgegenstand	Erzeugung von Möbelbeschlägen
Abfallbesitzernummer	222718

Ausgangssituation

Die für Manipulation der Beschläge erforderlichen Spezialgehänge werden intern entlackt. Dafür wird ein organisches Lösemittelgemisch eingesetzt.

In den letzten Jahren erfolgten Umstellungen und letztendlich die Inbetriebnahme einer von der Fa. Tiefenbacher GmbH geplanten Entlackungsanlage inkl. Absaugung und Badpflege.

Trotz der integrierten Badpflege müssen die Entlackungsbäder regelmäßig ausgetauscht werden. Die Entlackungsbäder und die abgetrennten Lackreste (Filterkuchen mit hohem Lösemittelanteil) müssen dabei als gefährliche Abfälle entsorgt werden.

Ein Teil der Lösemittel wird durch die erforderliche Nachreinigung der Gehänge ins Wasser verschleppt. Das Abwasser wird einer innerbetrieblichen Abwasserreinigung zugeführt.

Eine externe Entlackung ist nicht möglich, da pro Tag bis zu 8.000 Gehänge entlackt werden müssen und für diesen Fall ein Vielfaches an Gehängen erforderlich wäre und zusätzlich die Transportleistung deutlich steigen würde.

Der Anwender ist ein Ökoprofit ausgezeichnetes Unternehmen und verfasst jährliche Umweltberichte. Das bestehende System ist als Umweltmanagementsystem zu betrachten.

Zielsetzung

Da eine externe Entlackung aus organisatorischen und ökonomischen Gründen nicht möglich ist, soll durch die Realisierung eines „Chemikalien-Leasings" das Know how des Entlackers in das Unternehmen integriert werden. Eine externe Entlackung würde auch zu einer insgesamt höheren Umweltbelastung durch den Transport sowie höheren Ressourcenverbrauch durch den Bedarf an zusätzlichen Gehängen führen.

Beim „Chemikalien-Leasing" wird nicht mehr ein Produkt gekauft. Vielmehr soll das Stoffstrom-Management also eine Dienstleistung vom Anbieter, übernommen werden.

So wie bei einer externen Entlackung wird auch beim „Chemikalien-Leasing" die Dienstleistung der „Entlackung" in Anspruch genommen. Das dafür erforderliche Chemikalienmanagement wird an den Entlacker und Lieferanten des Lösemittels ausgegliedert.

Durch Realisierung dieses Modells soll die Nutzungsdauer des Lösemittelgemisches verlängert, gefährliche Abfälle vermieden und der Einsatz von Primär-Lösemitteln reduziert werden.

2.2 Firma Tiefenbacher

Firmenprofil

Firma	Tiefenbacher GmbH
Anschrift	4482 Ennsdorf, Industriepark Straße 3
E-Mail	office@tibagmbh.at
Brache/Fachverband	Chemisches Gewerbe
Gegenstand der Betriebsanlage	Entlacker, Entlackung v. Metall-, Kunststoff und Holzoberflächen

Ausgangssituation

Die Tiefenbacher GmbH ist ein chemisch-technisches Unternehmen, das für seine Kunden Metall-, Kunststoff und Holzoberflächen entlackt. Dazu werden mechanische, thermische und chemische Verfahren eingesetzt. Die Tiefenbacher GmbH ist nach ISO 14.001 zertifiziert.

Das für die Entlackung benötigte Lösemittelgemisch wird von der Fa Tiefenbacher GmbH selbst gemischt. Durch Optimierung der Abläufe und Verbesserung des Lösemittelgemisches durch integrierte Badpflegemaßnahmen und Lösemittelaufbereitung konnte der Primäreinsatz um rund 50 % reduziert werden.

Die Zusammensetzung des Lösemittelgemisches wurde ebenfalls weiterentwickelt und für den Einsatz als Entlackungsmittel optimiert.

Ein zusätzlicher Effekt der internen Aufbereitung ist, dass keine gefährlichen Abfälle anfallen und die Masse an Abfällen auch wesentlich verringert (≤ 50 %) wurde.

Neben der Entlackung werden bereits jetzt Unternehmen mit Lösemittelgemischen für die Entlackung beliefert.

Zielsetzung

Gespräche mit Kunden haben ergeben, dass das Interesse zur Inanspruchnahme der Entlackungsdienstleistung vor Ort groß ist, da kaum ein Unternehmen die finanziellen und personellen Ressourcen zur Optimierung einer eigenen Entlackung hat.

Die wesentlichen Gründe dafür sind, dass dadurch eine professionelle Betreuung des Lösemittels und durch die begleitenden Maßnahmen eine Verringerung des Verbrauchs an frischer Lösemitteln erreicht wird und die anfallenden Outputströme nicht mehr entsorgt werden müssen.

Da die Auslagerung der Entlackung oft aus organisatorischen Gründen nicht möglich ist, wäre das „Chemikalien-Leasing“ ein geeignetes Modell, ökologische und ökonomische Ziele zu verknüpfen.

3 Ausgangssituation

3.1 Bestehende Situation

Für die Entlackung der Gehänge stehen zwei Entlackungsbecken zur Verfügung. Die Becken sind mit einem Deckel versehen. Beim Öffnen wird automatisch eine Absaugung eingeschaltet.

Abluftmessungen haben gezeigt, dass die Emissionen in die Luft vernachlässigbar sind. Teil der Anlagen sind auch integrierte – fix verrohrte – Kammerfilterpressen.

Die Anlage wurde von der Fa. Tiefenbacher geplant.

Derzeit fallen regelmäßig gebrauchte Lösemittel und Filterkuchen aus der Kammerfilterpresse an.

Die Entlackungszeiten sind sehr kurz, da die Gehänge nach jedem Durchgang entlackt werden.

Der Anwender hat bereits im vergangenen Jahr das Lösemittelgemisch für ein Entlackungsbad bei der Fa. Tiefenbacher bezogen. Der vollständige Umstieg auf den Entlacker der Fa. Tiefenbacher erfolgte 2005.

3.2 Erste Ansätze

Auf Grund der guten Erfahrungen mit der Entlackung bei der Fa. Tiefenbacher begannen Gespräche über die Realisierung des Modells „Chemikalien-Leasing“.

Da die Auslagerung der Entlackung der Gehänge (Entlackung bei der Fa. Tiefenbacher) nicht möglich ist, wurden Organisationsmodelle im Sinne des Chemikalien-Leasings besprochen. Als Schnittstellen bzw. Eckpunkte wurde festgehalten:

- Das Stoffstrommanagement wird vollständig von der Fa. Tiefenbacher wahrgenommen.
- Für die Bedienung und Wartung der Anlage, Badpflege sowie Manipulation wird Personal des Anwenders beigestellt, das entsprechend der Vorgaben der Fa. Tiefenbacher arbeitet.
- Der Anwender definiert die Vorgaben für die Entlackungsleistung (Entlackungszeit bei definierten Bedingungen).
- Es dürfen keine Stoffströme in jenen von der Fa. Tiefenbacher betreuten eingebracht werden.

Entsprechend der Definitionen in „Chemikalien-Leasing, ein intelligentes und integriertes Geschäftsmodell als Perspektive zur nachhaltigen Entwicklung in der Stoffwirtschaft“ ist eine weitestgehende Integration angestrebt. Auf jeden Fall wird nicht mehr ein Produkt/Chemikalie sondern eine Dienstleistung nachgefragt. Es wird daher künftig auch kein Eigentumsübergang beim Lösemittelgemisch erfolgen.

Ein wesentlicher Vorteil des Chemikalien-Leasings ist, dass durch Nachfrage der Dienstleistung „Entlackung“, die Erfahrungen der Fa. Tiefenbacher bei der Entlackung bzw. mit dem Entlackungsmittel unmittelbar genutzt werden können. Bei diesem Modell ist auch sichergestellt, dass Entwicklungen und Optimierungen der Technologie und der Lösemittel auch vor Ort umgesetzt werden.

Seitens des Anwenders werden Lager für die Input- und Outputströme, die Entlackungsbecken und Filterpressen zur Verfügung gestellt und gewartet. Der Genehmigungskonsens betreffend die Entlackungsanlage wird der Fa. Tiefenbacher bekannt gegeben.

Andere Organisationsformen eines Chemikalien-Leasings sind nicht zweckmäßig, da das Know how der Fa. Tiefenbacher zu schützen ist.

Zu berücksichtigen ist auch, dass der Lösemitteldurchsatz und die Größe der Entlackungsbecken weitere limitierende Faktoren für Organisationsformen darstellen und einige Varianten ausschließen.

Um die Synergieeffekte am Standort der Fa. Tiefenbacher nutzen zu können ist der interne Stoffkreislauf um die externen Kreislaufe zu erweitern. Die Entlackung beim Anwender ist als „verlängerte Werkbank“ zu betrachten.

3.3 Ansätze und Problemfelder

Zweckmäßig für die Erarbeitung der Annsätze hat sich die eingehende Analyse der Rahmenbedingungen, der Erwartungshaltung und Zielsetzungen der Vertragspartner sowie die Definition der Problemfelder erwiesen.

Im Zusammenhang mit der Umsetzung des Chemikalien-Leasings im Bereich der Entlackung ergaben sich eine Reihe von Fragen, die im Vorfeld zu klären sind.

Im Wesentlichen kann man die Fragen in die folgenden Themenbereiche gliedern:

- Vertragsgestaltung
- Absicherungen
- Rechtsfragen (insbesondere Abfallrecht)

Im Weiteren sind die wichtigsten Aspekte zusammenfassend dargestellt.

3.3.1 Vertragsgestaltung

Im Wesentlichen sind folgende Bereiche einer Klärung und Regelung zuzuführen:

- Vorsorge des ordnungsgemäßen Einsatzes und der Pflege der Lösemittelbäder
- Vermeidung der Verunreinigung mit „Fremdstoffen“ (wie andere Flüssigkeiten oder Abfälle)
- Bewertung und Beurteilung des Verbrauchs durch Verschleppung von Lösemittel in Spülbäder
- Ausarbeitung von Verfahrens- und Arbeitsanweisungen, Schulung des Personals

3.3.2 Absicherungen

Da die Lösemittel im Eigentum der Fa. Tiefenbacher verbleiben ist die ordnungsgemäße Anwendung wesentlich. Daher ist eine Absicherung erforderlich für folgende Beispiele erforderlich

- Unfälle beim Leasingnehmer durch unsachgemäße Handhabung
- Vorfälle/Unfälle durch Einbringung von Fremdstoffen in das Lösemittelgemisch

3.3.3 Rechtsfragen

Die Rechtsfragen konzentrieren sich auf Fragen des Abfallrechts. Weitere rechtliche Fragen können im Zusammenhang mit der Vertragsgestaltung ergeben.

Da beim Chemikalien-Leasing nicht mehr nur Stoffe (insbesondere Hilfsstoffe wie z.B. Lösemittelgemische) geliefert werden, sondern das gesamte Stoffstrommanagement in der Verantwortung des Lieferanten liegt, ist in erster Linie zu klären wie die konkrete Ausgestaltung des Leasing-Modells abfallrechtlich zu beurteilen ist.

Das Abfallwirtschaftsgesetz 2002 (AWG 2002) bietet durchaus einen Gestaltungsspielraum, der jedoch mit den jeweils zuständigen Behörden abzustimmen ist. Das Problem dabei ist, dass das Geschäftsmodell

„Chemikalien-Leasing“ bisher nicht bekannt war und das AWG 2002 daher auch keine ausdrückliche Vorschriften oder Ausnahmen enthält.

So ist auch zu klären, wie die Forderung der Meldung der innerbetrieblich behandelten gefährlichen Abfälle (Abfallnachweisverordnung 2003) in diesem Fall zu interpretieren ist.

3.3.5 Analysen und Kontrollen

Beim Chemikalien-Leasing sind zur Absicherung der Vertragspartner Qualitätskriterien für das Lösemittelgemisch zu definieren. Zu prüfen ist, welche einfachen Analysenverfahren sich dafür eignen, die aber dennoch ausreichende Genauigkeit bieten. Bisher sind noch keine wirtschaftlich vertretbaren Lösungen gefunden worden.

4 Umsetzung

4.1 Chemikalien-Leasing und abfallrechtliche Aspekte

4.1.1 Ausgangssituation

Allen Modellen eines Chemikalien-Leasings gemeinsam ist, dass Hilfsstoffe (z.B. Lösemittel) nicht mehr verkauft, eingesetzt und entsorgt werden, sondern die diesem Produkt zugrunde liegende Leistung (Entlackungsleistung) nachgefragt wird.

Im konkreten Fall heißt dies, dass das Lösemittel im Eigentum des Lieferanten verbleibt, der auch dafür verantwortlich ist, dass die vereinbarten Leistungen (Entlackung z.B. innerhalb einer definierten Zeit) erbracht werden.

Ein Vorteil ist auch, dass der Leasinggeber – der bisherige Lieferant der Lösemittel – besser über Einsatz, Pflege etc. der Lösemittel Bescheid weiß als der Leasingnehmer.

Es werden also Dienstleistungsverträge und nicht Lieferverträge abgeschlossen. Ein wesentlicher Effekt dieser Modelle ist, dass nicht mehr ein Lösemittel geliefert wird, sondern eine Entlackungsleistung bereitgestellt wird.

Die bestehenden gesetzlichen Bestimmungen stellen immer auf das traditionelle Kauf-/Entsorgungsmodell ab, zumindest jedoch darauf, dass Stoffe genutzt und im Weiteren behandelt oder entsorgt werden.

Beim Modell des Chemikalien-Leasings sind die Rechtsgeschäfte und damit auch Verantwortungen vollständig neu verteilt. Es handelt sich um Dienstleistungsverträge, bei denen die Leistung des Lieferanten (Leasinggebers) durch das Lösemittel vor Ort erfolgt. Es handelt sich im Prinzip um ein Mehrwegsystem, da die bei der Entlackung entstehenden Fraktionen beim Leasinggeber aufbereitet und die Lösemittel wieder vor Ort eingesetzt werden.

Unbestritten bleibt, dass es sich bei den bei der Entlackung entstehenden Fraktionen dann um Abfall handelt, wenn sie nicht aufbereitet und damit nicht im Kreislauf gefahren werden können.

Auf Grund der Besonderheiten sind daher für diese neuen Modelle die Bestimmungen des AWG 2002 zu interpretieren.

4.1.2 Abfallrechtliche Bestimmungen

Im Weiteren werden die wesentlichen Bestimmungen für die Beurteilung der Frage, ob es sich um eine Abfallsammler- und Behandlertätigkeit handelt dargestellt.

> **§ 2.** (1) Abfälle im Sinne dieses Bundesgesetzes sind bewegliche Sachen, die unter die in Anhang 1 angeführten Gruppen fallen und
> 1. deren sich der Besitzer entledigen will oder entledigt hat oder
> 2. deren Sammlung, Lagerung, Beförderung und Behandlung als Abfall erforderlich ist, um die öffentlichen Interessen (§ 1 Abs. 3) nicht zu beeinträchtigen.
>
> (3) Eine geordnete Sammlung, Lagerung, Beförderung und Behandlung im Sinne dieses Bundesgesetzes ist jedenfalls solange nicht im öffentlichen Interesse (§ 1 Abs. 3) erforderlich, solange 1. eine Sache nach allgemeiner Verkehrsauffassung neu ist oder 2. sie in einer nach allgemeiner Verkehrsauffassung für sie bestimmungsgemäßen Verwendung steht.
>
> **§ 14.** (1) Soweit dies zur Erreichung der Ziele und Grundsätze der Abfallwirtschaft, insbesondere der Ziele gemäß § 9 zur Verringerung der Abfallmengen und Schadstoffgehalte und zur Förderung der Kreislaufwirtschaft erforderlich ist, wird der Bundesminister für Land- und Forstwirtschaft, Umwelt und Wasserwirtschaft ermächtigt, Maßnahmen gemäß Abs. 2 zur Wahrung der öffentlichen Interessen (§ 1)

§ 18. (1) Wer gefährliche Abfälle, ausgenommen Problemstoffe, einer anderen Rechtsperson (Übernehmer) übergibt oder sie in der Absicht, sie einer anderen Rechtsperson zu übergeben, zu diesem befördert oder befördern lässt, hat Art, Menge, Herkunft und Verbleib der gefährlichen Abfälle und seine Identifikationsnummer in einem Begleitschein zu deklarieren. Besondere Gefahren, die mit der Behandlung verbunden sein können, sind bekannt zu geben. Mit der Bestätigung der Übernahme der gefährlichen Abfälle durch den Übernehmer gehen die Behandlungspflichten auf den Übernehmer über. Dessen Ersatzansprüche an den Übergeber bleiben unberührt.

§ 19. (1) Während der Beförderung der gefährlichen Abfälle, ausgenommen Problemstoffe, sind ...
3. im Falle einer Beförderung von gefährlichen Abfällen von einem Standort eines Abfallbesitzers zu einem anderen Standort desselben Abfallbesitzers (interner Transport) Unterlagen, die Angaben zum Abfall (Beschreibung), Name und Anschrift mitzuführen und den Behörden, den Organen des öffentlichen Sicherheitsdienstes (§ 82) oder den Zollorganen (§ 83) auf Verlangen jederzeit vorzuweisen.

4.1.3 Wertung der abfallrechtlichen Rahmenbedingungen

Aus der Sicht des Abfallrechtes sind mehrere Varianten in Bezug auf ein Chemikalien-Leasing zu betrachten:

1. Die Tiefenbacher Ges.m.b.H. liefert einem Produktionsbetrieb Lösemittel. Nach Gebrauch werden diese wieder vom Produktionsbetrieb übernommen, im eigenen Betrieb wieder gereinigt, die gereinigten Lösemittel wieder zum Einsatz gebracht und die nicht verwendbaren Reste entsorgt.

Es stellt sich die Frage, ob die von der Tiefenbacher Ges.m.b.H. zurückgenommenen, gebrauchten Lösemittel Abfall sind oder nicht. Nach § 2 Abs 1 AWG 2002 sind Abfälle bewegliche Sachen, deren sich der Besitzer entledigen will oder entledigt hat oder deren Sammlung, Lagerung, Beförderung oder Behandlung als Abfall erforderlich ist, um die öffentlichen Interessen des § 1 Abs 3 AWG 2002 nicht zu beeinträchtigen.

Da bei dem Modell Chemikalien-Leasing keine Entledigungsabsicht besteht und das Lösemittel weiterhin in bestimmungsgemäßer Verwendung steht, ist das gebrauchte Lösemittel im Chemikalien-Leasing Kreislauf kein Abfall.

Wo die Grenze zwischen Abfall und Nicht-Abfall zu ziehen ist, ist fallbezogen mit Sachverständigen abzuklären. Als Faustformel ist jedenfalls anzuführen, dass je geringer die Verunreinigung des Lösemittels ist, umso mehr die Abfalleigenschaft zu verneinen ist.

2. Die Tiefenbacher Ges.m.b.H. betreibt die Entlackung vor Ort (im jeweiligen Produktionsbetrieb) und reinigt die Lösemittel in der eigenen Betriebsanlage. Die Lösemittel werden im eigenen Betrieb immer wieder gereinigt und die Reste entsorgt.

In Bezug auf den Fall, dass die Tiefenbacher Ges.m.b.H. selbst die Entlackung vor Ort mit eigenen Chemikalien betreibt und die Lösemittel in der Folge in der eigenen Betriebsanlage gereinigt werden, wird vorerst die Antwort zur Frage, ob sich die Lösemittel noch in bestimmungsgemäßer Verwendung befinden, auf dass unter 1. ausgeführte verwiesen.

Selbst wenn man jedoch davon ausgeht, dass die Lösemittel einen Grad der Verunreinigung erreicht haben, der den Schluss nahe legt, dass die Lösemittel nicht mehr in bestimmungsgemäßer Verwendung stehen, wäre die Abfalleigenschaft des Lösemittels aus folgenden Grund trotzdem zu verneinen. Die Erläuterungen zur Regierungsvorlage 984 Beilagen Nationalrat 22. GP, S 86 führen zum Abfallbegriff beispielsweise aus, dass Chemikalien, die innerbetrieblich rückgewonnen und wieder im selben Produktionsbetrieb stofflich eingesetzt werden (z.B. Lösemittel), keine Abfälle sind. Problematisch ist aber, dass die Ausführungen in den Erläuterungen zur Regierungsvorlage im Gesetzestext keinen Niederschlag finden und deswegen vereinzelt derartige innerbetriebliche Aufbereitungsschritte dem Abfallrecht unterstellt werden.

Selbst wenn die Behörde die hier überlegte zweite Variante (innerbetrieblicher Anfall von Lösemittel bei der Tiefenbacher Ges.m.b.H.) dem Abfallregime unterstellen sollte, hätte diese Variante den großen Vorteil, dass ein begleitscheinpflichtiger Vorgang zwischen dem Produktionsbetrieb und der Tiefenbacher Ges.m.b.H. nicht stattfindet, die Tiefenbacher Ges.m.b.H. lediglich eine Meldepflicht nach § 8 Abfallnachweisverordnung trifft, die Beförderung der Abfälle nur im Sinne des § 19 Abs 1 Z 3 AWG 2002 durchzuführen ist und – was besonders wesentlich ist – die Tiefenbacher Ges.m.b.H. keine anlagenrechtliche Genehmigung gemäß § 37 Abs 2 Z 3 AWG 2002 benötigen würde, da die Anlage ausschließlich im eignen Betrieb anfallende Abfälle stofflich verwerten würde. Die Anlage muss lediglich über eine gewerberechtliche Genehmigung verfügen.

Zusammenfassend ist festzuhalten, dass entsprechend den Zielen und Modellen des Chemikalien-Leasings[1] und unter Voraussetzung einer dem entsprechenden vertraglichen Vereinbarung, die beim Kunden (Leasing-Nehmer) entstehenden gebrauchten Lösemittel und Filterkuchen ohne abfallrechtlicher Genehmigung in der eigenen Anlage aufbereitet werden können. Die Aufbereitung erfolgt jedenfalls in einer genehmigten Betriebsanlage.

4.2 Bilanzierung der Stoffströme und Umweltauswirkungen

Da die Entlackungsanlage des Anwenders in den letzten Jahren laufend weiter entwickelt wurde und erst im vergangenen Jahr ein Entlackungsbad auf den Entlacker der Fa. Tiefenbacher umgestellt wurde, mussten die vorhandenen Daten auf ein Jahr für beide Bäder hochgerechnet werden.

Die Daten an sich, aber auch die Struktur erscheinen plausibel, da sie mit den Erfahrungen der Fa. Tiefenbacher korrelieren. Der Übersichtlichkeit wegen basieren die Grafiken auf dem Lösemittelstrom.

Aus der nachstehenden Grafik (Abb. 1) kann abgelesen werden, dass rd. 29 % des Lösemittels ins Abwasser (das einer internen Abwasserreinigung zugeführt wird) verschleppt wird. Die restlichen rd 71 % des Lösemittels sind im gebrauchten Lösemittel bzw. im Filterkuchen und wurden bisher als gefährlicher Abfall entsorgt.

Ausgehend von der gelieferten Lösemittelmasse fallen trotz der Verschleppung von rd. 29 % der Lösemittel insgesamt ca. 104 % gefährliche Abfälle an. Bisher fielen also mehr Abfälle an, als Lösemittel eingesetzt wurde, da der Pulverlack sich im Abfall wieder findet. Nicht berücksichtigt wurde die Masse an Filterkuchen aus der innerbetrieblichen Abwasserreinigung. Nach Umsetzung des Chemikalien-Leasings stellt sich die Lösemittelbilanz wie folgt dar (Abb. 2)

[1] Siehe dazu: Jakl, Joas, Nolte, Schott, Windsperger: Chemikalien-Leasing, Ein intelligentes und integriertes Geschäftsmodell als Perspektive zur nachhaltigen Entwicklung in der Stoffwirtschaft, Wien 2003.

Abb. 1: Lösemittelstrom – Ist-Situation

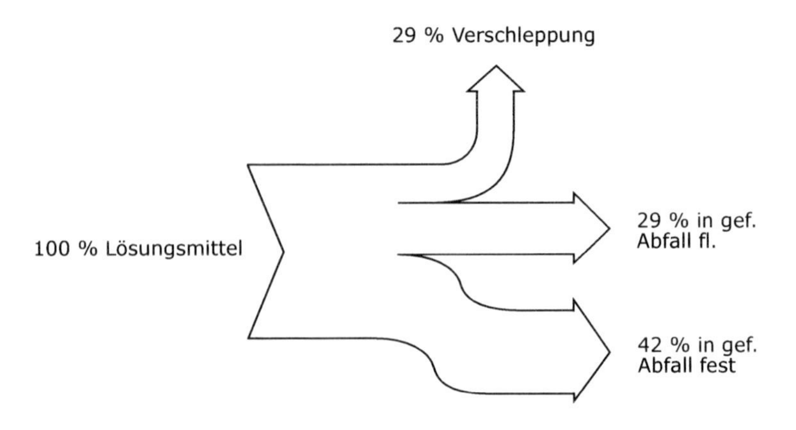

Abb. 2: Lösemittelstrom beim Chemikalien-Leasing

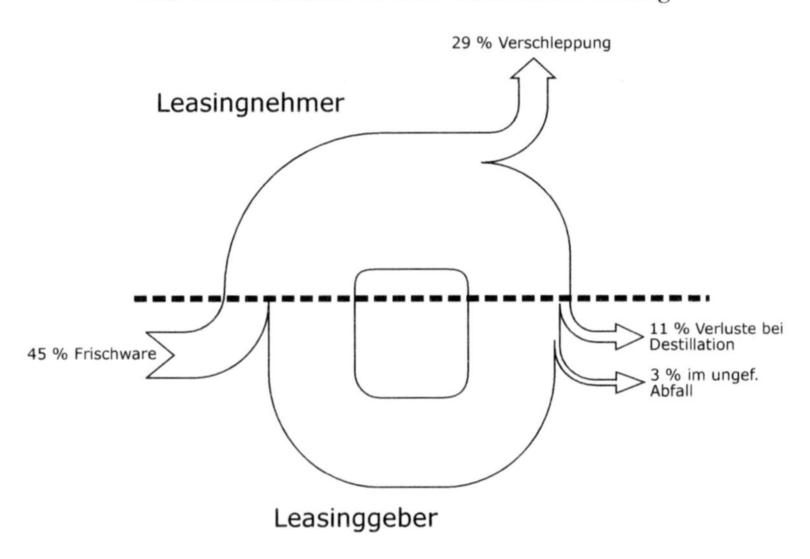

Aus Abbildung 2 wird ersichtlich, dass ca. 55 % der Lösemittel im Kreislauf bleiben. Die Differenz zu den in den Abfallfraktionen enthaltenen Lösemitteln ergibt sich durch Verluste bei der Aufbereitung sowie den verbleibenden Lösemitteln im Reststoff.

Tab. 1: Massenverteilung

	Massenverteilung Absolut[1]	Massenverteilung Lösemittel
Lösemittellieferungen	100 %	100 %
Lösemittel gebraucht	38 %	
darin enthaltene Lösemittel		29 %
Verschleppung ins Abwasser	n.v.	29 %
Lösemittel im Filterkuchen		42 %
Filterkuchen gesamt	66 %	
Destillationsrückstand	22 %	
darin enthaltene Lösemittel		3 %
Lösemittelverluste bei z.B. Destillation		10 %

1) Jeweilige Gesamtmasse mit abgelösten Pulverlack in Prozent der eingesetzten Lösemittel

Analysen des Abfalls nach der Behandlung bei dem bereits bestehenden Chemikalienmanagement bei der Fa. Tiefenbacher ergaben, dass es sich bei diesem Abfall um einen ungefährlichen Abfall handelt.

Die Massenverteilung, jeweils bezogen auf den Lösemittelinput wird in der nachstehenden Tabelle 2 dargestellt.

Aus der Tabelle 2 ist ersichtlich, dass durch das Modell „Chemikalien-Leasing“ die für bei Entlackung erforderliche Masse an neuen Lösemitteln deutlich sinken. Noch bedeutender sind die Unterschiede der anfallenden Abfälle.

Im Zusammenhang mit der Bilanzierung werden auch die Umweltauswirkungen zusammenfassend dargestellt und bewertet.

Tab. 2: Umweltaspekte

Bereich	**Ist-Situation**	**Chemikalien-Leasing**	**Wertung**
Lösemittel neu	100 % Frischware	ca. 45 % Frischware erforderlich	Umweltauswirkungen durch Produktion und Transport werden reduziert
Lösemittelaufbe-reitung	--	Ca. 10 % Verluste	Belastung durch Verluste bei Destillation, jedoch Entfall der Behandlung der gefährlichen Abfälle
Anlieferung	Spedition	Spedition	Keine Änderung
Abtransport	Abfallent-sorger	Spedition	Durch Kombination von Anlieferung und Abtransport, Vermeidung von Leerfahrten
Abfälle	104 % des Inputs	22% des Inputs	Umweltentlastung durch Massenreduktion und Entfall der gefährlichen Abfälle, geringere Transportmenge beim Modell Chemikalien-Leasing
Entsorgung	aufwendig	problemlos	Belastungen durch die Behandlung der Abfälle entfällt beim Chemikalien-Leasing
Forschung und Entwicklung	entfällt	laufend	Die Entlackung wird kontinuierlich weiterentwickelt. Effizienzsteigerungen werden angestrebt und umgesetzt.
Ressourcen-schonung	--	Rohstoff-einsparung	Durch die Kreislaufführung werden nur mehr rd. 45 % neuer Lösemittel benötigt

Die Auflistung der wesentlichen Umweltauswirkungen zeigt, dass vor allem im Abfallbereich eine deutliche Verringerung der Auswirkungen erreicht wird. Die Belastung durch die Aufbereitung der Lösemittel kann insofern vernachlässigt werden da auch die anfallenden Abfälle beim bestehenden System behandelt werden müssen und auch dadurch Belastungen entstehen. Insgesamt überwiegen die Umweltentlastungen.

4.3 Erarbeitung eines Kalkulationsmodells

Für die Kalkulation des Entlackens ist die zu entlackende Menge der entscheidende Faktor. Dabei ist zu berücksichtigen, dass neben der Anzahl der zu entlackenden Stücke, die Fläche, die Beschichtungsstärke sowie die Formgebung der Teile wesentliche Einflussfaktoren darstellen. Abhängig von diesen Parametern verändern sich die erforderliche Badpflege, Standzeit und Verschleppung von Lösemitteln ins Abwasser.

Das Kalkulationsmodell muss jedoch auch transparent und flexibel sein, um auf Durchsatzänderungen reagieren zu können.

Auf Grund der verfügbaren Daten können als Berechnungsbasis vorerst nur die Anzahl der zu entlackenden Gehänge bzw. deren Fläche herangezogen werden. Während des ersten Vertragsjahres sind daher zusätzliche Daten (wie z.B. die Verschleppung, Verbrauch an Pulver etc.) zu erheben bzw. durch Analysen der Outputströme die Zusammensetzung zu verifizieren.

Erst danach können Aussagen über die Eignung des Kalkulationsmodells getätigt werden. Allenfalls ist das Konzept zu adaptieren.

Ebenfalls geeignet ist eine Kalkulation die sich auf die bezogene Menge der Lösemittel bezieht.

4.4 Vertragsinhalte

Neben den generellen Vertragsinhalten sind für das Chemikalien-Leasing folgende zusätzlichen Regelungen erforderlich:

Einleitung:

- Zweck der Vereinbarung – Nutzung der Entlackungsleistung
- Eigentum an den Lösemitteln und Outputströmen
- Rücknahme ausschließlich von Lösemitteln des Leasinggebers
- Keine Übernahme von fremden Lösemitteln

Aufgaben des Leasinggebers:

- Lieferung der Lösemittel und Abholung der korrelierenden Outputströme
- Sicherstellung der Qualität der Lösemittel
- Erstellung und Aktualisierung der technischen Datenblätter
- Erstellung von Unterweisungsunterlagen

Aufgaben des Leasingnehmers:

- Vorhaltung eines geeigneten und genehmigten Lagers
- Laufende Wartung der Anlagen
- Vollständige und sortenreine Erfassung der Outputströme aus der Entlackungsanlage
- Vermeidung von Verunreinigungen der Lösemittel und Outputfraktionen
- Regelmäßige Unterweisung der betroffenen Mitarbeiter

Generelle Regelungen

- Vorgangsweise bei Preisänderungen
- Vorgangsweise im Zusammenhang mit Vorfällen, Unfällen
- Vertragsdauer
- Vertragsbeendigung

5 *Zusammenfassung*

Die bisher vorliegenden Ergebnisse der Umsetzung des Modells „Chemikalien-Leasing“ bestätigen, dass eine Reihe positiver Effekte erzielt werden können. Eine fundierte Abschätzung der betriebs- und volkswirtschaftlichen Auswirkungen ist derzeit noch nicht möglich.

Die wesentlichen umweltrelevanten Auswirkungen sind:

- Ressourcenschonung
  Das „Chemikalien-Leasing“ ermöglicht eine Kreislaufführung der Lösemittel. Dadurch wird die für die Dienstleistungserbringung erforderliche Masse an neuen Lösemitteln reduziert. In diesem Ausmaß werden die für die Herstellung der Lösemittel erforderlichen Rohstoffe, Energieträger etc. nachhaltig eingespart.

- Reduktion der Transportleistungen
  Die Verringerung der Massenströme führt unmittelbar auch zu einer Reduktion der Transportleistung und der dadurch verursachten Emissionen.

- Abfallwirtschaft
  Am deutlichsten sind die Auswirkungen auf die Abfallwirtschaft, da das Modell „Chemikalien-Leasing“ eine Abkehr von einer Entsorgungswirtschaft zu einer Kreislaufwirtschaft darstellt. Im Bereich der Lösemittel können mit den Modellen des Chemikalien-Leasings die zu entsorgenden Massen deutlich gesenkt werden. Je nach Einsatzbereich werden die Abfälle, die aus den Kreisläufen ausgeschleust werden, in vielen Fällen ein zumindest deutlich geringeres Gefährdungspotential aufweisen als die ursprünglichen Lösemittelabfälle. Vielfach werden sogar nur mehr ungefährliche Abfälle ausgeschleust.

- Forschung und Entwicklung
  Durch die Veränderungen der Geschäftsbeziehungen vom Lieferant hin zu einem Dienstleister wird auch das Interesse an einer Optimierung und Weiterentwicklung des bisherigen Liefergutes geweckt. Wo bisher Massen im Vordergrund gestanden haben, wird dies durch Effizienz abgelöst.
  Anzumerken ist, dass vielfach der Aufwand für eine Optimierung in keinem Verhältnis zum Nutzen stand, da einzelne Betriebe oft nur relativ kleine Mengen benötigen.

Am Beispiel des „Chemikalien-Leasings im Bereich der Entlackung“ konnte gezeigt werden, dass die Ideen und Ziele des Chemikalien-Leasings auch in der Praxis erfolgreich realisiert werden können. Zu berücksichtigen war, dass die bestehenden rechtlichen Grundlagen diese neuen Modelle nicht abbilden. Hinzu kommt, dass gerade bei Lösemitteln eine Vielzahl von gesetzlichen Bestimmungen berücksichtigt werden müssen.

Da bei dem Pilotprojekt ein Lösemittelgemisch als Hilfsstoff eingesetzt wird, musste vor allem darauf geachtet werden, dass der Vertragsentwurf auf alle Fragen des Abfallwirtschaftsgesetzes 2002 Antworten gibt.

Letztendlich haben die eingehenden Diskussionen der Organisationsformen, Vertragsinhalte, Ablauf der Dienstleistung jeweils in Verbindung mit den rechtlichen Aspekten – insbesondere Abfallrecht – erbracht, dass die Dienstleistung der Entlackung in Form des Chemikalien-Leasings realisiert werden kann. Auf Grund der gegebenen Rahmenbedingungen ist für die Aufbereitung der Lösemittel keine abfallrechtliche Genehmigung erforderlich.

Die Erfahrung nach dem ersten vollen Vertragsjahr ist sehr positiv.

Weiße Biotechnik – Potenzial für die nachhaltige Entwicklung am Beispiel Vitamin B2*

Klaus Hoppenheidt und René Peche

1 Biotechnologie und Nachhaltige Entwicklung

1.1 Ausgangssituation

Die internationale Staatengemeinschaft hat sich auf der UN-Konferenz für Umwelt und Entwicklung 1992 in Rio de Janeiro zum Leitbild der Nachhaltigen Entwicklung bekannt, das die Brundtland-Kommission für Umwelt und Entwicklung 1987 in ihrem Bericht „Our Common Future" vorstellte (WCED 1987). Mit der Agenda 21 wurde ein globales Aktionsprogramm formuliert, das von den Unterzeichnerstaaten die Entwicklung von Strategien fordert, die eine wirtschaftlich leistungsfähige, sozial gerechte und ökologisch verträgliche Entwicklung zum Ziel haben. Die Bundesregierung hat 2002 eine Nachhaltigkeitsstrategie für Deutschland veröffentlicht und 21 Schlüsselindikatoren benannt, deren Monitoring die Annäherung Deutschlands an die benannten Nachhaltigkeitsziele aufzeigen soll (Bundesregierung Deutschland 2002). 6 der 21 Schlüsselindikatoren betreffen Umweltbelange, wobei die in Abbildung 1 benannten Ziele angestrebt werden.

* Der Beitrag enthält Ergebnisse einer umfassenden Studie (Hoppenheidt et al. 2005), die im Auftrag des Umweltbundesamtes im Rahmen des Umweltforschungsplanes (Förderkennzeichen 202 66 326) erstellt und mit Bundesmitteln finanziert wurde.

Abbildung 1: Umweltbezogene Ziele der nationalen Nachhaltigkeitsstrategie

6 von 21 Nachhaltigkeitsindikatoren betreffen Umweltbelange

- **Ressourcenschonung:**
  Ressourcenproduktivität (Materialien): 1990 → 2020: + 100 %
  Ressourcenproduktivität (Energie): 1994 → 2020: + 100 %
- **Erneuerbare Energien:**
  Anteil am Primärenergieverbrauch: 2000 → 2010: + 100 %
  Anteil am Stromverbrauch: 2000 → 2010: + 100 %
  Klimaschutz:
  Reduktion der Treibhausgase: 1990 → 2010: - 15 %
- **Luftqualität:**
  Emissionen von Luftschadstoffen: 1990 → 2010: - 70 %
- **Flächeninanspruchnahme:**
  Begrenzung der Zunahme: jetzt → 2020: - 77 %
- **Artenvielfalt:**
  Stabilisierung der Artenvielfalt auf hohem Niveau

Ansätze zur Entkopplung des Wirtschaftswachstums von der Nutzung der Umweltressourcen sind in Deutschland inzwischen erkennbar. Das Umweltbundesamt hat einen Kennwert eingeführt, der Entwicklungstrends des Umweltschutzes in Deutschland widerspiegelt – den Deutschen Umweltindex, kurz DUX. Derzeit wurden erst 3.742 von angestrebten 9.000 DUX-Punkten erreicht[1]. Die meisten der angestrebten Zielwerte entsprechen jenen der nationalen Nachhaltigkeitsstrategie. Beim Klimaschutz und der Luftreinhaltung wurden die Zielvorgaben bereits zu 88 bzw. 77 % realisiert, doch werden erhebliche Anstrengungen erforderlich sein, um die nationalen Zielvorgaben für die Rubriken Wasser, Energie, Ressourcen und Boden erreichen zu können. Obwohl der Stand der in Deutschland realisierten Umweltschutzmaßnahmen im europäischen und im weltweiten Vergleich als fortgeschritten eingestuft werden kann (EEA 2003; UNEP 2002), ist der Handlungsbedarf auf natio-

[1] Zwischenstände der DUX-Kategorien 02/2005: Zielwert: jeweils 1.000 Pkt.; Istwerte: Luft: 771 Pkt.; Klima: 880 Pkt.; Wasser: 295 Pkt.; Energie: 226 Pkt.; Rohstoffe: 284 Pkt.; Boden: 300 Pkt.; Artenvielfalt: 719 Pkt.; Landwirtschaft: 316 Pkt.; Mobilität: 190 Pkt.

naler wie internationaler Ebene unverändert groß, wenn das 1987 formulierte Leitbild einer Nachhaltigen Entwicklung Realität werden soll.

1.2 Beitrag der Biotechnologie zur Nachhaltigen Entwicklung

Bis Mitte der 90er Jahre waren die Haupteinsatzbereiche der Biotechnologie der Nahrungsmittelsektor und der Umweltschutzbereich (s. Tabelle 1).

Tabelle 1: Weltmarkt der traditionellen Biotechnologie um 1990 (n. Leuchtenberger 1998)

Applikations-gebiet	Produktbeispiele	Wert US-$ pro Mg	Gesamt Mrd. US-$
Nahrungs- und Genussmittel-Industrie	Getränke (Bier, Wein u.a.), Fleisch- und Fischprodukte, Backwarenzusätze (z.B. Hefe), Lebensmittelzusätze (Antioxidantien, Farb- und Geschmackstoffe u.a.), Vitamine, Stärkeprodukte	500 – 7.000	280
Umweltschutz	Abwasserreinigung, Abfall-verwertung, Beseitigung von Ölverschmutzungen	1 – 300	250
Pharma-Industrie	Antibiotika, Diagnostika (Antikörper u.a.) Vakzine, Steroide, Vitamine, Alkaloide	0,05 – 20 Mio.	15
Chemie-Industrie	Grundchemikalien/Massen-produkte: Ethanol, Aceton, Butanol, Glucose u.a. Feinchemikalien: Enzyme, Duftstoffe u.a.	500 – 5.000	5
Landwirtschaft	Futterzusätze, Vakzine, Biopestizide, Silage, Wuchsstoffe, Kompost	100 – 500.000	2
Energiesektor	Ethanol, Biomasse als Ausgangsstoff	500 – 2.000	1,5

Die 1992 formulierte Agenda 21 zur Rio-Konferenz der Vereinten Nationen für Umwelt und Entwicklung wies jedoch im Abschnitt 16 auf das Entwicklungspotential der Biotechnologie hin:

> „Die Biotechnologie umfaßt sowohl die im Rahmen der modernen Biotechnologie entwickelten neuen Techniken als auch die bewährten Ansätze der traditionellen Biotechnologie. Als innovativer, wissensintensiver Forschungsbereich bietet sie eine Vielzahl nützlicher Verfahrenstechniken für vom Menschen vorgenommene Veränderungen der Desoxyribonukleinsäure (DNS), oder des genetischen Materials in Pflanzen, Tieren und Mikroorganismengruppen, deren Ergebnis überaus nützliche Produkte und Technologien sind. Die Biotechnologie ist nicht in der Lage, von sich aus all die grundlegenden Umwelt- und Entwicklungsprobleme zu lösen, weshalb die Erwartungen durch eine realistischere Sicht eingeschränkt werden sollten. Dennoch verspricht die Biotechnologie, einen bedeutenden Beitrag zur Erzielung von Fortschritten beispielsweise in der Gesundheitsversorgung, in der Ernährungssicherung in Form von nachhaltigen Anbaupraktiken, einer verbesserten Versorgung mit Trinkwasser, leistungsfähigeren industriellen Erschließungsprozessen für die Umwandlung von Rohstoffen, der Förderung nachhaltiger Aufforstungs- und Wiederaufforstungsverfahren und der Entgiftung von Sonderabfällen zu leisten."

Heute zeichnet sich eine Umsetzung der in Agenda 21 benannten Entwicklungen ab. Einsatzbereiche der traditionellen Biotechnologie weiten sich aus: So werden in Deutschland nunmehr nicht nur in rd. 10.000 kommunalen Kläranlagen biologische Reinigungsstufen betrieben, sondern inzwischen 7,6 Mio. Mg Bioabfälle in biologischen Verwertungsanlagen genutzt (BMU 2004a). Innerhalb von einem Jahrzehnt sind zudem mehr als 1.900 Biogasanlagen mit einer installierten elektrischen Leistung von 250 MW neu in Betrieb genommen worden (Fachverband Biogas 2004). Insgesamt ist der Beitrag der Biomassenutzung zur Stromproduktion von 222 GWh in 1990 auf 5.140 GWh in 2003 angestiegen (BMU 2004b).

Die Fortschritte der Molekularbiologie und vor allem der Gentechnik tragen zudem dazu bei, dass sich die Biotechnologie auch in jenen Anwendungsbereichen rasch fortentwickelt, in denen sie bislang erst ein geringes Marktpotential besaß. Die European Association for Bioindustries nennt als Anwendungsfelder der modernen Biotechnologie die Bereiche:

- *Healthcare Biotechnology („Rote Biotechnologie"):* Aktuell sollen Bioprodukte (Proteine, Antikörper, Enzyme) bereits einen Marktanteil von ~ 20 % haben und Neuentwicklungen sollen zu 50 % Bioprodukte sein.
- *Green Biotechnology („Grüne Biotechnologie"):* Die Nutzung von gentechnisch veränderten Pflanzen (und Tieren) in der Landwirtschaft begann vor 10 Jahren. In den USA werden inzwischen 46 % des Mais, 86 % des Sojas und 76 % der Baumwolle mit gentechnisch verändertem Saatgut angebaut (BIO 2004). Aktuelle Entwicklungen haben die Nutzung von Pflanzen (und Tieren) für die kostengünstige Produktion von Pharmaprodukten und Industrierohstoffen zum Ziel (D´Aquino, 2003).
- *White Biotechnology („Weiße Biotechnologie"):* Nutzung der Biotechnologie als einen Baustein für eine nachhaltige zukunftsverträgliche Chemie („Green Chemistry") (BACAS 2004; DECHEMA 2004; Flaschel u. Sell 2005).

Im Rahmen dieses Beitrags sind vor allem die Entwicklungen im Bereich der „Weißen Biotechnologie" von Interesse. Die in Abbildung 2 dargestellte Prognose verdeutlicht, dass der Umsatz mit industriell hergestellten Bioprodukten im Vergleich zum weltweiten Gesamtumsatz der Chemischen Industrie derzeit noch relativ gering ist. Allerdings wird für die nächsten Jahre ein starkes Wachstum biotechnischer Anwendungen erwartet, da die Nutzung von modernen biotechnischen Verfahren deutliche Reduktionen der Kosten und der Umweltbelastungen in Aussicht stellen. Sowohl Bachmann et al. (2000) als auch Festel et al. (2004) gehen davon aus, dass sich der Umsatz biotechnischer Produkte bis 2010 verzehnfacht und auf rd. 20 % des weltweiten Chemieumsatzes ansteigen wird.

Vor allem gentechnisch optimierte Produktionsstämme ermöglichen weit reichende Einsparungen an Ressourcen und Energie und Verbesserungen der Produktqualitäten und -ausbeuten. Obwohl entsprechende Prozessoptimierungen primär aus ökonomischen Gründen erfolgen, verdeutlichen 21 von der OECD (2001) zusammengestellte Fallstudien, dass die Anwendung moderner biotechnischer Verfahren zu erheblichen Reduktionen der produktionsbedingten Umweltbelastungen führen können.

Abbildung 2: Weltweiter Umsatz chemischer und biotechnischer Produkte im Jahr 2001 und Prognosedaten für 2010 (Daten: Festel et al. 2004)

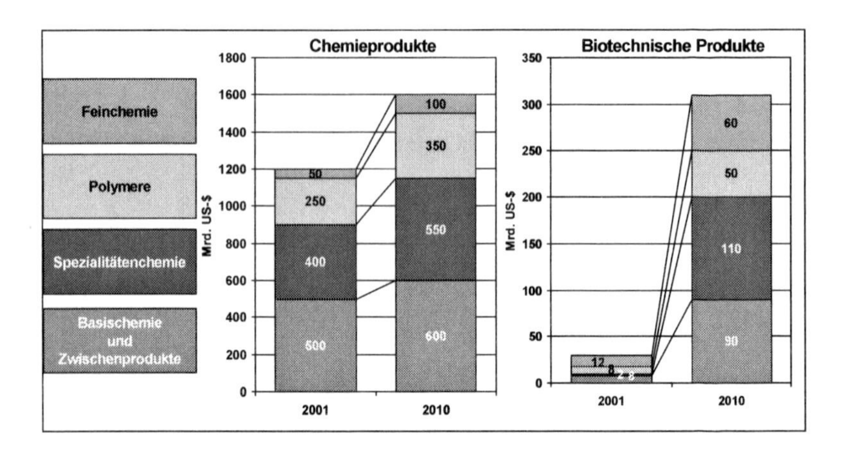

2 *Untersuchungsansatz*

Mehrere im Auftrag des Umweltbundesamtes durchgeführte Studien haben insgesamt jedoch eine Diskrepanz zwischen den Erwartungen zum Beitrag der Biotechnologie für eine nachhaltige Entwicklung und dem aktuellen Realisierungsstand ergeben (Mieschendahl 2004). Die vom Umweltbundesamt formulierte Projektausschreibung sah deshalb vor, das Potential der Biotechnologie für eine umweltverträgliche Produktion weiter zu untersuchen. Hierzu sollten u. a. großtechnisch realisierte Produktionsverfahren recherchiert werden, die einen ökobilanziellen Vergleich der aus der Nutzung eines bio- und eines chemisch-technischen Produktionsverfahrens resultierenden Umweltbelastungen ermöglichten.

Dazu wurden – wie in Abbildung 3 schematisch dargestellt – standardisierte ökobilanzielle Auswertungen mithilfe der Bilanzierungssoftware UMBERTO® durchgeführt, wobei jedoch nur die angegebenen Wirkungskategorien betrachtet werden konnten. Vollumfängliche Ökobilanzen würden noch weiter gehende Auswertungen erfordern.

Abbildung 3: Elemente einer Ökobilanz nach DIN EN ISO 1040 ff. (links) und im Projekt berücksichtigte Wirkungskategorien

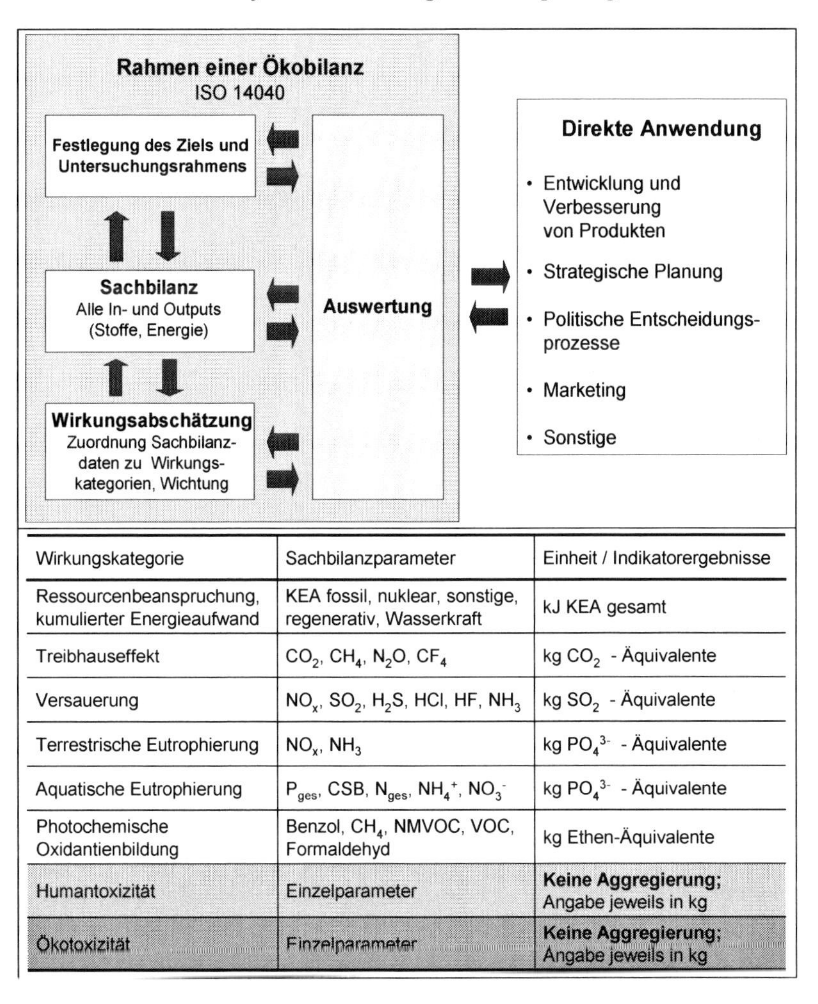

Wirkungskategorie	Sachbilanzparameter	Einheit / Indikatorergebnisse
Ressourcenbeanspruchung, kumulierter Energieaufwand	KEA fossil, nuklear, sonstige, regenerativ, Wasserkraft	kJ KEA gesamt
Treibhauseffekt	CO_2, CH_4, N_2O, CF_4	kg CO_2 - Äquivalente
Versauerung	NO_x, SO_2, H_2S, HCl, HF, NH_3	kg SO_2 - Äquivalente
Terrestrische Eutrophierung	NO_x, NH_3	kg PO_4^{3-} - Äquivalente
Aquatische Eutrophierung	P_{ges}, CSB, N_{ges}, NH_4^+, NO_3^-	kg PO_4^{3-} - Äquivalente
Photochemische Oxidantienbildung	Benzol, CH_4, NMVOC, VOC, Formaldehyd	kg Ethen-Äquivalente
Humantoxizität	Einzelparameter	**Keine Aggregierung;** Angabe jeweils in kg
Ökotoxizität	Einzelparameter	**Keine Aggregierung;** Angabe jeweils in kg

Im Mittelpunkt des ökobilanziellen Vergleichs stand die *funktionelle Einheit*, die in DIN (1999) als „Quantifizierter Nutzen eines Produktsystems für die Verwendung als Vergleichseinheit in einer Ökobilanzstudie" definiert wird. Sie diente als Bezugsgröße sowohl für die Gegenüberstellung der betrachteten Alternativen als auch für die Normierung der in der Sachbilanz ermittelten In- und Outputdaten. Um die Vergleichbarkeit von Verfahren zu gewährleisten, mussten neben der funktionellen Einheit auch die Grenzen der Betrachtung festgelegt werden. Dabei wurde versucht, dass Bilanzmodell möglichst so aufzubauen, dass an den Systemgrenzen der Bilanz so genannte Elementarflüsse bilanziert werden konnten. Da dies in der Praxis nicht immer gelingt, mussten Vereinfachungen bei der Auswahl der Stoffströme und der Detailgenauigkeit gemacht und dokumentiert werden (Details: s. Hoppenheidt et al. 2005).

Für alle Input-Stoffe und Energieträger, die außerhalb der beschriebenen Detailgrenzen lagen, wurden Vorketten beginnend bei der Gewinnung aus natürlichen Lagerstätten bis zur Bereitstellung für den jeweiligen Prozess modelliert. Waren keine belastbaren Daten verfügbar, wurden vergleichbare Prozesse herangezogen bzw. Annahmen getroffen und dokumentiert. Die Herstellung von Betriebs-, Hilfs- und Ausgangsstoffen in *vorgelagerten Prozessen (Vorketten)* wurden vollständig modelliert, wenn ihr Anteil größer als 5 Gew.-% eines Referenzflusses (meist gewünschter Output) war. Bei kleineren Stoffströmen wurde in der Sachbilanz anstelle des Elementarflusses der jeweilige Materialfluss ausgewiesen. Falls die Vorkette jedoch kleine Massenströme von Stoffen aufwiesen, die hinsichtlich toxischer oder energetischer Aspekte für die gesamte Ökobilanz bedeutsam sein konnten, wurden diese gesondert beachtet. Die Bereitstellung nicht rarer Ressourcen, wie z.B. Wasser oder Luft sowie der Unterhalt der Infrastruktur (der Bau, die Wartung und Reparatur von Gebäuden, Maschinen, Industrieanlagen, Transportmitteln und Verkehrswegen) wurde grundsätzlich nicht berücksichtigt.

Für *nachgelagerte Prozesse (Nachketten)* galten die gleichen Abschneidekriterien wie für die vorgelagerten Prozesse. Ausgenommen davon waren die Parameter Abraum, Altöl, radioaktive Abfälle und Sonderabfälle sowie Prozessabwasser, Abwasser aus der Kesselabschlämmung und Kühlabwasser, die grundsätzlich nicht berücksichtigt wurden.

Neben den in der funktionellen Einheit quantifizierten Hauptnutzen stellte ein Teil der untersuchten Systeme zusätzlichen Nutzen, wie z.B. elektrische und thermische Energie aus der Abfallbehandlung oder Nährstoffe in Gülle, bereit. Die dadurch möglichen Substitutionen von aus Primärrohstoffen hergestellten Stoffen wurden als Gutschriften für „eingesparte" Umweltauswirkungen verrechnet. Die für die jeweiligen Parameter ermittelten Umweltbe- und -entlastungen wurden getrennt für die Vorkette (die Ausgangsstoffe), den Produktionsprozess und die Nachkette (Entsorgung) berechnet und als Bruttoergebnis, als Gutschrift und als resultierendes Nettoergebnis grafisch dargestellt (s. Abbildung 4). Diese Darstellung veranschaulicht, welche Phase des Lebensweges maßgeblichen Einfluss auf das Gesamtergebnis hat.

Abbildung 4: Sektorale Darstellung der Bilanzergebnisse für einen Untersuchungsparameter

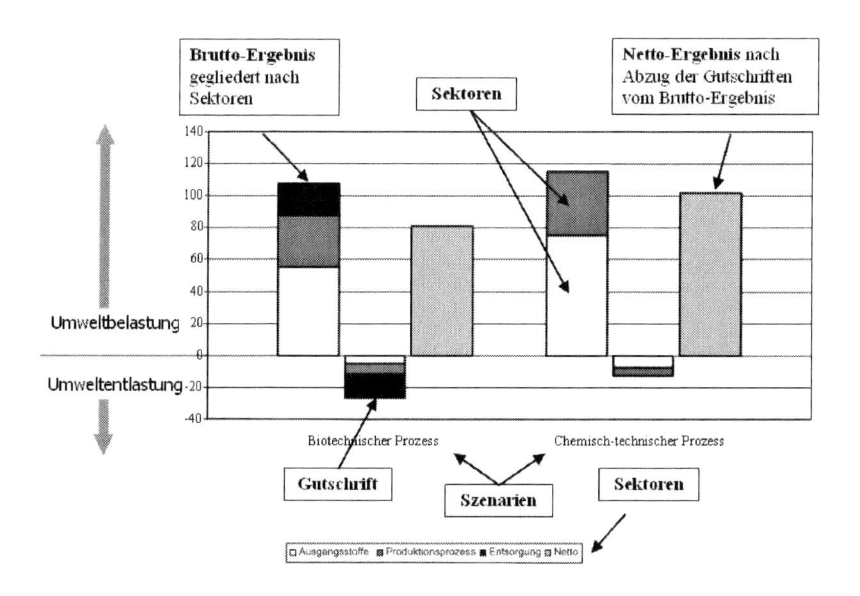

Die Auswertungen führten zu umfangreichen Datenbeständen, für deren zusammenfassende Darstellung eine Normierung der Ergebnisse auf *Einwohnerwerte* durchgeführt wurde. Hierbei ist zu beachten, dass sich die Ergebnisse aus der Sachbilanz und der Wirkungsabschätzung auf die jeweilige funktionelle Einheit und nicht auf die Jahresproduktion beziehen.

Tabelle 2 zeigt ein Beispiel für die normierte Darstellung der Ergebnisse. Die Bedeutung der absoluten Werte, der berechneten Einwohnerwerte und der Differenzen der Einwohnerwerte wurde durch Anwendung folgender Formatierungen von Schrift und Hintergrundfarbe hervorgehoben:

Tabelle 2: Beispiel der normierten Darstellung der Netto-Ergebnisse (Details: s. Hoppenheidt et al. 2005)

25	Höherer Wert: Schwarze Zahl mit Fettdruck im weißen Feld
-12	Umweltentlastung durch biotech. Verfahren: Weiße Zahl mit Fettdruck im dunklen Feld
10	Mehrbelastung durch biotech. Verfahren: Schwarze Zahl mit Fettdruck im hellen Feld
0,02	Unrelevante Differenz der Umweltbelastungen: Zahl ohne Fettdruck im weißen Feld

		Bio-technisch	Chemisch-technisch	Bio-technisch	Chemisch-technisch	Differenz (Bio.-Chem.)
	Einheit			Einwohnerwerte	Einwohnerwerte	Einwohnerwerte
Wirkungskategorien, aggregiert						
KEA	GJ	391	**590**	2,24	**3,38**	**-1,14**
Treibhauspotential	kg CO_2-Äq.	25,0	**33,5**	2,12	**2,84**	**-0,72**
Versauerungspotential	kg SO_2-Äq.	115	**229**	2,84	**5,63**	**-2,79**
Eutrophierungspot. (terrestr.)	kg PO_4-Äq.	11,4	**15,2**	2,19	**2,91**	**-0,73**
Eutrophierungspot. (aquat.)	kg PO_4-Äq.	**21,4**	5,8	**3,85**	1,04	**2,81**
Humantoxische Einzelstoffe						
Benzo(a)pyren	g	**0,0067**	0,0034	**0,04**	0,02	0,02
Blei	g	**0,28**	0,16	**0,04**	0,02	0,02
Cadmium	g	0,095	**0,034**	0,71	**0,26**	**0,45**

3 *Ökobilanzieller Verfahrensvergleich der bio- und der chemisch-technischen Vitamin B2-Produktion*

3.1 *Basisinformationen*

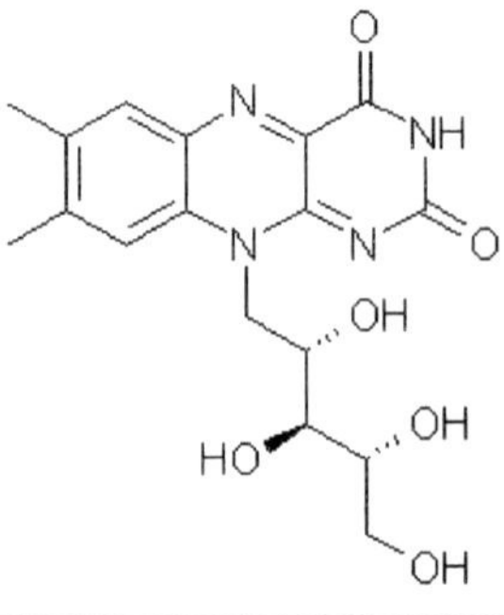

Für die links dargestellte, heute IUPAC-konform als Riboflavin bezeichnete Verbindung sind auch die Bezeichnungen Vitamin B2 und Lactoflavin gebräuchlich. Das 1917 erstmals aus Pflanzen isolierte Riboflavin kommt in Lebewesen sowohl unverändert als auch als 5′-Phosphat, als Flavinmononucleotid, als 5′-Adenosindiphosphat und als Flavin-Adenin-Dinuleotid vor (Shimizu 1996). Vitamin B2 ist in Lebewesen weit verbreitet und an diversen biochemischen Reaktionen beteiligt (Massey 2000). Inzwischen sind allein über 100 Flavoproteine bekannt, von denen mehr als 40 im menschlichen Gewebe nachgewiesen wurden. Pflanzen und Mikroorganismen können ihren Vitamin B2-Bedarf durch Biosynthese decken, während tierische Lebewesen Vitamin B2 über die Nahrung aufnehmen müssen. Der tägliche Bedarf an Vitamin B2 wird für den Menschen mit 0,3 – 1,8 mg/Tag und für Tiere mit 1 – 4 mg/Tag angegeben (Stahmann et al. 2000).

Industriell kann Vitamin B2 sowohl in chemisch-technischen wie auch in biotechnischen Verfahren erzeugt werden. In den 40er Jahren des letzten Jahrhunderts wurde Vitamin B2 durch Fermentationen mit *Clostridium acetobutylicum*, *Eremothecium ashbyi* und *Ashbya gossypii* hergestellt. Aus Kostengründen verdrängten später chemisch-technische Verfahren die Fermentation (Stahmann et al., 2000). Wesentliche Optimierungen der biotechnischen Herstellungsverfahren führten jedoch in den letzten zwei Jahrzehnten dazu, dass Vitamin B2 heute wieder überwiegend biotechnisch hergestellt wird. Die ehemalige Roche Vitamine GmbH (jetzt DSM Nutritional Products) hat im Jahr 2000 den chemischen durch den biotechnischen Herstellungsprozess substituiert. Die von DSM bereitgestellten und durch eigene Recherchen ergänzten Daten waren die Grundlage für den durchgeführten Verfahrensvergleich.

Als funktionelle Einheit (die Bezugsbasis für die Auswertungen) wurde die Produktion von 1.000 kg Vitamin B2 mit einer Reinheit von 96 % sowie der nachfolgenden Weiterverarbeitung von 19 Gew.-% zu 167 kg Vitamin B2 mit einer Reinheit von 98 % herangezogen.

Für die chemisch-technische Vitamin B2-Produktion wurde ein mehrstufiger Syntheseprozess genutzt, für den neben nachwachsenden Rohstoffen auch verschiedene umweltrelevante Chemikalien eingesetzt wurden. Der biotechnische Herstellungsprozess erforderte dagegen nur einen einstufigen Fermentationsprozess, für den neben nachwachsenden Rohstoffen nur geringe Mengen chemischer Hilfsmittel mit geringer Umweltrelevanz benötigt wurden. Die in vergleichsweise großen Mengen anfallenden Abfallbiomassen können biologisch verwertet werden, sodass diese keinen negativen Einfluss auf die Gesamtbilanz des Prozesses hatten.

Abbildung 5: Schematischer Vergleich der bio- (links) und der chemisch-technischen (rechts) Vitamin B2-Produktion

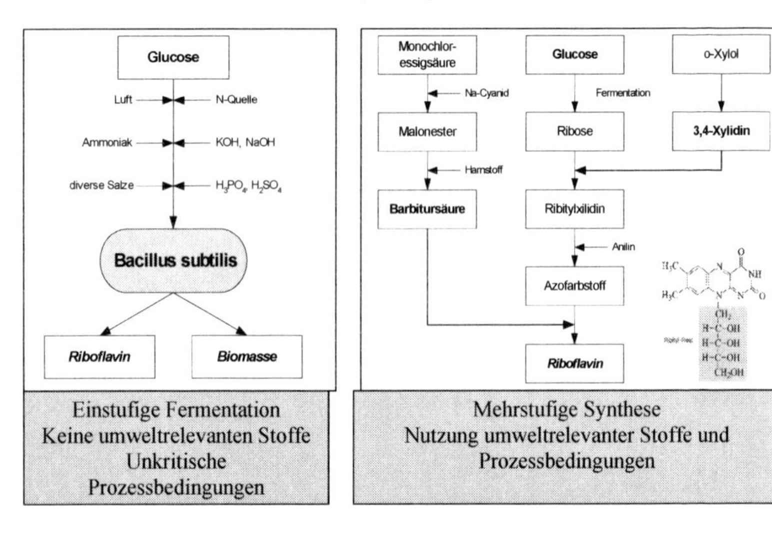

In Abbildung 6 und Abbildung 7 sind die wichtigsten der von DSM zur Verfügung gestellten Ausgangsdaten (Stoff- und Energieflüsse) für die beiden Produktionsprozesse von Vitamin B2 dargestellt. Aus Gründen der Vertraulichkeit sind einige Ausgangsdaten anonym gehalten bzw. in Materialgruppen zusammengefasst. Wie der Vergleich der Daten zeigt, wurde inputseitig beim *biotechnischen Prozess* weniger als die Hälfte an Chemikalien benötigt als beim *chemisch-technischen Prozess.* Dafür wurden beim *biotechnischen Prozess* deutlich größere Mengen an nachwachsenden Rohstoffen benötigt.

Der Wasserverbrauch war für den *biotechnischen Prozess* deutlich höher als für den *chemisch-technischen Prozess*. Das Verhältnis des elektrischen und thermischen Energiebedarfs verhielt sich erwartungsgemäß: Während der *chemisch-technische Prozess* weniger elektrische aber dafür mehr thermische Energie benötigte, war es beim *biotechnischen Prozess* umgekehrt. Outputseitig fiel nur beim *biotechnischen Prozess* eine relevante Reststoffmenge in Form von Biomasse an. Darüber hinaus war die Abwassermenge fast doppelt so hoch, als die des *chemisch-technischen Prozesses*. Dazu ist aber anzumerken, dass der betriebsinterne Parameter „Abwasser ausgedrückt in CSB-Äquivalenten“

für den früheren chemisch-technischen Prozess fast doppelt so hoch war, wie der für den biotechnischen Prozess.

Abbildung 6: In-/Outputdiagramm mit den erhobenen Ausgangsdaten für den biotechnischen Produktionsprozess von Vitamin B2 (Juni 2002)

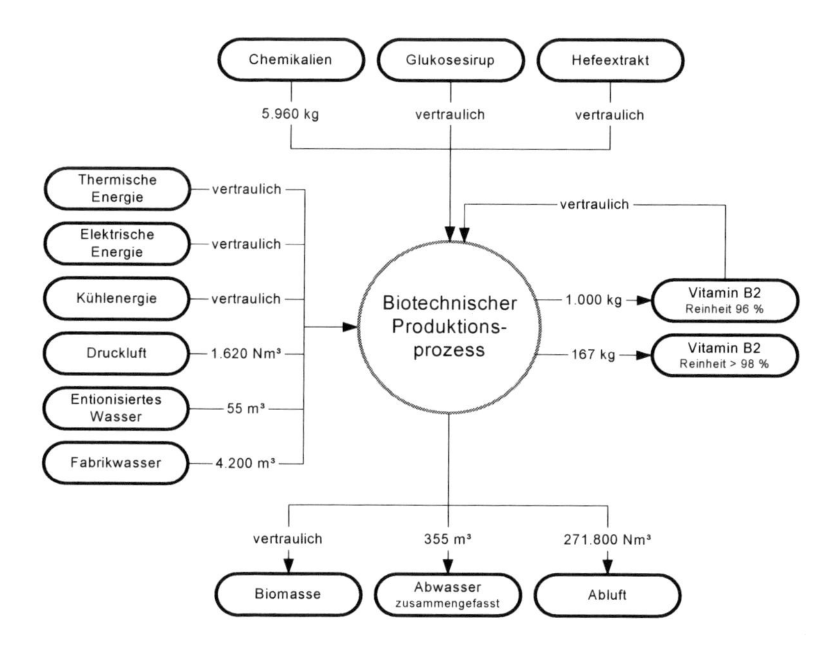

Für die beim *biotechnischen Prozess* anfallende und anschließend auf ca. 30 % TS eingedampfte Biomasse wurde als Verwertungsverfahren eine einstufige Trockenvergärung bilanziert. Die aus der Biogasnutzung resultierende elektrische Energie (nach Abzug des Eigenbedarfs) wurde dem Strommix Deutschland sowie die thermische Energie dem thermischen Energieträgermix gutgeschrieben und entsprechend verrechnet. Die durch die landwirtschaftliche Verwertung des kompostierten Gärrestes in den Boden gelangenden Nährstoffe wurden ebenfalls als Systemnutzen betrachtet und als Substitut für Handelsdünger verrechnet. In Abbildung 8 sind die Bilanzierungsmodelle gegenübergestellt.

Abbildung 7: In-/Outputdiagramm mit den erhobenen Ausgangsdaten für den chemisch-technischen Produktionsprozess von Vitamin B2 (Oktober 2000)

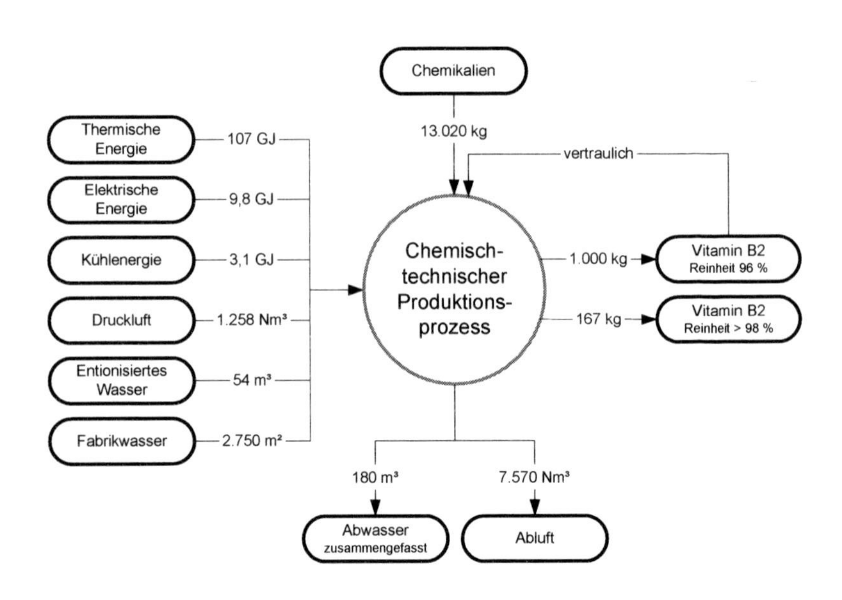

Abbildung 8: Vergleich der ausgewerteten Bilanzierungsmodelle

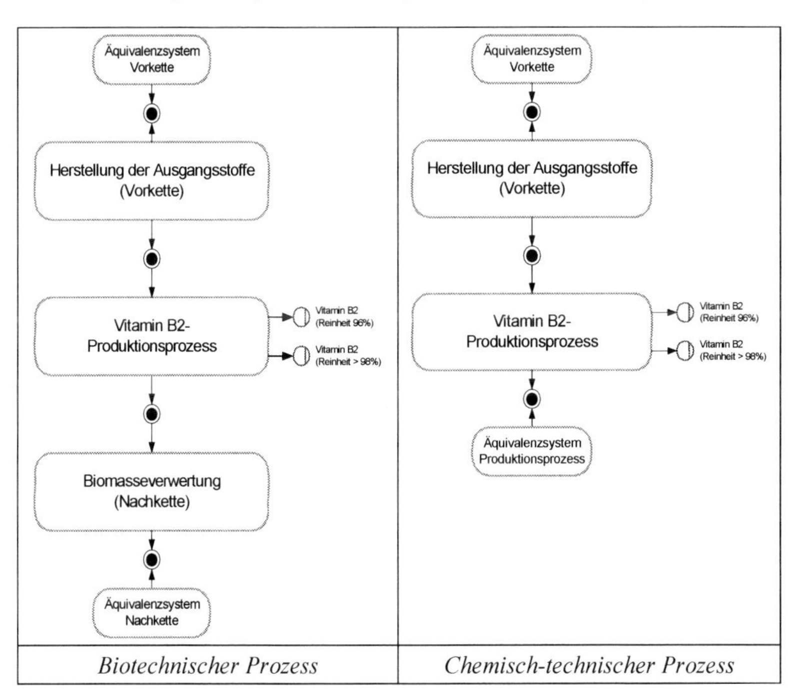

3.2 Vergleich der Bilanzierungsergebnisse

3.2.1 Inputseitige Sachbilanzparameter und Wirkungskategorien

Stellvertretend für alle inputseitigen Sachbilanzparameter sind in Tabelle 3 neben dem Wasserbedarf die Stoff- und Energieeinsätze zusammengefasst, die für die Auswertung der Wirkungskategorie Ressourcenbeanspruchung notwendig sind. Alle in der Tabelle nicht aufgeführten inputseitigen Sachbilanzparameter enthält der Anhang des Berichtes von Hoppenheidt et al. (2005).

Die Werte der Tabelle zeigen, dass der Aufwand an KEA fossil (Energie aus fossilen Energieträgern) beim bilanzierten *biotechnischen Prozess* um fast die Hälfte niedriger war als beim *chemisch-technischen Prozess*. Zurückzuführen ist das auf den höheren Bedarf an thermischer Energie des *chemisch-technischen Prozesses*, der zum größten Teil aus

Tabelle 3: Auf die funktionelle Einheit bezogene Netto-Ergebnisse für ausgewählte inputseitige Sachbilanzparameter

	Einheit	*biotechnischer Prozess*	*chemisch-technischer Prozess*
Kumulierter Energieaufwand			
KEA fossil	GJ	298	513
KEA regenerativ	GJ	2	1
KEA Kernkraft	GJ	88	69
KEA Wasserkraft	GJ	2	5
KEA sonstige	GJ	0,6	2
KEA solar	GJ	0,14	0,01
Fossile Energieträger			
Erdöl	kg	1.475	3.756
Erdgas	kg	3.167	7.902
Steinkohle	kg	2.107	2.612
Braunkohle	kg	5.707	2.904
Mineralische Rohstoffe			
Bauxit	kg	-	0,33
Kalkstein	kg	396	280
Kaliumchlorid	kg	127	-
Natriumchlorid	kg	2.338	5.501
Rohkali	kg	277	149
Rohphosphat	kg	767	17
Schwefel	kg	256	487
Wasserbedarf			
Kühlwasser	m^3	3.960	1.520
Wasser (Kesselspeise)	m^3	1.000	360
Wasser (Prozess)	m^3	2	95
Wasser, aufbereitet*	m^3	56	59
Wasser, unspezifisch	m^3	4.260	2.990
Grundwasser	m^3	< 1	< 1
Naturraum			
Fläche K5	m^2	- 1.412	- 88
Fläche K6	m^2	14.102	877
Fläche K7	m^2	-	0,002

* entionisiert, entkarbonisiert, entkalkt

fossilen Rohstoffen erzeugt wurde. Dagegen wurde für den *biotechnischen Prozess* ein größerer KEA Kernkraft (Kernenergie) bilanziert, der aus dem höheren Bedarf an elektrischer Energie, die zu über 30 % in Kernkraftwerken erzeugt wurde, resultiert. Die Beanspruchung fossiler Rohstoffe unterstreicht das Ergebnis für den Energiebedarf. Beim *chemisch-technischen Prozess* wurde mehr als doppelt so viel Erdgas und Erdöl als beim *biotechnischen Prozess* benötigt. Dasselbe gilt auch für den Bedarf an Steinkohle, wenn auch mit einem geringeren Unterschied zwischen den beiden Prozessen. Für Braunkohle war der Bedarf beim *biotechnischen Prozess* dagegen im Vergleich zum *chemisch-technischen Prozess* fast doppelt so groß.

Die Beanspruchung mineralischer Ressourcen zeigt, dass beim bilanzierten *biotechnischen Prozess* zum Teil deutlich mehr Kalkstein, Rohkali, Rohphosphat und Kaliumchlorid benötigt wurde, während beim *chemisch-technischen Prozess* der Bedarf an Bauxit, Schwefel und Natriumchlorid überwog. Dabei ist aber zu beachten, dass bei beiden Prozessen der Bedarf an Natriumchlorid den der anderen Rohstoffe deutlich übertraf. Aus der Zusammenfassung des Wasserbedarfs ist zu sehen, dass der bilanzierte *biotechnische Prozess* zum Teil deutlich mehr Kühlwasser und unspezifiziertes Wasser verlangte, wogegen der *chemisch-technische Prozess* mehr Prozesswasser und aufbereitetes Wasser benötigte.

3.2.1.1 Sektorale Beitragsanalyse am Beispiel KEA gesamt

Abbildung 9 zeigt, dass der Energieverbrauch beim bilanzierten *biotechnischen Prozess* etwa 1/3 niedriger war, als beim *chemisch-technischen Prozess*.

Bei beiden Szenarien wurde das *Brutto-Ergebnis* überwiegend durch den Energiebedarf für die Herstellung der Ausgangsstoffe bestimmt. Beim *biotechnischen Prozess* waren 58 % des KEA gesamt diesem Teilsystem zuzuschreiben. Da der Energiebedarf für das Teilsystem Biomasseverwertung sehr gering war (der größte Teil wurde über das erzeugte Biogas abgedeckt), war der restliche KEA gesamt fast vollständig dem Vitamin B2-Produktionsprozess zuzuordnen. Beim bilanzierten *chemisch-technischen Prozess* waren 69 % des KEA gesamt der Herstellung der Ausgangsstoffe zuzuschreiben. Der restliche KEA gesamt war für den Vitamin B2-Produktionsprozess aufzubringen.

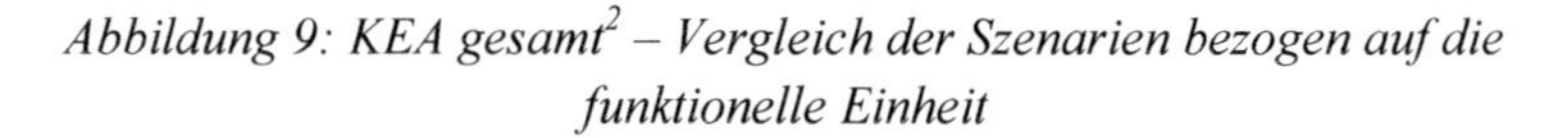

Abbildung 9: KEA gesamt[2] – Vergleich der Szenarien bezogen auf die funktionelle Einheit

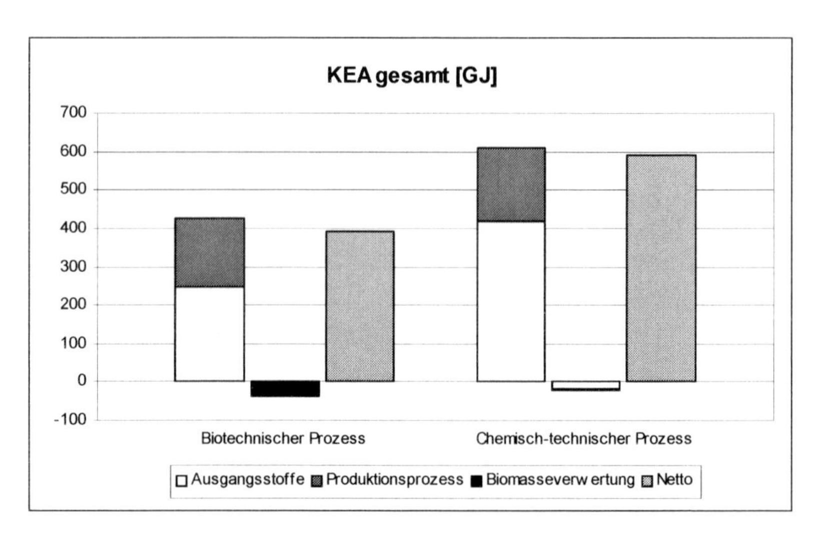

Beim bilanzierten *biotechnischen Prozess* fielen relevante *Gutschriften* aus der Biomasseverwertung an. Durch die Vergärung der Biomasse wurde Biogas und damit Energie erzeugt, wodurch der Bedarf an Primärenergieträgern zur Erzeugung von elektrischer und thermischer Energie reduziert wurde. Außerdem wurden durch die landwirtschaftliche Kompostverwertung synthetische Düngemittel substituiert, was sich hauptsächlich in verminderten Aufwendungen für die Herstellung von Stickstoffdünger widerspiegelte.

Beim *chemisch-technischen Prozess* fielen deutlich geringere Gutschriften an. Diese ergaben sich überwiegend bei der Herstellung der Ausgangsstoffe. Hauptsächlichen Anteil hatte daran die Substitution von thermischer Energie infolge einer Energiegutschrift bei der Methanolherstellung. Ein kleinerer Teil der Gutschriften resultierte auch aus dem Vitamin B2-Produktionsprozess. Durch die Weiterverwendung von Methanol und Ammoniak aus dem Produktionsprozess wurden Aufwendungen vermieden, die bei der konventionellen Herstellung der beiden Stoffe anfallen würden.

[2] Ohne Berücksichtigung von KEA solar

Die Verrechnung der Gutschriften reduzierte die Brutto-Ergebnisse um 9 % auf einen KEA gesamt von 391 GJ für den bilanzierten *biotechnischen Prozess* und um 3 % auf einen KEA gesamt von 590 GJ für den *chemisch-technischen Prozess*.

Fazit: Der Energiebedarf für die Produktion von 1.000 kg Vitamin B2-96% und 167 kg Vitamin B2-98% (DSM) war beim bilanzierten *biotechnischen Prozess* ca. 34 % niedriger als beim *chemisch-technischen Prozess.*

3.2.2 Outputseitige Sachbilanzparameter und Wirkungskategorien

Stellvertretend für alle outputseitigen Sachbilanzparameter sind in Tabelle 4 neben dem Abfall- und Abwasseraufkommen die Luft- und Wasseremissionen zusammengefasst, die für die Auswertung der UBA-Wirkungskategorien Treibhauseffekt, Versauerung, Eutrophierung und Ozonbildung sowie Humantoxikologie und Ökotoxikologie notwendig waren. Alle in der Tabelle nicht aufgeführten outputseitigen Sachbilanzparameter enthält der Anhang des Berichtes von Hoppenheidt et al. (2005).

Die Werte der Tabelle zeigen, dass der bilanzierte *biotechnische Prozess* gegenüber dem *chemisch-technischen Prozess* für fast 2/3 der aufgeführten Luftparameter geringere Emissionen aufwies. Bezogen auf den Stoffeintrag ins Wasser brachte der Vergleich der Emissionswerte ein umgekehrtes Ergebnis. Hier wies der *biotechnischer Prozess* gegenüber dem *chemisch-technischen Prozess* für fast 2/3 der aufgeführten Wasserparameter höhere Emissionen auf. Das Abfallaufkommen war beim *biotechnischen Prozess* insgesamt geringer als beim *chemisch-technischen Prozess* mit (Ausnahme Kompostanfall). Für das Abwasseraufkommen ergab der Vergleich ein umgekehrtes Ergebnis.

Tabelle 4: Auf die funktionelle Einheit bezogene Netto-Ergebnisse für ausgewählte outputseitige Sachbilanzparameter

	Einheit	*biotechnischer Prozess*	*chemisch-technischer Prozess*
Emissionen in die Luft			
Ammoniak	kg	8,42	1,15
Benzo(a)pyren	mg	6,75	3,42
Benzol	kg	0,051	0,52
Blei	mg	277	161
Cadmium	mg	94,8	34,2
Chlorwasserstoff	kg	0,69	1,83
Dieselpartikel	kg	0,76	0,82
Distickstoffmonoxid	kg	5,96	2,87
Fluorwasserstoff	kg	0,05	0,05
Formaldehyd	kg	0,17	0,12
CO_2, fossil und unspezifisch	kg	22.423	31.310
Kohlenmonoxid	kg	15,4	41,7
Methan	kg	33,7	63,9
NMVOC	kg	3,32	7,28
NOx	kg	65,3	114
PAH	mg	383	47,2
Perfluormethan	mg	- 0,088	4,8
Schwefeldioxid	kg	53,2	146
Schwefelwasserstoff	mg	60,8	362
Staub	kg	11,7	37,8
VOC	kg	18,1	44,2
Emissionen ins Wasser			
Ammonium	kg	8,16	1,48
AOX	mg	2,36	7.749
Blei	kg	0,0051	0,0026
Chlorid	kg	100	239
Chrom	mg	207	74,6
CSB	kg	70,8	110
Fluorid	mg	2.244	809
Kohlenwasserstoffe, halog.	µg	1,67	0,60
Kohlenwasserstoffe, sonst.	kg	0,001	2,04
Nitrat	kg	20	7,08

	Einheit	*biotechnischer Prozess*	*chemisch-technischer Prozess*
P als P2O5	mg	-	436
PAH	µg	0,19	0,070
Phosphorverb. als P	kg	4,99	0,68
Stickstoffverb. als N	kg	0,0005	0,34
Stickstoffverb., unspezifisch	mg	0,00012	14.518
Sulfid	mg	15,1	13,7
Zink	mg	295	109
Zinn	mg	0,73	0,26
Abfallaufkommen			
Abfälle zur Beseitigung	kg	75	439
Abfälle zur Verwertung	kg	294	841
Abfälle ohne Zuordnung	kg	- 3	9
Abraum	kg	52.870	85.350
Kompost (verwertet)	kg	3.150	-
Abwasseraufkommen			
Abwasser (Kesselschl.)	m^3	1000	360
Abwasser (Kühlwasser)	m^3	1.430	607
Abwasser (Prozess)	m^3	0,2	2,5
Abwasser geklärt	m^3	373	238
Abwasser sonstige	m^3	0,04	0,6
Wasserdampf	m^3	2.540	979

Negative Werte: „Einsparung“ durch die Verrechnung von Gutschriften

3.2.2.1 Sektorale Beitragsanalyse am Beispiel der Wirkungskategorie Treibhauseffekt

Abbildung 10 zeigt, dass beim bilanzierten *biotechnischen Prozess* fast 1/3 weniger treibhausrelevante Emissionen entstanden, als beim *chemisch-technischen Prozess*.

Abbildung 10: Treibhauspotential – Vergleich der Szenarien bezogen auf die funktionelle Einheit

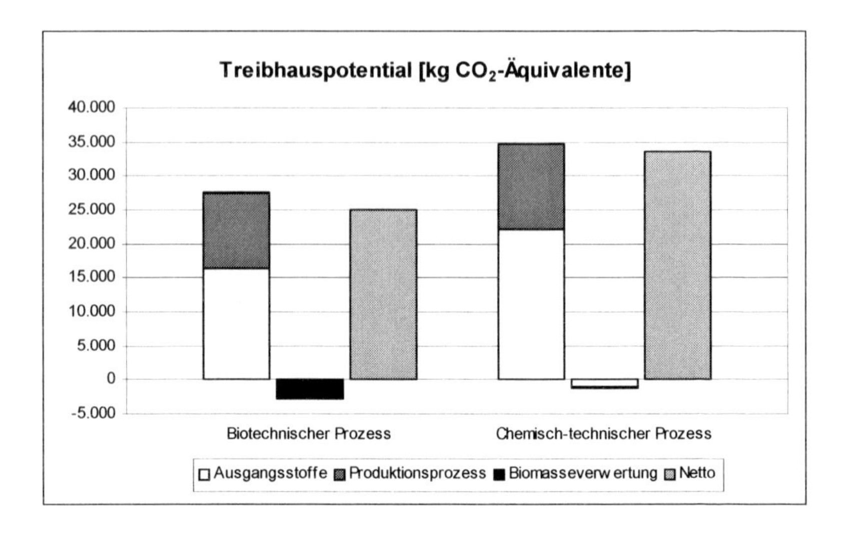

Das *Brutto-Ergebnis* wurde bei beiden Szenarien überwiegend durch Emissionen aus der Herstellung der Ausgangsstoffe bestimmt. Beim *biotechnischen Prozess* waren 59 % der CO_2-Äquivalente diesem Teilsystem zuzuordnen. Ein Großteil davon stammte aus dem Maisanbau, der Bereitstellung von Prozessdampf, thermischer und elektrischer Energie sowie der Herstellung von Natronlauge. Auf den Vitamin B2-Produktionsprozess entfielen fast die gesamten restlichen CO_2-Äquivalente. Beim *chemisch-technischen Prozess* waren 64 % der CO_2-Äquivalente der Herstellung der Ausgangsstoffe zuzuordnen. Auch hier stammte ein großer Teil aus der Bereitstellung von thermischer und elektrischer Energie sowie der Herstellung von Natronlauge. Daneben trug hauptsächlich die Herstellung von Chlor und Kohlenmonoxid zum Treibhauspotential bei. Die restlichen CO_2-Äquivalente kamen aus dem Vitamin B2-Produktionsprozess, und dort hauptsächlich aus der Bereitstellung thermischer Energie im standorteigenen Heizwerk.

Beim *biotechnischen Prozess* fielen relevante *Gutschriften* durch die Biomasseverwertung an (Biogasgewinnung, Düngemittelgehalte von Komposten). Beim *chemisch-technischen Prozess* konnten nur geringe

Gutschriften verrechnet werden. Diese resultierten hauptsächlich aus der Verwertung von Nebenprodukten der Ausgangsstoffherstellung.

Die Verrechnung der Gutschriften reduzierte die Brutto-Ergebnisse um 10 % auf ein Treibhauspotential von 25.034 kg CO_2-Äquivalente für den *biotechnischen Prozess* und um 3 % auf ein Treibhauspotential von 33.543 kg CO_2-Äquivalente für den *chemisch-technischen Prozess*.

Fazit: Für die Produktion von 1.000 kg Vitamin B2-96% und 167 kg Vitamin B2-98% (DSM) war die Emission an CO_2-Äquivalenten beim *biotechnischen Prozess* um ca. 25 % niedriger als beim *chemisch-technischen Prozess.*

3.2.2.2 Sektorale Beitragsanalyse am Beispiel der Wirkungskategorie Versauerung

Abbildung 11 zeigt, dass das Versauerungspotential beim bilanzierten *biotechnischen Prozess* weniger als halb so hoch war, wie beim *chemisch-technischen Prozess.*

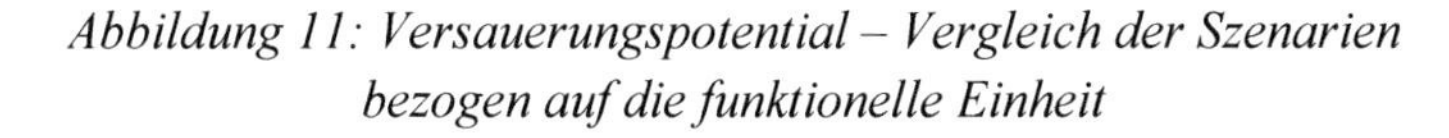

Abbildung 11: Versauerungspotential – Vergleich der Szenarien bezogen auf die funktionelle Einheit

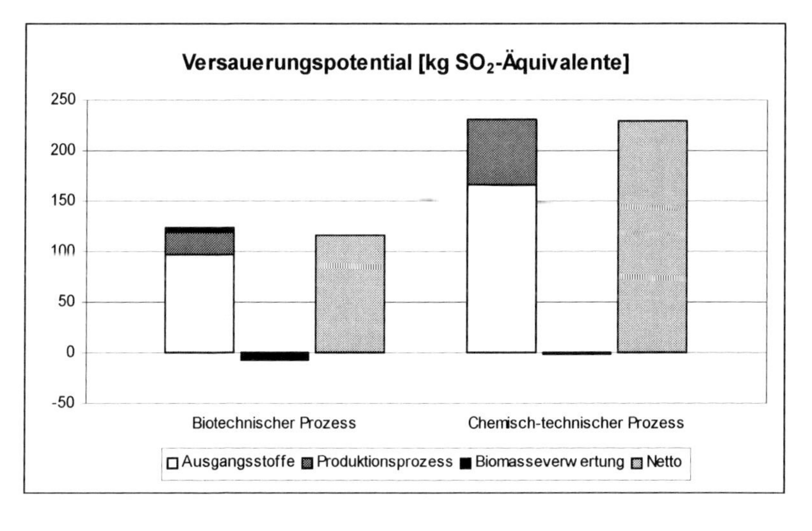

Bei beiden Prozessen wurde das *Brutto-Ergebnis* hauptsächlich durch Emissionen aus der Herstellung der Ausgangsstoffe bestimmt. Beim bilanzierten *biotechnischen Prozess* stammten 79 % der SO_2-Äquivalente aus diesem Teilsystem. Beim *chemisch-technischen Prozess* waren es 72 % der SO_2-Äquivalente.

Beim *biotechnischen Prozess* fielen relevante *Gutschriften* durch die Biomasseverwertung (Biogasgewinnung, Düngemittelgehalte des Komposts) an. Beim *chemisch-technischen Prozess* unterschieden sich die Brutto- und Netto-Ergebnisse nur unwesentlich voneinander.

Die Verrechnung der Gutschriften reduzierte die Brutto-Ergebnisse um 6 % auf ein Versauerungspotential von 115 kg SO_2-Äquivalente für den *biotechnischen Prozess* und um weniger als 1 % auf ein Versauerungspotential von 229 kg SO_2-Äquivalente für den *chemisch-technischen Prozess*.

Fazit: Für die Produktion von 1.000 kg Vitamin B2-96% und 167 kg Vitamin B2-98% (DSM) war die Emission an SO_2-Äquivalenten beim *biotechnischen Prozess* um ca. 50 % niedriger als beim *chemisch-technischen Prozess*.

3.2.2.4 Sektorale Beitragsanalyse am Beispiel der Wirkungskategorie Humantoxizität

Stellvertretend für die ausgewählten humantoxisch eingestuften Parameter sind in Abbildung 12 die Bruttobeiträge und Gutschriften der Teilsysteme sowie die Netto-Ergebnisse für Cadmium und Schwefeldioxid dargestellt.

Die Abbildung zeigt, dass der *biotechnische Prozess* für Cadmium etwa dreimal höhere und für Schwefeldioxid etwa dreimal niedrigere Emissionen verursachte, als der *chemisch-technische Prozess*.

Mit einer Ausnahme wurden die *Brutto-Ergebnisse* für die fünf untersuchten Parameter Benzo(a)pyren, Blei, Cadmium, Schwefeldioxid und Staub im Wesentlichen durch Emissionen aus der Herstellung der Ausgangsstoffe bestimmt (zwischen 71 % und 99 %). Während beim *chemisch-technischen Prozess* die gesamten restlichen Emissionen auf dem

Vitamin B2-Produktionsprozess entfielen, kamen beim *biotechnischen Prozess* bis zu 5 % auch aus der Biomasseverwertung. Die Ausnahme bildete Blei beim *biotechnischen Prozess:* Für diesen Parameter stammten 85 % der Emissionen aus dem Vitamin B2-Produktionsprozess und der Rest aus der Herstellung der Ausgangsstoffe.

Abbildung 12: Humantoxizität am Beispiel von Cadmium und Schwefeldioxid – Vergleich der Szenarien bezogen auf die funktionelle Einheit

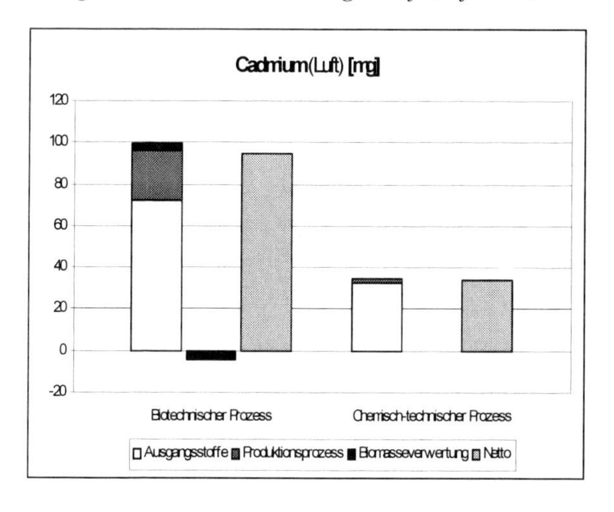

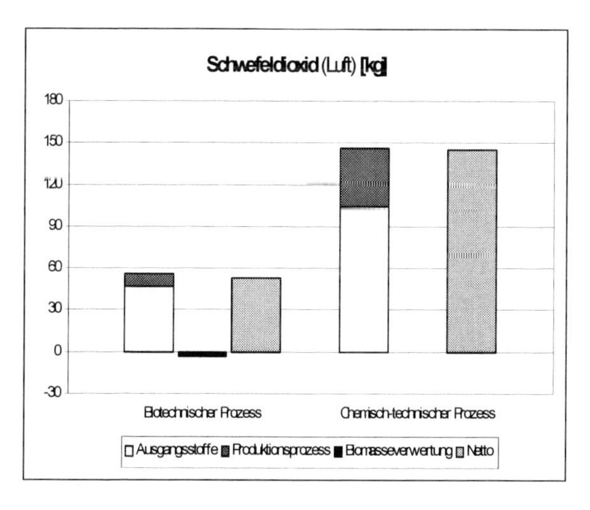

Beim *biotechnischen Prozess* reduzierte die Verrechnung von Gutschriften die Brutto-Ergebnisse zwischen 3 % für Staub und 10 % für Blei. Der größte Teil der Gutschriften ging auf die Biomasseverwertung zurück (Ausnahme Benzo(a)pyren: Ausgangsstoffe). Beim *chemisch-technischen Prozess* fiel nur für Benzo(a)pyren eine Gutschrift in Höhe von 7 % des Brutto-Ergebnisses beim Vitamin B2-Produktionsprozess an.

Fazit: Beim *biotechnischen Prozess* wurden für die humantoxisch eingestuften Parameter Benzo(a)pyren, Blei und Cadmium höhere bzw. für Schwefeldioxid und Staub niedrigere Emissionswerte als beim *chemisch-technischen Prozess* bilanziert.

3.2.2.4 Sektorale Beitragsanalyse am Beispiel der Wirkungskategorie Ökotoxizität

3.2.2.4.1 Luftemissionen

Stellvertretend für die ausgewählten als ökotoxikologisch relevant eingestuften Parameter (Luftemissionen) sind in Abbildung 13 die Bruttobeiträge der Teilsysteme und Gutschriften sowie die Netto-Ergebnisse für Ammoniak und Stickoxide dargestellt.

Die Abbildung zeigt, dass der *biotechnische Prozess* für Ammoniak mehr als siebenmal höhere und für Stickoxide etwa die Hälfte niedrigere Emissionen verursachte, als der *chemisch-technische Prozess.*

Mit einer Ausnahme wurden die *Brutto-Ergebnisse* für die fünf untersuchten Parameter Ammoniak, Fluorwasserstoff, Schwefeldioxid, Schwefelwasserstoff und Stickoxide im Wesentlichen durch Emissionen aus der Herstellung der Ausgangsstoffe bestimmt (zwischen 70 % und 99 %). Während beim *chemisch-technischen Prozess* die gesamten restlichen Emissionen auf dem Vitamin B2-Produktionsprozess entfielen, kamen beim *biotechnischen Prozess* bis zu 17 % auch aus der Biomasseverwertung.

Abbildung 13: Ökotoxizität (Luftemissionen) am Beispiel von Ammoniak und Stickoxiden – Vergleich der Szenarien bezogen auf die funktionelle Einheit

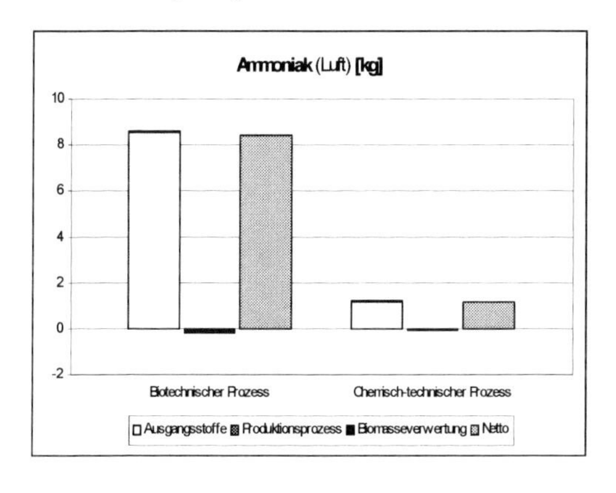

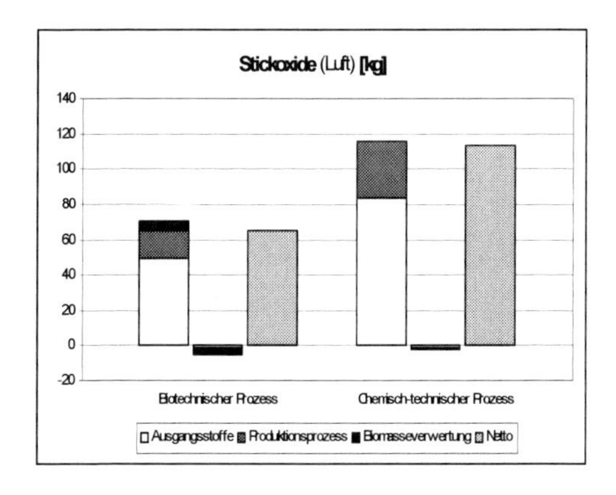

Beim *biotechnischen Prozess* reduzierte die Verrechnung von *Gutschriften* die Brutto-Ergebnisse zwischen 2 % für Ammoniak und 21 % für Fluorwasserstoff. Der größte Teil der Gutschriften resultierte dabei aus der Biomasseverwertung. Beim *chemisch-technischen Prozess* fielen für Ammoniak und Schwefelwasserstoff Gutschriften in Höhe von 4 % und 9 % der Brutto-Ergebnisse an (Ammoniak: beim Vitamin B2-Produktionsprozess; Schwefelwasserstoff: bei der Herstellung der Ausgangsstoffe).

Fazit: Beim *biotechnischen Prozess* wurden für die als ökotoxikologisch relevant eingestuften Parameter (Luftemissionen) Ammoniak und Fluorwasserstoff höhere bzw. für Schwefeldioxid, Schwefelwasserstoff und Stickoxide niedrigere Emissionswerte als beim *chemisch-technischen Prozess* berechnet, wobei für Fluorwasserstoff die Mehremission mit + 10 % gering ausfiel.

3.2.2.4.2 Wasseremissionen

Stellvertretend für die ausgewählten als ökotoxikologisch relevant eingestuften Parameter (Wasseremissionen) sind in Abbildung 14 die Bruttobeiträge und Gutschriften der Teilsysteme sowie die Netto-Ergebnisse für Ammonium und Chlorid dargestellt.

Die Abbildung zeigt, dass der *biotechnische Prozess* für Ammonium mehr als fünfmal höhere und für Chlorid fast dreimal niedrigere Emissionen verursachte, als der *chemisch-technische Prozess.*

Beim *biotechnischen Prozess* wurden die *Brutto-Ergebnisse* der vier untersuchten Parameter (Ammonium, AOX, Chlorid und KW) durch unterschiedliche Teilsysteme bestimmt. Während für AOX und die Kohlenwasserstoffe die Emissionen mit 85 % und 99 % hauptsächlich aus dem Vitamin B2-Produktionsprozess stammten, kamen fast alle Emissionen (jeweils 99 %) für Ammonium aus der Biomasseverwertung und für Chlorid aus der Herstellung der Ausgangsstoffe. Beim *chemisch-technischen Prozess* war der größte Teil der Emissionen für Ammonium und AOX mit 79 % und 99 % dem Vitamin B2-Produktionsprozess zuzuschreiben. Für Chlorid und die Kohlenwasserstoffe entstanden die Emissionen fast ausschließlich (jeweils 99 %) bei der Herstellung der Ausgangsstoffe.

Beim *biotechnischen Prozess* fiel nur für AOX eine relevante *Gutschrift* in Höhe von 10 % des Brutto-Ergebnisses durch die Biomasseverwertung an. Beim *chemisch-technischen Prozess* waren die Brutto- und Netto-Ergebnisse fast identisch.

Abbildung 14: Ökotoxizität (Wasseremissionen) am Beispiel von Ammonium und Chlorid - Vergleich der Szenarien bezogen auf die funktionelle Einheit

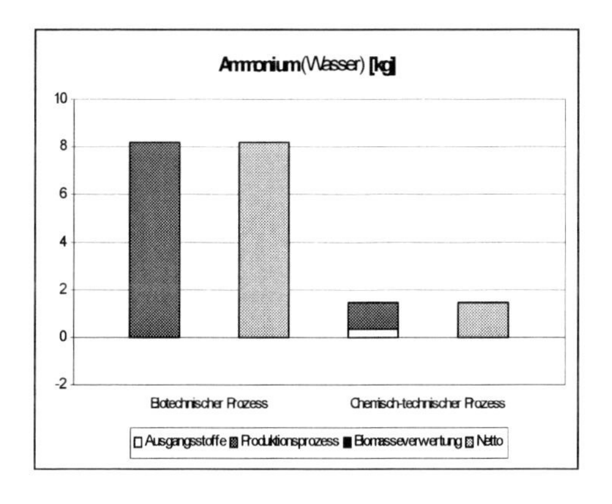

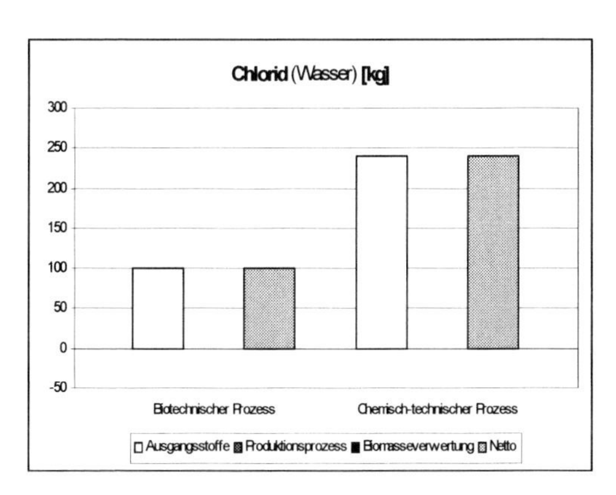

Fazit: Beim *biotechnischen Prozess* wurden für den als ökotoxikologisch relevant eingestuften Parameter (Wasseremissionen) Ammonium höhere bzw. für AOX, Chlorid und Kohlenwasserstoffe niedrigere Emissionswerte als beim *chemisch-technischen Prozess* bilanziert.

3.2.3 Zusammenfassung der Einzelergebnisse

Die Ergebnisse der vergleichenden Auswertung der Vitamin B2-Produktion bei der DSM Nutritional Products (vormals Roche Vitamine GmbH) mit dem *biotechnischen Prozess* bzw. dem *chemisch-technischen Prozess* sind in Tabelle 5 zusammengefasst. Zum Vergleich wurden zudem die Einwohnerwerte für die hier betrachtete funktionelle Einheit (*Produktion von 1.000 kg Vitamin B2*) berechnet und bei der nachfolgenden Diskussion berücksichtigt.

Die Tabelle zeigt, dass beim bilanzierten *biotechnischen Prozess* gegenüber dem *chemisch-technischen Prozess* für die *aggregierten* Wirkungskategorien kumulierter Energieaufwand (KEA-Ressourcenbeanspruchung), Treibhaus-, Versauerungs-, terrestrisches Eutrophierungs- und Ozonbildungbildungspotential deutliche Umweltentlastungen ermittelt wurden. Das aquatische Eutrophierungspotential war beim *biotechnischen Prozess* allerdings um 2,8 Einwohnerwerte höher, als beim *chemisch-technischen Prozess.*

Bei den als humantoxisch eingestuften und ausgewerteten 5 *Einzelstoffen* ergab der Verfahrensvergleich für die Parameter Benzo(a)pyren und Blei nur geringfügige Unterschiede bei einem geringen Belastungsniveau. Die relativ geringen Cadmiumemissionen waren beim *biotechnischen Prozess* um 0,45 Einwohnerwerte höher als beim *chemisch-technischen Prozess*. Bei den in relevanten Mengen emittierten Schwefeldioxid und Staub ergab der Verfahrensvergleich für die Anwendung des biotechnischen Verfahrens eine ausgeprägte Umweltentlastung.

Bei den als ökotoxisch eingestuften und ausgewerteten 9 *Einzelstoffen* dokumentieren die Daten des *biotechnischen Prozesses* bei 6 Parametern (Schwefeldioxid (L); Schwefelwasserstoff (L); Stickoxide (L); AOX (W); Chlorid (W); Kohlenwasserstoffe (W)) z.T. deutliche Umweltentlastungen im Vergleich zum *chemisch-technischen Prozess*. Bei 2 Parametern (Ammoniak (L); Ammonium (W)) ergaben sich für den *biotechnischen Prozess* höhere Emissionswerte und bei einem Parameter (Fluorwasserstoff (L)) lagen die Emissionen bei beiden Verfahren auf einem niedrigen Niveau. An dieser Stelle ist darauf hinzuweisen, dass die Ergebnisse zu den Stoffeinträgen in das aquatische System zum größten Teil auf Modellannahmen für Abwasserparameter des Vitamin B2-Produktionsprozesses beruhen, die aus Abwasserberichten abgeschätzt wurden. Außerdem wird ausdrücklich darauf hingewiesen, dass die Einzelergebnisse nur einen Vergleich der hier ausgewerteten Verfahren erlauben.

Tabelle 5: Zusammenfassung der Ergebnisse der Wirkungsabschätzung

		Biotechnischer Prozess	Chemisch-technischer Prozess	Biotechnischer Prozess	Chemisch-technischer Prozess	Differenz (Bio. - Chem.)
	Einheit			Einwohnerwerte	Einwohnerwerte	Einwohnerwerte
Wirkungskategorien, aggregiert						
KEA	GJ	391	**590**	2,24	**3,38**	-1,14
Treibhauspotential	Mg CO_2-Äq.	25,0	**33,5**	2,12	**2,84**	-0,72
Versauerungspotentia	kg SO_2-Äq.	115	**229**	2,84	**5,63**	-2,79
Eutrophierungspotential (terrestr.)	kg PO_4-Äq.	11,4	**15,2**	2,19	**2,91**	-0,73
Eutrophierungspotential (acuat.)	kg PO_4-Äq.	**21,4**	5,8	**3,85**	1,04	**2,81**
Ozonbildungspotential (POCP)	kg Eth-Äq.	8,6	**20,3**	0,99	**2,35**	-1,36
Humantoxische Einzelstoffe						
Benzo(a)pyren (L)	g	**0,0067**	0,0034	**0,04**	0,02	0,02
Blei (L)	g	**0,28**	0,16	**0,04**	0,02	0,02
Cadmium (L)	g	**0,095**	0,034	**0,71**	0,26	**0,45**
Schwefeldioxid (L)	kg	53,2	**145,56**	5,51	**15,1**	-9,55
Staub (L)	kg	11,7	**37,7**	3,73	**12,0**	-8,25
Ökotoxische Einzelstoffe						
Ammoniak (L)	kg	**8,42**	1,15	**1,11**	0,15	**0,96**
Fluorwasserstoff (L)	kg	0,05	0,05	0,03	0,03	0,00
Schwefeldioxid (L)	kg	53,2	**146**	5,51	**15,1**	-9,55
Schwefelwasserstoff (L)	g	0,061	**0,36**	--	--	--
Stickoxide (L)	kg	65,3	**114**	3,36	**5,85**	-2,49
Ammonium (W)	kg	**8,16**	1,48	**2,92**	0,53	**2,39**
AOX (W)	g	0,0024	**7,75**	0,000045	**0,15**	-0,15
Chlorid (W)	kg	100	**239**	--	--	--
Kohlenwasserstoffe (W)	kg	0,001	**2,04**	0,01	**39,3**	-39,25

4 Ausblick zur Bedeutung ökobilanzieller Vergleiche

Die durchgeführte vergleichende ökobilanzielle Auswertung sollte aufzeigen, in welchem Ausmaß Umweltentlastungen erzielt werden können, wenn ein chemisch-technisches Verfahren durch eine biotechnische Alternative substituiert wird.

Hierbei ist zu beachten, dass die Spannbreite der Anwendungen chemisch-technischer und biotechnischer Verfahren außerordentlich groß ist, so dass die durchgeführten Auswertungen nur exemplarischen Charakter haben können. Außerdem konnten nur Anwendungen ausgewertet werden, für die es bio- *und* chemisch-technische Lösungsansätze gab. Somit blieben bei der Auswertung jene „Domänen" unberücksichtigt, in denen ausschließlich eine der Herstellungsvarianten vorhanden ist. Beispielsweise ist die Anwendung biotechnischer Herstellungsverfahren im Nahrungsmittelsektor unumstritten; chemisch-technische Herstellungsverfahren stehen hier – aus unterschiedlichen Gründen – nicht zur Verfügung. Biotechnische Varianten fehlen dagegen in den Chemiesparten der Petrochemie und der Herstellung anorganischer Grundchemikalien.

Bei der vergleichenden Auswertung ist weiter zu beachten, dass der jeweilige Istzustand von real existierenden Verfahren betrachtet worden ist. Die derzeit betriebenen Verfahren wurden bisher jedoch nicht hinsichtlich der Minimierung der Umweltbelastungen optimiert, so dass der aktuelle Entwicklungsstand bislang nicht ausgeschöpfte Umweltentlastungspotentiale nicht berücksichtigt. Insofern sind weitergehende Aussagen hinsichtlich etwaiger grundsätzlicher Vorteile einer Herstellungsvariante auf der bestehenden Datenbasis nicht möglich. Technische Fortschritte könnten z.B. in relativ kurzer Zeit Nachteile einer Verfahrensvariante eliminieren: So hat die stürmische Entwicklung der Molekularbiologie und den Gentechnik die Wiedereinführung der biotechnischen Vitamin B2-Produktion zu Ungunsten des chemisch-technischen Verfahrens ermöglicht.

Die Ergebnisse des Verfahrensvergleichs sollten deshalb primär dazu dienen, jene Abschnitte im Lebensweg eines Produktes zu identifizieren, die ein hohes Umweltbelastungspotential aufweisen. Diese Erkenntnis kann dann Ausgangspunkt für zielgerichtete Optimierungen des Ressourcenbedarfs und der Emissionen sein.

Die in dieser Studie angewandten ökobilanziellen Betrachtungen sowie die sektorale Darstellung der Ergebnisse gestatten eine rasche Beurteilung, ob die Ausgangsstoffe (Vorketten), der Herstellungsprozess bzw. die Entsorgung das Gesamtergebnis maßgeblich beeinflussen. Wenn die Ergebnisse für betriebsinterne Auswertungen genutzt werden, wäre eine noch detailliertere Darstellung hilfreich, wie sie z.B. Renner u. Klöpffer (2003) für das Beispiel der Indigoherstellung gewählt haben. Aus Vertraulichkeitsgründen mussten in dieser Studie jedoch summarische Darstellungen gewählt werden, aus denen keine vertraulichen Betriebsdaten entnommen werden können.

Die Ergebnisse der Auswertungen haben für die Mehrzahl der Parameter beim untersuchten biotechnischen Verfahren reduzierte Umweltbelastungen ergeben. Wie bereits zuvor dargestellt wurde, hat auch die OECD (2001) in 21 Fallstudien aufzeigen können, dass durch die Anwendung moderner biotechnischer Verfahren eine Reduktion der Umweltbelastungen und der Betriebskosten erzielt werden kann. Die derzeit realisierten biotechnischen Verfahren sind jedoch unter Umweltgesichtspunkten nicht immer vorteilhaft: Analysen der BASF AG haben ergeben, dass die aktuellen chemisch-technischen Varianten der Herstellung von Astaxanthin und von Indigo die bessere Ökoeffizienz aufweisen (Baker u. Saling 2003; BASF 2004a, b). Auswertungen von Gerngross (1999) ergaben für die biotechnische Biopolymerproduktion höhere Umweltauswirkungen als die Polymerproduktion auf Erdölbasis.

Literatur

BACAS – Royal Belgian Academy Council of Applied Sciences (2004): Industrial Biotechnology and Sustainable Chemistry

Bachmann, R.; Bastianelli, E.; Riese, J.; Schlenzka, W. (2000): Using plants as plants. The McKinsey Quarterly, 2, p. 92-99

Baker, R.; Saling, P. (2003): Comparing natural with chemical additive production. Feed Mix, 11, p. 12-14

BASF AG (2004a): Label Eco-Efficiency Analysis Astaxanthin

BASF AG (2004b): Die Ökoeffizienz-Analyse – Ein Werkzeug für die Zukunft. Powerpoint-Präsentation; Quelle: www.oekoeffizienzanalyse.de

BIO – Biotechnology Industry Organization (2004): Internetpräsentation unter www.bio.org

BMU – Bundesministerium für Umwelt, Naturschutz und Reaktorsicherheit (2004a): Fakten zur nachhaltigen Abfallwirtschaft. Stand: 01. März 2004. Internetpräsentation

BMU – Bundesministerium für Umwelt, Naturschutz und Reaktorsicherheit (2004b): Entwicklung der Erneuerbaren Energien im Jahr 2003 in Deutschland. Erste vorläufige Abschätzung (Stand Februar 2004)

Bundesregierung Deutschland (2002): Perspektiven für Deutschland – Unsere Strategie für eine nachhaltige Entwicklung. Download von http://www.nachhaltigkeitsrat.de

D´Aquino, R. (2003): Green Factories for Pharmaceuticals. CEP, 1, p. 34S-36S

DECHEMA (2004): Weiße Biotechnologie: Chancen für Deutschland. Positionspapier der DECHEMA e.V.

DIN – Deutsches Institut für Normung e. V. (1999): DIN EN ISO 14041 – Umweltmanagement – Ökobilanz – Festlegung des Ziels und des Untersuchungsrahmens sowie Sachbilanz. Beuth Verlag, Berlin

EEA – European Environment Agency (2003): Europe's environment: the third assessment. Environmental assessment report No. 10. Download von http://www.eea.eu.int

Fachverband Biogas e. V. (2004): Anlagenstatistik. Internetpräsentation unter http://www.biogas.org

Festel, G.; Knöll, J.; Götz, H.; Zinke, H. (2004): Der Einfluss der Biotechnologie auf Produktionsverfahren in der Chemieindustrie. Chemie Ingenieur Technik, 76, 3, S. 307-312

Flaschel, E.; Sell, D. (2005): Charme und Chancen der Weißen Biotechnologie. Chemie Ingenieur Technik, 77, No. 9, S. 1298-1312

Gerngross, T. U. (1999): Can biotechnology move us toward a sustainable society? Nature Biotechnology, 17, 6

Hoppenheidt, K.; Mücke, W., Peche, R.; Tronecker, D.; Roth, U.; Würdinger, E.; Hottenroth, S.; Rommel, W. (2005): Entlastungseffekte für die Umwelt durch Substitution konventioneller chemisch-technischer Prozesse und Produkte durch biotechnische Verfahren. UBA-Schriftenreihe Texte 07/05; http://www.umweltbundesamt.de

Leuchtenberger, A. (1998): Grundwissen zur mikrobiellen Biotechnologie. B.G. Teubner, Stuttgart, Leipzig

Massey, V. (2000): The Chemical and Biological Versatility of Riboflavin. Biochemical Society Transactions, 28, 4, p. 283-296

Mieschendahl, M. (2004): Die weiße Biotechnik aus Sicht des Umweltbundesamtes. Vortrag, 2. Reisensburger Umweltbiotechnologie-Tag, 23.06.2004

OECD – Organisation for Economic Co-operation and Development (2001): The Application of Biotechnology to Industrial Sustainability

Renner, I. u. Klöpffer, W. (2003): Untersuchung der Anpassung von Ökobilanzen an spezifische Erfordernisse biotechnischer Prozesse und Produkte. Abschlussbericht zum UFOPLAN-Vorhaben 201 66 306

Stahmann, K.-P.; Revuelta, J. L.; Seulberger, H. (2000): Three biotechnical processes using Ashbya gossypii, Candida famata or Bacillus subtilis compete with chemical riboflavin production. Appl. Microbiol. Biotechnol., 53, 509-516

UNEP - United Nations Environment Programme (2002): Global Environment Outlook 3 - Past, present and future perspectives. Earthscan Publications Ltd., London

WCED – World Commission on Environment and Development (1987): Our Common Future. Oxford University Press

Die industrielle Biotechnologie – Chancen für eine nachhaltige Chemie

Garabed Antranikian und Ralf Grote

1 Definition der industriellen Biotechnologie

Unter der industrielle Biotechnologie, im deutschen Sprachraum häufig auch als weiße Biotechnologie bezeichnet, versteht man gemeinhin den innovativen Einsatz der Life Sciences für die nachhaltige Herstellung von (Fein-)Chemikalien, Wirkstoffen, neuen Materialien und Energieträgern aus nachwachsenden Rohstoffen unter Einsatz von Biokatalysatoren. In erster Linie werden dabei intakte Mikroorganismen (Ganzzellbiotranformation) oder deren Enzyme als Biokatalysatoren genutzt. Als Querschnittstechnologie integriert die industrielle Biotechnologie verschiedene Disziplinen der Natur- und Ingenieurswissenschaften, wie z.B. die Mikro- und Molekularbiologie, die Chemie, die Biochemie, die Bioverfahrenstechnik, die Materialwissenschaften und die Bioinformatik. Da sich die industrielle Biotechnologie am Leitbild der Nachhaltigkeit orientiert, werden diese Expertisen zusätzlich durch ökologische und soziale Komponenten ergänzt. In der allgemeinen „Farbenlehre" der Biotechnologie kann die industrielle (weiße) Biotechnologie eindeutig von der roten (Pharmazie/medizinische Anwendungen) und der grünen (Landwirtschaft) Biotechnologie abgegrenzt werden (Abb. 1). Zwar hat die weiße im Vergleich zur roten Biotechnologie ein Visibilitätsdefizit, ist allerdings in Sachen öffentlicher Akzeptanz der grünen Biotechnologie weit überlegen.

Auf Grund ihrer Stellung als interdisziplinäre Querschnittstechnologie wird der industriellen Biotechnologie nicht nur ein besonders großes Problemlösungspotenzial eingeräumt, sondern in ihr wird auch eine

Triebfeder für die Stärkung der Wettbewerbsfähigkeit der chemischen Industrie gesehen.

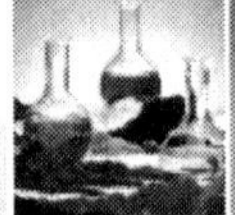

Weiße Biotechnologie (industrielle Biotechnologie)
Chemie
- Feinchemikalien
- Building Blocks
- Aminosäuren
- Vitamine
- Antibiotika
- Bioethanol
- Biogas

Rote Biotechnologie (medizinische Biotechnologie)
Gesundheit
- Diagnostika
- Therapeutika
- Impfstoffe

Abbildung 1: *Die Farbenlehre der Biotechnologie*

2 Biokatalysatoren – Motor der industriellen Biotechnologie

Den Motor der industriellen Biotechnologie bilden die Biokatalysatoren, also stoffwechselaktive Mikroorganismen (Ganzzellbiokatalyse) und Enzyme. Auf Grund ihrer außergewöhnlichen Stoffwechselleistungen werden Mikroorganismen schon seit Jahrhunderten in industriellen Produktionsverfahren eingesetzt. Die große Diversität in der Physiologie und Enzymausstattung dieser Kleinstlebewesen versetzt uns in die Lage, biotechnologische Verfahren zur Herstellung von Grund- und Feinchemikalien mit hoher Effizienz zu entwickeln. Durch Ganzzellbiotransformationen können Zucker oder komplexere Kohlenhydrate (Stärke, Cellulose) aus nachwachsenden Rohstoffen zu Wert schöpfenden Produkten (Alkohole, Aminosäuren, Essigsäure, Milchsäure, Wasserstoff und Methan) umgesetzt werden, ohne dabei auf Schwermetallkatalysatoren oder aggressive Lösungsmittel angewiesen zu sein.

Enzyme sind als katalytisch aktive Proteine in der Lage, sehr komplexe biochemische Reaktionen durchzuführen. Sie ermöglichen (bio-) chemische Umsetzungen in zellfreien Systemen, sind also auch außerhalb der lebenden Zelle aktiv. In enzymkatalysierten Umsetzungen wird eine Ausgangssubstanz in einem oder mehreren Schritten in ein hochwertiges Endprodukt umgewandelt. Enzyme spielen insbesondere eine herausragende Rolle bei der Herstellung von hoch reinen chemischen Substanzen, wie sie beispielsweise in der Arzneimittelherstellung benötigt werden. Biokatalysatoren arbeiten in der Regel präziser als chemische Katalysatoren, da sie eine höhere Selektivität aufweisen, d.h. nur bestimmte Ausgangsprodukte zu definierten Produkten umsetzen. Ein weiterer Vorteil von Enzymen ist ihre Enantioselektivität, die es ermöglicht, die Produktsicherheit beispielsweise in der Pharamaindustrie signifikant zu erhöhen. In der klassischen chemischen Synthese müssen die unerwünschten Enantiomere durch aufwändige Techniken aus dem Produkt entfernt werden.

3 Bedeutung der industriellen Biotechnologie

Die industrielle Biotechnologie nimmt innerhalb der nachhaltigen Chemie eine immer wichtigere Rolle ein, wie auch aktuelle Zahlen belegen. So beträgt der weltweite Umsatz an Enzymen ca. 5 Mrd. € bei einer jährlichen Wachstumsrate von 5-10%. Das Marktvolumen der mit Hilfe von Enzymen erzeugten Produkte liegt bei etwa 150 Mrd. € pro Jahr. Die Haupteinsatzgebiete für Enzyme sind Waschmittel (32%), technische Prozesse (20%) und die Herstellung von Lebensmitteln (33%) und Futtermitteln (11%). Die Mehrzahl der in industriellen Prozessen eingesetzten Enzyme sind Hydrolasen, Isomerasen, Oxidoreduktasen, Lyasen und Transferasen. Den Löwenanteil machen dabei die Hydrolasen aus, zu denen biotechnologisch relevante Enzyme wie Amylasen, Cellulasen, Xylanasen, Pektinasen, Chitinasen, Phytasen, Lipasen, Proteasen, Nitrilasen und Amidasen gehören.

Der Anteil der an der Herstellung von Feinchemikalien und Pharmaprodukten beteiligten Enzyme ist mit 4-5% des Weltmarktes vergleichsweise gering. Laut einer Studie von McKinsey & Company beträgt der Anteil der mit Hilfe biotechnologischer Verfahren erzeugten chemischen Produkte rund 5%, was einem Umsatz von 30 Mrd. € entspricht. Das für den Bereich der industriellen Biotechnologie hoch relevante Marktvolumen für Chiralika lag im Jahr 2000 lag bei ca. 5 Mrd. € und wird bis zum Jahr 2007 auf 15 Mrd. € ansteigen. Sowohl McKinsey & Company als auch Festel Capital gehen davon aus, dass die Bedeutung der Biotechnologie in der chemischen Industrie weiter anwachsen wird. Nach aktuellen Prognosen sollen im Jahr 2010 rund 20% aller Chemieprodukte in einer Größenordnung von rund 310 Mrd. US-Dollar auf biotechnologischem Weg hergestellt werden. Insbesondere bei der Produktion von Feinchemikalien (Aminosäuren, Wirkstoffe), Polymeren (auf Basis nachwachsender Rohstoffe), von Spezialchemikalien für die Lebensmittel-, Kosmetik-, Textil- und Lederindustrie sowie von Bulkchemikalien und Building Blocks wird die industrielle Biotechnologie zukünftig ökonomisch und ökologisch überlegene Konzepte anbieten. Die entscheidenden Triebkräfte für einen Wechsel zu biotechnologischen Produktionsverfahren sind:

- Einsparung von Rohstoffen und Energie
- Prozessvereinfachung: Ersatz mehrstufiger chemischer Syntheseverfahren durch biotechnologische Verfahren (Fermentation bzw. enzymatische Synthese)
- Optimierung der Produktaufarbeitung und -reinigung im Vergleich zu chemischen Syntheseverfahren
- Vermeidung bzw. Reduktion von Neben- und Abfallprodukten

4 Industrielle Biotechnologie in der Praxis

Prozesse und Produkte der industriellen Biotechnologie haben bereits heute in zahlreichen Fällen eine marktbeherrschende Position erobert. Insbesondere bei Aminosäuren (L-Glutaminsäure, L-Lysin), Carbonsäuren (L-Milchsäure, Zitronensäure) oder Vitaminen (Riboflavin/Vitamin B2, Vitamin C) liegt der Anteil der biotechnologisch hergestellten Produkte bei fast 100%. Bei der Produktion von Riboflavin hat innerhalb von

Tabelle 1: *Produkte der industriellen Biotechnologie im Tonnenmaßstab (DECHEMA 2004)*

Produkt	Weltjahres-produktion (t)	Marktwert Mio €	Anwendung
Säuren			
Zitronensäure	1.000.000	800	Lebensmittel, Waschmittel
Milchsäure	150.000	270	Lebensmittel, Leder, Textil, Kunststoff
Essigsäure	190.000	95	Lebensmittel, Reinigungsmittel
Amnoisäuren			
L-Glutamat	1.500.000	1.800	Geschmacksverstärker
L-Lysin	700.000	1.400	Futtermittel
L-Threonin	30.000	180	Futtermittel
L-Phenylalanin	10.000	100	Aspartam, Medizin
L-Cystein	500	20	Pharma, Lebensmittel
Lösungsmittel			
Bioethanol	18.500.000	7.400	Lösungsmittel, Grundchemikalien, Krfatstoffe
Antibiotika			
Penicilline	45.000	13.500	Medizin, Futtermittelzusatz
Cephalosporine	30.000	–	Medizin, Futtermittelzusatz
Tetracycline	5.000	250	Medizin
Bacitracin A	4	12	Wundheilung
7-ACA	4.000	–	Antibiotikaderivat
Biopolymere			
Dextran(-derivate)	2.600	520	Blutersatzstoff
Xanthan	40.000	336	Erdölförderung, Lebensmittel
Polylactid	140.000	315	Verpackung
Vitamine			
Ascorbinsäure (Vit. C)	80.000	640	Pharma, Lebensmittel
Ribovlavin (B_2)	30.000	–	Wirkstoff, Futtermittelzusatz
Kohlenhydrate			
High Fructose Syrup*	8.000.000	6.400	Getränke, Ernährung
Glucose*	20.000.000	6.000	Flüssigzucker
Fructooligosaccharide*	10.500	–	Prebiotikum
Cyclodextrine*	5.000	50	Kosmetik, Pharma, Lebensmittel
Aspartam[1]	10.000	850	Süßstoff

* Enzymatisch hergestellte Produkte, [1] Aspartan ist ein Aminosäurederivat

von 4 Jahren ein nahezu kompletter Wechsel von einem chemischen zu einem biotechnologischen Verfahren stattgefunden. Dabei konnten die Produktionskosten um ca. 50% gesenkt, die Mindestanlagengröße um den Faktor 10 gesenkt und der Investitionsbedarf für neue Kapazitäten fiel um 40% geringer aus. Die OECD sowie EuropaBio[1] zeigen eine Reihe von Fallbeispielen auf, bei denen die biotechnologische Erzeugung von Vitaminen, Medikamenten und Polymeren sowohl ökonomisch als auch ökologisch vorteilhaft ist. Eine Übersicht über die bereits heute im Tonnenmaßstab biotechnologisch hergestellten Produkte ist in Tabelle 1 wiedergegeben.

4.1 Antibiotikasynthese

Die 7-Aminocephalosporansäure (7-ACS) ist eine wichtige Ausgangssubstanz für die Herstellung einer Vielzahl von antimikrobiell wirksamen Antibiotika (Cephalosporine). Zusammen mit den Penicillinen stellen die Cephalosporine die umsatzstärkste Substanzklasse innerhalb der Antibiotika dar. In der Vergangenheit wurde 7-ACS durch chemische Verfahren hergestellt und umfasste eine Reihe von Reaktionen und Syntheseschritten unter Einsatz von umweltschädlichen Substanzen wie Zinksalze, Trimethylchlorsilan, Phosphopentachlorid und Dichlormethan. Durch energieaufwändige Destillationsverfahren wurden die Lösungsmittel recycliert. Die schwer abbaubaren Substanzen (z.B. Zink) mussten vor Einleitung in die biologische Abwasserreinigungsanlage abgetrennt werden. Aufgrund der hohen Entsorgungskosten wurde ein enzymatisches Verfahren zur Herstellung von 7-ACS entwickelt. Dadurch konnte auf den Einsatz von Chlorkohlenwasserstoffen und toxischen Hilfsstoffen verzichtet werden. Der Anteil an den Herstellungskosten, der auf die Abfallverbrennung sowie die Abwasser- und Abgasreinigung zurückzuführen war, sank dadurch von 21% auf 1%.

4.2 Synthese von Vitaminen

Vitamin B_2 (Riboflavin) hat zahlreiche positive Wirkungen auf den Menschen und beeinflusst das Wachstum der menschlichen Zellen, die

[1] White Biotechnology: Gateway to a More Sustainable Future, 2003.

Produktion von roten Blutkörpern und Antikörpern sowie die Versorgung der Haut mit Sauerstoff.

Während der chemisch-technische Produktionsweg einen achtstufigen Syntheseprozess nutzt, bei dem zwar nachwachsende Rohstoffe, aber auch verschiedene umweltrelevante Chemikalien zum Einsatz kommen, verläuft der biotechnische Herstellungsprozess nur über einen einstufigen Fermentationsprozess, für den neben nachwachsenden Rohstoffen nur geringe Mengen an chemischen Hilfsmitteln mit geringer Umweltrelevanz benötigt werden. Durch die Produktion des Vitamins mittels eines Pilzes, konnten die Herstellungs- und Umweltschutzkosten gegenüber dem chemischen Herstellungsverfahren um 40% reduziert werden.

4.3 Synthese von Bulkchemikalien und Polymeren

Ein gutes Beispiel für das Potenzial enzymatischer Verfahren bei der Herstellung von Bulk- und Basischemikalien ist Acrylamid, das als Ausgangsmaterial für die Produktion eines breiten Spektrums chemischer Derivate genutzt wird, sowohl in monomerer Form als auch in wasserlöslichen Polymeren. Wesentliche Vorteile des biokatalytischen Verfahrens, bei dem die Ausgangsverbindung Acrylnitril in einem ezymkatalysierten Hydratisierungsschritt in Acrylamid verwandelt wird, liegen in der hohen Selektivität und in den milden und umweltfreundlichen Reaktionsbedingungen der Synthese. Beim vergleichbaren kupferkatalysierten chemischen Prozess hingegen muss nicht nur überschüssiges Acrylnitril und der eingesetzte Kupferkatalysator aus dem Synthesezyklus entfernt, sondern auch, aufgrund der hohen Reaktionstemperatur von 100°C, die Bildung von Neben- und Polymerisationsprodukten in Kauf genommen werden.

Ein weiteres zukunftsträchtiges Innovations- und Entwicklungsfeld biokatalytischer Verfahren ist die biotechnische Herstellung monomerer Bausteine und Polymere für die Kunststoff- und Polymerindustrie. Dabei ist sowohl die Substitution petrochemischer Verfahren bei der Produktion von Ausgangsverbindungen für die Kunststoffherstellung (z. B. von 1,3-Propandiol (PDO)) als auch die Entwicklung neuartiger biologisch abbaubarer Polymerprodukte aus Polylactid (PLA) (Abb. 2) oder Poly-3-Hydroxybutyrat-co-3-Hydroxyhexanoat (PHBH) von steigender wirtschaftlicher Bedeutung.

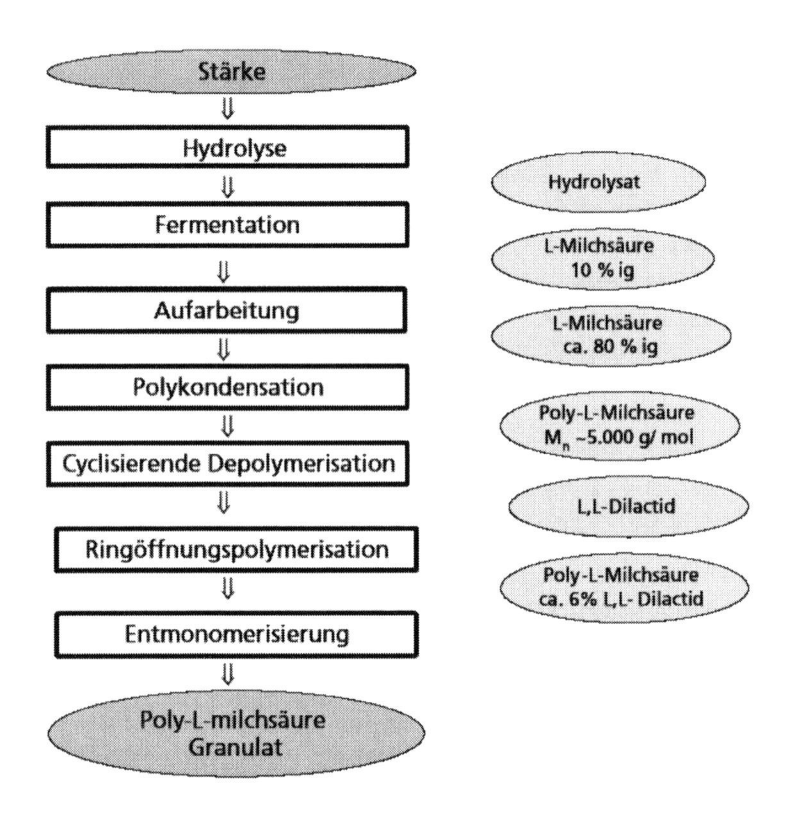

Abbildung 2: Herstellung von Polylactid aus Stärke mit Hilfe fermentativer Milchsäuregewinnung und anschließender Polymerisierung (nach I. Bechthold). Die Stärke wird zunächst durch enzymatische Hydrolyse zu Glucose umgewandelt, die anschließend durch Bakterien zu Milchsäure fermentiert wird. Polymilchsäure entsteht vor allem durch die ionische Polymerisation von Lactid, einem ringförmigen Zusammenschluss von zwei Milchsäuremolekülen. Bei Temperaturen zwischen 140 und 180°C sowie der Einwirkung katalytischer Zinnverbindungen (z.B. Zinnoxid) findet eine Ringöffnungspolymerisation statt. So werden Kunststoffe mit einer hohen Molekülmasse und Festigkeit erzeugt.

5 Hemmnisse und Chancen

Trotz der vielen beeindruckenden Beispiele erfolgreicher Umsetzung biotechnologischer Innovationen, bleiben Hemmnisse, die es zu überwinden gilt, um der industriellen Biotechnologie weitere Impulse zu verleihen. So ist die Verfügbarkeit von effizienten Enzymen heute noch sehr limitiert. Aus der fast unerschöpflichen Vielfalt der Natur haben nur rund 75 Enzyme den Weg in industrielle Produktionsverfahren geschafft. Die Diversität der Natur wird also nur unzureichend genutzt. Hinzu kommt, dass 98% aller auf der Erde vorkommenden Mikroorganismen noch unentdeckt sind oder sich nicht kultivieren lassen (Tab. 2). Um diese Hemmnisse abzubauen, bedarf es innovativer Technologie (siehe unten), die dabei helfen, die Vielfalt der Natur zu nutzen, neue Biokatalysatoren zu erschließen und Optimierungen an bestehenden Systemen vorzunehmen.

Tabelle 2: *Anteil kultivierbarer Mikroorganismen bezogen auf die mikrobielle Gesamtpopulation in verschiedenen Lebensräumen. Nach Amann et al. (1995) Microbiol. Rev. 59, 143-169.*

Lebensraum	**Kultivierbare Mikroorganismen (cfu, colony forming unit)**
Meerwasser	0,001 – 0,1%
Süßwasser	0,25%
mesotropher See	0,1 – 1%
Brackwasser	0,1 – 3%
Klärschlamm	1- 15%
Sediment	0,25%
Erde	0,30 %

5.1 Neue Technologien

Die rasante Entwicklung neuer Werkzeuge und Methoden in den letzten Jahren wie beispielsweise die Etablierung intelligenter und effizienter

Screening-Systeme für neuartige Wirkstoffe und Biokatalysatoren (High-Througput-Systeme, Kombinatorik), Genomanalyse (Genomics, Metagenomics, Bioinformatics), die Herstellung optimierter oder maßgeschneiderter Biokatalysatoren (Directed Evolution, DNA Shuffling), die Stoffwechselfluxanalyse (Transcriptomics, Metabolic Engineering, Metabolomics, Proteomics) erlauben die detaillierte Analyse zellulärer Bestandteile und deren Zusammen- und Wechselwirken. Gebündelt werden diesen sogenannten „-omics"-Technologien in der neuen Disziplin der Systembiologie, die die verschiedenen metabolischen Wechselwirkungen auf unterschiedlichen Ebenen untersucht. Die Integration dieser neuen Technologien wird in Zukunft die Entwicklung innovativer und umweltfreundlicherer biotechnischer Verfahren und Produkte beschleunigen und die oben angesprochenen Hemmnisse abbauen helfen, indem beispielsweise die genetische Information unkultivierbarer Mikroorganismen erschlossen wird (Metagenomics) oder optimierte Enzymsysteme bereitgestellt werden (Directed Evolution). Die effiziente Enzymproduktion in rekombinanten Wirtstsämmen (*Bacillus*, Hefen, Pilze) wird das Potenzial der Biokatalyse ebenfalls signifikant steigern.

5.2 Verfahrenstechnik: Fermentation und Downstream-processing

Zur optimalen Nutzung der mikrobiellen Stoffwechselleistungen ist es notwendig, effektive Produktionsverfahren für Mikroorganismen und deren Enzyme zu entwickeln. Die moderne Bioverfahrenstechnik stellt heute Bioreaktoren für die Kultivierung bereit, die den charakteristischen Wachstumsbedingungen der Mikroorganismen Rechnung tragen. Überwiegend kommen dabei begaste Rührkesselreaktoren zum Einsatz. Dieser Reaktortyp verfügt durch seine hohe Rührergeschwindigkeit (bis zum 3.000 Upm) und eine effiziente Begasung über sehr gute Stoffübergangskoeffizienten. Für spezielle Anwendungen stehen alternative Reaktortypen, wie beispielsweise Blasensäulen-, Schlaufen-, oder Festbettreaktoren zur Verfügung. Diese Reaktortypen besitzen keine Rührwelle und werden häufig in solchen Fällen eingesetzt, in den die mechanische Belastung der Zellen durch das Rühren reduziert werden soll. Die Optimierung der Produktaufarbeitung (Downstream-processing), z.B. durch Einsatz der Membrantechnik (Membranreaktor) erlaubt es, die Fermentationsprodukte mit hohen Ausbeuten zu gewinnen.

6 Lösungsansätze

6.1 Bereitstellung einer großen Enzymvielfalt

Um die Diversität und Verfügbarkeit von Enzymen zu stärken, sind bereits Modellprojekte wie die Einrichtung einer Internationalen Sammlung von Biokatalysatoren (BiocatCollection) initiiert worden. Die Biocat-Collection, hervorgegangen aus dem durch die Deutsche Bundesstiftung Umwelt (DBU) geförderten Programm InnovationsCentrum Biokatalyse (ICBio, www.icbio.de) macht die enzymatische Vielfalt, wie sie an Hochschulen und Instituten vorhanden ist, für Enzymanwender verfügbar. Die BiocatCollection (www.biocatcollection.de) archiviert, dokumentiert und produziert bei Bedarf Enzyme, die für Testzwecke zur Verfügung gestellt werden. Ziel ist es, biokatalytische Innovationen zu einer breiteren Anwendung zu verhelfen und die Entwicklungszeiten (Time-to-Market) für biotechnologische Verfahren zu verkürzen, indem ein schneller Zugang zu einem breiten Spektrum verschiedener Biokatalysatoren ermöglicht wird (Abb. 3).

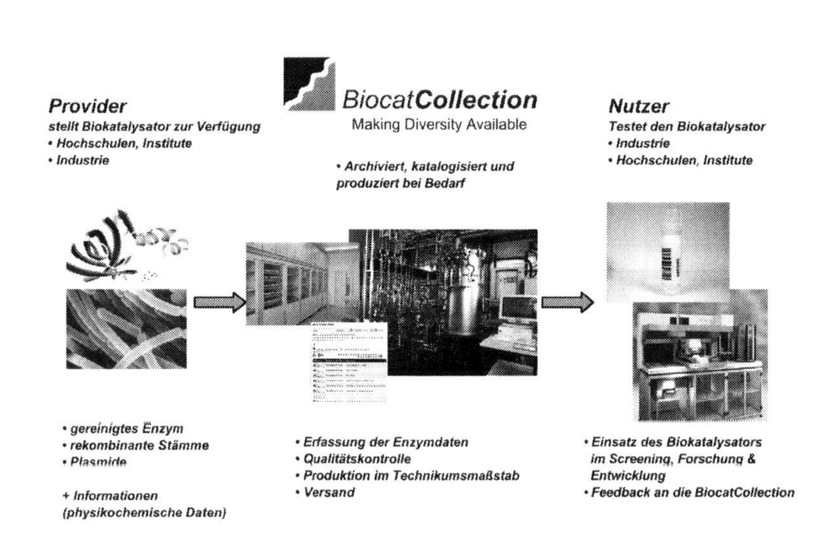

Abbildung 3: *Die BiocatCollection ermöglicht den Zugriff auf eine große Enzymdiversität.*

6.2 Biokatalyse unter nicht-konventionellen Bedingungen

Der Einsatz von Enzymen in industriellen Produktionsprozessen scheitert häufig an der zu geringen Stabilität der Biokatalysatoren. Für die Entwicklung effizienter Verfahren ist es aber oft notwendig, Enzyme auch unter ungewöhlichen Bedingungen (hohe Temperaturen, extreme pH-Werte, in organischen Lösungsmitteln) einzusetzen (Abb. 4). Enzymsysteme aus extremophilen Mikroorganismen, die sich beispielsweise in der Arktis bei 0-5°C, in heißen Quellen bei 70-130°C, in Salzseen mit 20-30% Salzgehalt oder bei pH-Werten zwischen 0-1 bzw. 9-12 optimal vermehren, verfügen über ein großes Potenzial, diese Anforderungen zu erfüllen. Die Zellbestandteile extremophiler Mikroorganismen sind optimal an extreme Umweltbedingungen angepasst und haben Eigenschaften, die sie für eine biotechnologische Anwendung unter harschen Bedingungen interessant machen. Für zahlreiche industrielle Verfahren werden spezielle Biokatalysatoren benötigt, die sich neben einer hohen Spezifität auch durch eine ausgeprägte Stabilität unter extremen Bedingungen auszeichnen. Die Applikation von Enzymen aus extremophilen Mikroorganismen kann die verschiedensten industriellen Bereiche, wie z.B. die Waschmittel-, die Lebensmittel-, die Textil-, die Papier-, die chemische und die pharmazeutische Industrie umfassen. Die Enzyme extremophiler Mikroorganismen zeichnen sich darüber hinaus durch eine hohe Stabilität gegenüber Chelatbildnern, Detergenzien und denaturierenden Reagenzien aus, die in einer Vielzahl industrieller Verfahren und Produkte zum Einsatz kommen. Durch die Anwendung moderner Technologien (gerichtete Evolution, Gene Shuffling, Hochdurchsatzverfahren zum Screening) können maßgeschneiderte Biokatalysatoren (Extremozyme) in großen Mengen entwickelt und der Industrie zur Verfügung gestellt werden.

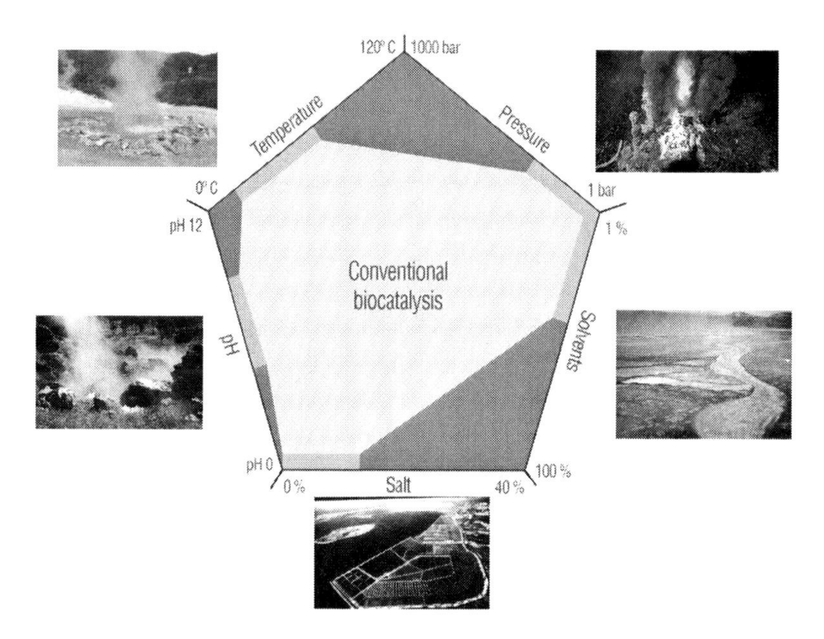

Abbildung 4: Enzyme aus extremophilen Mikroorganismen ermöglichen biokatalytische Umsetzungen auch unter ungewöhnlichen Bedingungen (dunkelgraue Bereiche).

6.3 Nutzung nachwachsender Rohstoffe

Die zunehmende Verknappung fossiler Rohstoffe und die damit einhergehende Kostenexplosion auf den Rohstoffmärkten sowie die Notwendigkeit, den Eintrag des Klima schädigenden Treibhausgases CO_2 zu reduzieren, rücken den Einsatz nachwachsender Rohstoffe in den Fokus der aktuellen Diskussion. Der Nutzung von Biomasse aus Pflanzenmaterial für die Produktion von Chemikalien und Kraftstoffen (z.B. Ethanol, Wasserstoff, Biogas) wird in den nächsten Jahren mehr Bedeutung beigemessen werden. Es ist festzustellen, dass nachwachsende Rohstoffe als regenerative Kohlenstoffquelle dem Leitbild der Nachhaltigkeit in besonderem Maße entsprechen. Bereits heute setzt die chemische Industrie in Deutschland rund 2 Mio. t/a an Rohstoffen aus erneuerbaren Quellen ein (exklusive Cellulose), was einem Anteil von 12% an den Rohstoffen der chemischen Industrie Deutschlands entspricht. Betrachtet man die globale Biomasseproduktion von rund 170 Mrd. t/a, so wird deutlich, dass 75% hiervon als Kohlenhydrate vorliegen (Cellulose, Chitin, Stärke und Saccharose), 20 % als Lignin und nur 5% in Form anderer Naturstoffe, wie Fette, Öle und Proteine. Kohlenhydrate stellen damit den wichtigsten Ausgangspunkte für die Herstellung von Bulk- und Feinchemikalien sowie neuen Materialien und Energieträgern dar. Aus der Vielzahl der aus Kohlenhydraten darstellbaren Verbindungen zählen insbesondere Milchsäure, Zitronensäure, Ethanol, Essigsäure und Lävulinsäure als bedeutende Intermediate für den Aufbau industriell relevanter Produktions-Stambäume (Abb. 5).

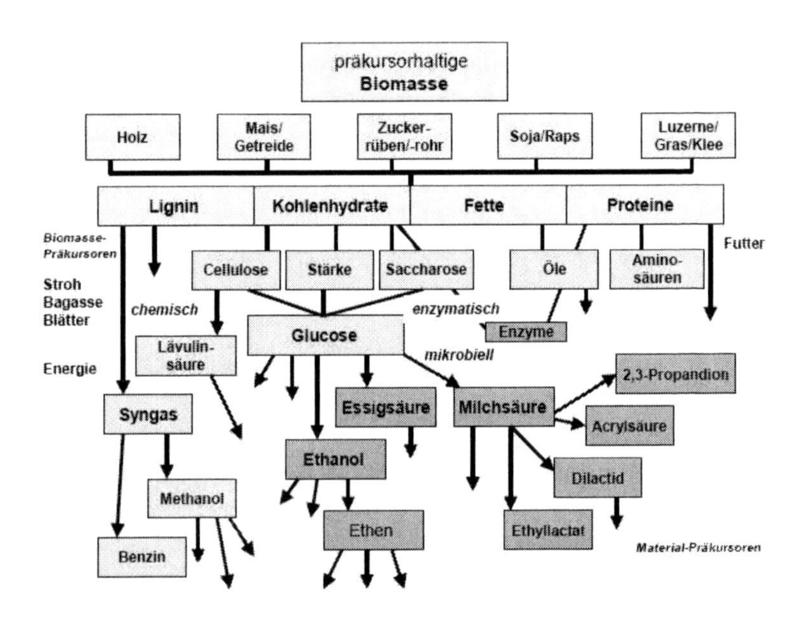

Abbildung 5: *Nachwachsende Rohstoffe als Ausgangsstoffe für chemische Synthesen.*

Zu den wichtigsten Herausforderungen zählt nach wie vor die effiziente Umsetzung von Lignin-, Hemicellulose und Cellulose-haltigen Pflanzenmaterialien. Auf diesem Gebiet besteht hoher Forschungsbedarf, um Enzymsysteme zur Verfügung zu stellen, die diese komplexen Biopolymere hydrolysieren können. Hochaktive Hemicellulasen und Cellulase sind dringend erforderlich, um auch Pflanzenabfälle wie Stroh für eine biotechnologische Verwertung zugänglich zu machen. Durch die Nutzung von pflanzlichen Abfällen können hochwertige Kohlenhydratquellen (Stärke) für die Ernährung von Menschen und Tieren erhalten bleiben.

7 Zukünftige Trends und Technologiefelder

Die rasante Entwicklung von neuen Werkzeugen und Methoden (Gentechnik, Genomanalysen, Genoptimierung, Einsatz Roboter gestützter Analyse- und Screeningssysteme) in den letzten Jahren erlaubt uns heute die detaillierte Untersuchung von Mikroorganismen und ihren Enzymen. Es ist davon auszugehen, dass sich die Biotechnologie ähnlich wie die Silizium- und Informationstechnologie zu einer Schlüsseltechnologie des 21. Jahrhunderts entwickeln wird. Schwerpunkte und Trends werden dabei sicherlich in den folgenden Technologiefeldern gesetzt werden:

7.1 Die Bioraffinerie

Unter einer Bioraffinerie versteht man einen Produktions- und Wertschöpfungsprozess, der nachwachsende Rohstoffe und Biomasseabfälle in vollem Umfang verwertet und dabei biotechnologische, mechanische und thermische Konzepte synergistisch bündelt (Abb. 6).

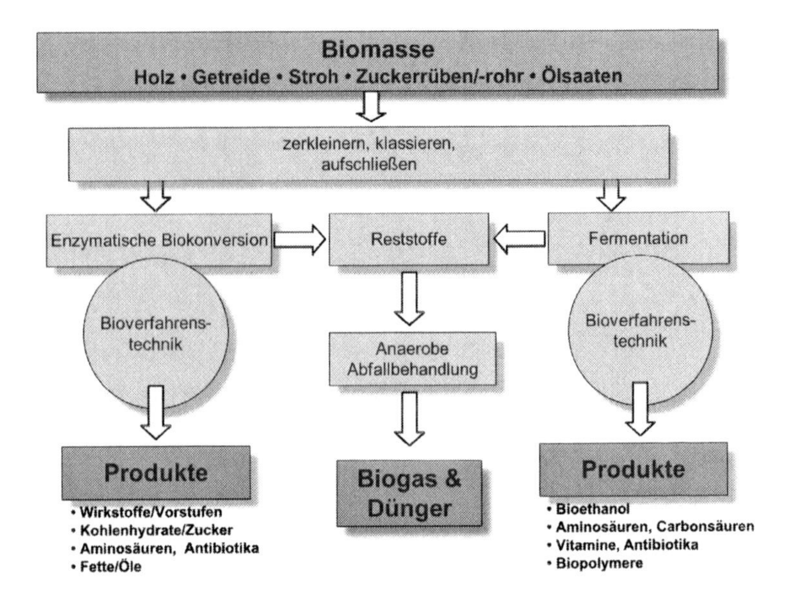

Abbildung 6: Das Prinzip der Bioraffinerie ist die vollständige stoffliche und energetische Nutzung nachwachsender Rohstoffe. Aus Biomasse entstehen so durch enzymatische Biokonversion bzw. Fermentation (Ganzzellbiotransformation) hochwertige Produkte. Die anfallenden organischen Abfälle können zu Biogas und Dünger weiterverarbeitet werden.

Zusätzlich ist es aber auch möglich, durch biotechnologische Verfahren aus den pflanzlichen Rohstoffen den Grundbaustein Glucose zu gewinnen, aus dem in nachfolgenden Schritten Grundchemikalien wie Ethanol, Methan, Wasserstoff aber auch Feinchemikalien und Wirkstoffvorstufen, wie beispielsweise veredelte Kohlenhydrate hergestellt werden können. Dabei werden biotechnologische und chemische Verfahren nicht in Konkurrenz zueinander stehen sondern sich je nach ökologischen und ökonomischen Gesichtspunkten ergänzen. Die Bioraffinerie ist also ein Zukunftskonzept, das die bisherigen Grenzen zwischen den natur- und ingenieurswissenschaftlichen Disziplinen auflöst, um innovative, interdisziplinäre Lösungsansätze anzubieten. Neben der Interdisziplinarität machen die Nachhaltigkeit sowie die ökologischen und ökonomischen

Vorteile dieses Konzept besonders zukunftssicher (Abb. 7). Dabei hängt der eingesetzte pflanzliche Rohstoff ganz von der jeweiligen Verfügbarkeit ab und unterscheidet sich je nach Region (Amerika, Europa, Asien).

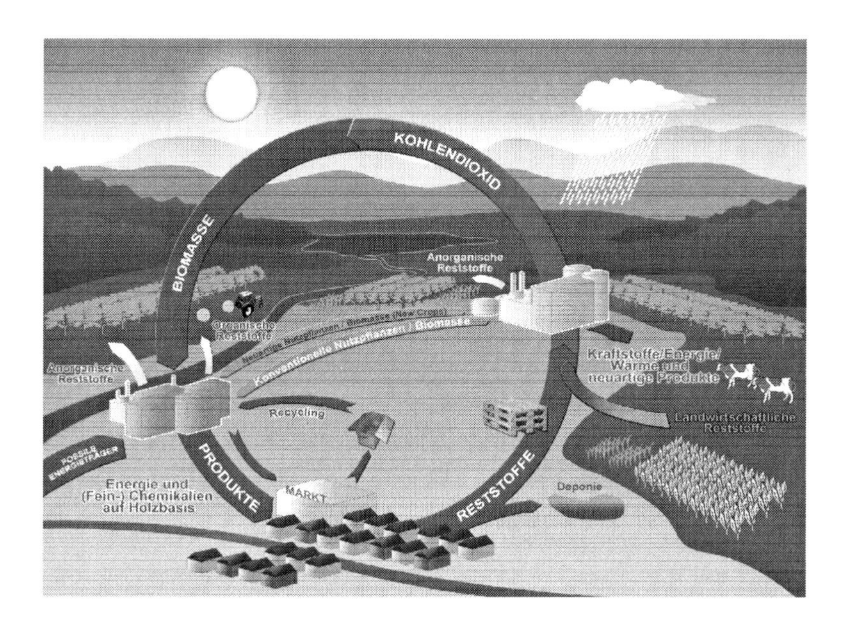

Abbildung 7: Die Bioraffinerie: Geschlossene Kreisläufe sichern einen nachhaltigen Umgang mit den natürlichen Ressourcen und eine ganzheitliche Nutzung von Biomasse. Modifiziert nach: Oak Ridge National Laboratory, Oak Ridge, TN, USA.

7.2 Prozessintegration

Wie schon beim Konzept der Bioraffinerie handelt es sich bei der Prozessintegration um einen integrierten und interdisziplinären Lösungsansatz. Die Prozessintegration stellt einen wichtigen Teil der Biokatalyse und anschließenden Produkt-, Enzym- bzw. Mikroorganismenabtrennung (Downstream-processing) dar. Die Prozessintegration umfasst dabei so wichtige Aspekte wie 1. Modellierung und Simulation, 2. Prozessdesign und -optimierung, 3. Prozesssteuerung und 4. Maßstabsvergrößerung (Scale-up). Eine innovative Prozessintegration basiert auf ökologischen und ökonomischen Erwägungen und bezieht neue Strategien zur Steigerung der Produktausbeute sowie zur Senkung von Energieeintrag und Abfällen mit ein. Ziel ist es, vielstufige Verfahren zu vereinfachen und die Produktabtrennung mit der Produktsynthese zeitlich und räumlich zu kombinieren. Möglich wird dies beispielsweise durch die Integration von Membrantechnologie in den biotechnologischen Produktionsprozess. Ein wichtiger Aspekt bei der Prozessentwicklung ist auch die Prozessintensivierung, also die Steigerung der Raum-Zeit-Ausbeute eines Produktionsverfahrens. Dies kann z.B. durch eine Druck- oder Temperaturerhöhung erreicht werden, da viele Prozesse bei erhöhter Temperatur und unter hohem Druck schneller ablaufen. Unter solchen rauhen Bedigungen könnten dann beispielsweise so oben erwähnten Enzyme aus extremophilen Mikroorganismen zum Einsatz kommen.

8 Fazit

Die Natur stellt uns vielseitige Werkzeuge zu Verfügung, mit denen neuartige industrielle Prozesse und Produkte für eine nachhaltige Chemie entwickelt werden können. Die biotechnologische Herstellung von Bulk-, Feinchemikalien und Kraftstoffen unter Einsatz isolierter Enzyme oder ganzer Zellen (industrielle Biotechnologie) gewinnt gegenwärtig zunehmend an Bedeutung. Das große Problemlösungspotenzial der industriellen Biotechnologie liegt darin begründet, dass es sich um eine wirklich integrative Technologie handelt, die das Know-how verschiedener ingenieurs- und naturwissenschaftlicher Bereiche synergistisch bündelt. Man kann mit Recht davon ausgehen, dass die industrielle Biotechnologie dazu beitragen wird, die Lücke zwischen biologischen und chemischen Prozessen zu schließen. Die Komplexität der Querschnittsdisziplin Biotechnologie erfordert die Bündelung von unterschiedlichen Expertisen in ausgewiesenen Kompetenzzentren, die nicht nur deutschlandweit Innovationen vorantreiben, sondern auch internationale Leuchttürme darstellen. Ziel der gemeinsamen Anstrengungen ist es, die Umwelt auch für die zukünftigen Generationen zu schützen.

Weiterführende Quellen

Biotechnologie als interdisziplinäre Herausforderung. S. Heiden, C. Burschel, R. Erb (Hrsg.), Spektrum Akademischer Verlag, Heidelberg, Berlin, ISBN: 3-8274-0893-8

Bertoldo, C., Grote, R., Antranikian, G. (2001). Biocatalysis under extreme conditions. In: Rehm, H.-J. (ed.) Biotechnology, Vol. 10, Wiley-VCH, Weinheim, 61-103.

McKinsey & Company: Industrial Biotechnology, 2003 (www.mckinsey.com).

Festel, G., Knöll, J., Götz, H. & Zinke, H. (2004): Der Einfluss der Biotechnologie auf Produktionsverfahren in der Chemieindustrie. Chemie Ingenieur Technik, 76, No. 3, 307-312, Wiley-VCH, Weinheim.

Frost & Sullivan: Advances in Biotechnology for Chemical Manufacture, 2003 (www.frost.com, www.technical-insights.frost.com).

CEFIC: Horizon 2015: Perspectives for the European Chemical Industry, 2004 (www.cefic.org/scenario2015).

CEFIC & EuropaBio: A European Technology Platform for Sustainable Chemistry, 2005 (http://www.europabio.org/relatedinfo/ETP_sustainable_chemistry.pdf)

DECHEMA e. V. Weiße Biotechnologie: Chancen für Deutschland, 2004, DECHEMA, Frankfurt am Main (http://wbt.dechema.de/).

InnovationsCentrum Biokatalyse: www.icbio.de

Internationale sammlung von Biokatalysatoren: www.biocatcollection.de

Nachhaltige Chemie – Perspektiven für Wertschöpfungsketten und Rahmenbedingungen für die Umsetzung

Klaus Günter Steinhäuser und Steffi Richter

Zusammenfassung:

Um Fortschritte bei der Einführung und Verbreitung der Nachhaltigkeit in der Chemie zu erreichen, ist eine Kommunikation in der Wertschöpfungskette essentiell. Derzeit bestehen noch erhebliche Informationsdefizite, denn die Anwender von Chemikalien wissen oft nicht einmal, welchen Stoffen sie ausgesetzt sind und welche Gefahren damit verbunden sind, geschweige denn dass sie über Informationen verfügen, um eigenständig nachhaltige Lösungen zu identifizieren und umzusetzen. Umgekehrt wissen Hersteller von Chemikalien häufig nur partiell, wofür ihre Produkte verwendet werden. Die Gründe für diesen Kommunikationsmangel liegen sowohl in dem derzeitigen, unzureichenden System des Chemikalienmanagement, das mit REACH überwunden werden soll, aber auch im Fehlen von Anreizen, in der Wertschöpfungskette zu kommunizieren sowie in der Befürchtung vor Know-how-Verlusten. Mögliche Anreize zur Verbesserung der Kommunikation, die Rolle des Staates sowie die für nachhaltige Chemie notwendigen Informationsinhalte werden diskutiert. Zur Beurteilung der Nachhaltigkeit eines Produkts mit chemischen Inhaltsstoffen reicht es allerdings nicht aus, dass die Chemikalien sicher sind. Es stellt sich ebenso die Frage nach dem Nutzen von Funktionalitäten wie nach den Kriterien, die eine Chemikalie als nachhaltig charakterisieren. Rahmenbedingungen für die Einführung nachhaltiger Chemie sind neben Gesetzen, die nicht im Detail reglementieren, sondern hohe Anforderungen stellen und gleichzeitig zur Innovation ermutigen, vor allem eine Verstärkung von Forschung und Entwicklung und ein intensivierter Informationsaustausch unter Einbeziehung der Verbraucher.

1 Einleitung

Dieser Beitrag soll einige Ergebnisse der Tagung in der Akademie Tutzing aufgreifen und Gedanken hinzufügen, die im Hinblick auf die Gestaltung von Wertschöpfungsketten Bedeutung haben. Nachhaltigkeit hat zahlreiche Aspekte und wirkt sich auf viele Sektoren und Bedürfnisfelder aus. Chemie ist nur ein Teil davon, aber ein besonders bedeutsamer. Chemie ist einer der wichtigsten und innovativsten Sektoren der Wirtschaft, und die Verbraucher sind tagtäglich mit Produkten der chemischen Industrie konfrontiert. Wo, wenn nicht hier, lässt sich zeigen, dass umweltgerechte, nachhaltige Innovation gerade auch den ökonomischen Zielen nützt? Es ist deshalb gerechtfertigt darüber nachzudenken, welchen Beitrag die Chemie zur Nachhaltigkeit leisten könnte. Dabei kommt es vor allem darauf an, Wertschöpfungsketten so zu gestalten, dass darin mit Chemikalien nachhaltig umgegangen wird. Alle Akteure in den Ketten sind an dem Dialog zu beteiligen. Dabei sollten sie Interessenkonflikte benennen und austragen, aber auch ein gemeinsames Verständnis entwickeln, um geeignete Lösungen zu erarbeiten.

2 Information und Kommunikation: Ein Schlüssel zur nachhaltigen Wertschöpfungskette?

2.1 Das Informationsdefizit

In den vergangenen Jahren hat sich immer deutlicher die Erkenntnis durchgesetzt, dass zwar der Staat für politische, rechtliche und gesellschaftliche Rahmenbedingungen sorgen muss, die Hauptverantwortung für Nachhaltigkeit in der Gesellschaft – auch in der Chemie – jedoch bei den wirtschaftlichen Akteuren liegt. Die Akteure in der Produktkette können diese Verantwortung allerdings nur dann wahrnehmen, wenn die für nachhaltiges Handeln notwendige Information überhaupt vorhanden ist und Mechanismen existieren, die den Austausch solcher Informationen ermöglichen. Betrachtet man die derzeitige Situation, so muss man feststellen, dass es in Bezug auf die Chemie an Information und Kommunikation in großem Maße fehlt.

Worin liegen die Gründe für dieses Defizit? Zunächst ist nur ein sehr mangelhaftes Wissen über die Gefahren und Risiken von Stoffen vorhanden. Der wesentliche Grund hierfür ist der bisher geltende rechtliche Unterschied zwischen Alt- und Neustoffen. Zu letzteren sind im Rahmen der Anmeldung umfassende Daten vorzulegen, aus denen Risiko und Gefährlichkeit abgeleitet werden können. Demgegenüber gibt es zu den vor 1981 erstmals in Verkehr gebrachten Altstoffen solche Pflichten nicht. Sie können ohne Daten vermarktet werden. Auch die EG-Altstoffverordnung 793/93 (EU, 1993) des Jahres 1993 änderte daran nur wenig, weil sie nur wenige tausend von insgesamt hunderttausend Altstoffen erfasst. Von den ca. 2700 hochvolumigen Altstoffen mit einem Vermarktungsvolumen > 1000 t pro Jahr werden bislang nur 141 auf Prioritätenlisten genannt, und von diesen ist bisher nur bei 40 der umfassende europäische Bewertungsprozess abgeschlossen. Zwar sind den Herstellern und Importeuren zu vielen ihrer Produkte anscheinend einige Daten bekannt, die jedoch nur teilweise öffentlich zugänglich sind und bisher nicht systematisch bewertet wurden. Zieht man in Betracht, dass den ca. 100 000 Altstoffen nur ca. 6 000 Neustoffe gegenüberstehen, so wird deutlich, wie groß das Unwissen über Chemikalien derzeit noch ist. Das bestehende System belohnt Unwissen, denn wenn ein Hersteller durch eigene Untersuchungen bei einem Altstoff gefährliche Eigenschaften feststellt, hat dies Folgen mindestens hinsichtlich Einstufung und Kennzeichnung.

Ein weiterer Grund für das Informationsdefizit ist die Angst sowohl der Produzenten und Lieferanten als auch der Chemikalienanwender ihren Partnern mit der Weitergabe der Information Betriebs- und Geschäftsgeheimnisse preiszugeben. Diese Sorge ist ernst zu nehmen, obwohl sie nicht immer gerechtfertigt erscheint. Wegen dieser Befürchtungen gelingt es z. B. den Chemikalienherstellern häufig nicht, einen Überblick über das Verwendungsmuster ihrer Produkte zu erhalten, und damit abschätzen zu können, welche Exposition für Mensch und Umwelt mit den verschiedenen Anwendungen verbunden ist. Die Folge ist, dass die Hersteller häufig mit risikoreichen Anwendungen ihrer Produkte konfrontiert werden, von denen sie vorher nichts wussten. Ein Beispiel ist das Vorkommen von Tributylzinn in Sportkleidung. Um über Fragen zur Exposition sinnvoll und ohne Know-how-Verlust zu kommunizieren, bedarf es einer gemeinsamen Sprache, die auf der einen Seite genügend Auskunft gibt, ob Risiken bestehen, auf der anderen Seite aber nicht so spezifisch ist, dass sensible produktionstechnische Details offen gelegt werden müssen.

Selbst wenn diese grundsätzlichen Probleme nicht bestünden, ist festzustellen, dass es für Lieferanten und ihre Kunden nur wenige ökonomische oder rechtliche Anreize gibt, über das Mindestmaß hinaus sich über Gefahren und Risiken von Stoffen austauschen. Die Sicherheitsdatenblätter für gefährliche Stoffe und Zubereitungen sind oft das einzige Informationsmedium, und diese sind häufig fehler- und lückenhaft. Nachhaltigkeit ist deshalb bei der Produktwahl in der Regel ein sehr nachrangiges Kriterium. Dies wird dadurch verstärkt, dass verbreitet eine große Unsicherheit besteht, welche Kriterien eigentlich die Nachhaltigkeit eines Produktes bestimmen. Oft beobachtet man sehr unseriöse Information, beispielsweise, wenn bereits die Abwesenheit eines bestimmten Schadstoffes das Produkt nachhaltig machen soll. In mancher Produktwerbung werden Produkte allein deshalb als nachhaltig bezeichnet, weil sie einem nachhaltigen Zweck dienen, z.B. Desinfektionsmittel zum Schutz der Gesundheit. Auch die Produktoptimierung eines Kraftstoffzusatzes mit dem Ziel einer Verbrauchsreduktion ist gewiss eine begrüßenswerte Innovation, aber noch nicht ohne weiteres nachhaltig. Die heutige Situation ist dadurch gekennzeichnet, dass selbst ernst zu nehmende Fachleute sehr unterschiedliche Vorstellungen mit dem Begriff nachhaltiges Produkt verbinden.

2.2 Anreize für nachhaltige Lösungen

Was sollte / kann eigentlich Unternehmen dazu bewegen, ein nachhaltiges Produktportfolio anzustreben? Betrachtet man einige Wertschöpfungsketten, so ist offensichtlich, dass die Sensibilität für umweltgerechte und nachhaltige Produkte mit der Verbrauchernähe des Akteurs wächst. Insbesondere Handelshäuser wie die Fa. Otto setzen gezielt auf kritische Kunden und setzen ihren Lieferanten strenge Maßstäbe. Die Kommunikation von Kundenwünschen die Wertschöpfungskette aufwärts ist deshalb ein wichtiger Gesichtspunkt.

Besonders heftig werden Stoffsubstitutionen manchmal durch die Gefahr einer Skandalisierung ausgelöst. Die drohende Gefahr eines massiven Imageverlustes und wirtschaftlichen Schadens durch das manchmal überraschende Vorkommen aktuell diskutierter Schadstoffe hat schon mehrere Unternehmen in ernsthafte Bedrängnis gebracht und stärkt die Motivation, sich im Vorfeld um die Risiken der enthaltenen Stoffe zu kümmern und damit das Risiko eines Skandals zu reduzieren. Auch der manchmal berechtigte Hinweis, dass kein Risiko für Umwelt und Verbraucher besteht, hilft erfahrungsgemäß beim Management derartiger Skandale wenig. In den USA ausgeprägter als in Europa können darüber hinaus Haftungsrisiken ein starker Anreiz sein, risikoreichere Stoffe in Produkten zu vermeiden (von Gleich 2006).

Unternehmer müssen ihre Entscheidungen prüfen, inwieweit sie der Firma ökonomisch nutzen. Deshalb werden Entscheidungen zugunsten nachhaltiger Prozesse oder Produkte nur dann fallen, falls sie zumindest mittelfristig Kostenvorteile bieten oder wenn sich der damit verbundene administrative Aufwand gegenüber dem bisherigen Zustand vermindert. In den USA gilt es als ein wesentliches Argument für die „Green Chemistry“, dass durch ihre Implementierung staatliche Vorgaben und Regulierungen überflüssig werden. Dies ist gewiss nicht die europäische Sicht, aber die Aussicht auf eine Reduktion von Berichts-, Zulassungs- und Überwachungspflichten wird sicherlich auch auf unserer Seite des Atlantiks die Bereitschaft für nachhaltige Lösungsansätze fördern.

Häufig bieten die nachhaltigen Lösungen durchaus wirtschaftliche Vorteile und trotzdem werden sie nur zögerlich eingeführt. Die Gründe dafür sind sicherlich nicht in einer Verantwortungslosigkeit der wirtschaftlichen Akteure zu suchen. Im Gegenteil – auch unter den Bedingungen der globalen Ökonomie – ist bei Unternehmen ein ethisches und soziales Verantwortungsgefühl nach wie vor verbreitet und kann ein wesentlicher Treiber sein. Die Hindernisse liegen offensichtlich woanders:

– Chemieunternehmen werden häufig von klassisch ausgebildeten Chemikern dominiert. Nachhaltige, innovative Lösungen bedeuten oft das Aufgeben alter Paradigmen, die Bereitschaft zu neuen Sichtweisen und die interdisziplinäre Zusammenarbeit mit anderen Fachrichtungen. Beispielsweise lässt sich damit die sehr zögerliche Einführung biotechnologischer Methoden („weiße Biotechnik“) in die Chemikalienproduktion teilweise erklären. Die Nutzung nachwachsender Rohstoffe für die Synthese und der Einsatz alternativer Lösungsmittel sind weitere Beispiele dafür, dass klassische Wege verlassen werden müssen und wie eng Innovation und Nachhaltigkeit in der Chemie zusammengehören. Ausbildung und Fortbildung von Chemikern müssen in stärkerem Maße Nachhaltigkeit einbeziehen. Die Gesellschaft deutscher Chemiker (GDCh) hat hierzu bereits wesentliche Beiträge geleistet (GDCh, 2003, König, 2003).

– Beschreitet man völlig neue Wege und stellt die bisherige Produktionsweise völlig um, steigen die Risiken. Es mag sein, dass sich dies nach ca. 5 Jahren rechnet. Aber zunächst sind die Investitionskosten hoch und die Erträge treffen nur langsam ein. Wie sicher ist denn die Prognose, dass es sich am Ende lohnt? Besteht nicht die große Gefahr des Scheiterns?

Für ein radikales Umsteuern werden sich somit vermutlich nur wenige, besonders risikofreudige Unternehmen gewinnen lassen. Nachhaltigkeitsziele werden sich deshalb auf breiter Front nur dann erreichen lassen, wenn man kalkulierbare Zwischenschritte auf dem Weg dahin identifiziert und eine Fahrrinne für ein stufenweises Vorgehen sich eröffnet. Man sollte nicht vergessen: Ein Kurswechsel ist zweifelsohne gefragt, aber es gibt kein Paradies der Nachhaltigkeit, das es zu erreichen gilt, sondern Nachhaltigkeit ist ein Prozess in eine bestimmte Richtung, der aus vielen kleinen Schritten besteht. Dazu benötigen die Unternehmen Beratung, an der es heute häufig noch mangelt. Es bedarf aber auch einer Innovations- und Risikobereitschaft, ohne die den Unternehmen ebenfalls keine sichere Zukunft beschert ist.

2.3 Welche Informationen in der Kette sind erforderlich?

Um als Akteur in einer Wertschöpfungskette entscheiden zu können, welche Stoff- oder Produktalternative mehr Nachhaltigkeit verspricht, benötigt ein Stoffanwender einige wesentliche Informationen, die der Vorlieferant liefern sollte. Zunächst ist in einem Sicherheitsdatenblatt (SDS) zu vermitteln, welche Gefahren von einem Stoff ausgehen und unter welchen Bedingungen er sich sicher verwenden lässt. Die Qualität der Sicherheitsdatenblätter muss diesbezüglich noch deutlich gesteigert werden. Es ist zu hoffen, dass REACH hierzu einen wesentlichen Beitrag leistet, zumal in beigefügten Expositionsszenarien die Bedingungen für eine sichere Verwendung genauer darzustellen sind (siehe REACH). Auf diese Weise soll der Anwender in die Lage versetzt werden, seine Produktion sicher zu gestalten und die Informationen zur Sicherheit wiederum an seine Kunden weiterzugeben.

Dies reicht jedoch für eine Entscheidung zur Nachhaltigkeit nicht aus. Wer sich bewusst für nachhaltige Alternativen entscheiden will, will auch wissen, mit welchem Ressourcenbedarf bei ihm und seinen Vorlieferanten eine bestimmte Chemikalie / ein bestimmtes Produkt verbunden ist und welche Möglichkeiten zur Verwertung bestehen.

Gewiss kommt es aber weniger auf den Umfang der Information an sondern auf das „Wie?". Zuviel Information wird oft nicht gelesen, stumpft ab und wird nicht genutzt. Wichtige Aspekte des „Wie?" sind:

- Information muss verlässlich und richtig sein. Eine gesicherte Qualität ist unabdingbar.
- Information muss verständlich, transparent und nachvollziehbar sein. Nur dann ist sie auf die eigene betriebliche Praxis übertragbar und für Maßnahmen anwendbar.
- Information muss strukturiert und geordnet sein. Dies ist sowohl eine Frage der notwendigen Qualität, als auch eine Frage einer gemeinsamen „Risikosprache". Insbesondere bei Angaben zur Exposition bedarf es hierzu noch gültiger Vereinbarungen (siehe „Verwendungs- und Expositionskategorien (VEK)")
- Information soll Auswahlmöglichkeiten eröffnen.
- Information soll Betriebs- und Geschäftsgeheimnisse beachten.

Verwendungs- und Expositionskategorien (VEK)

Mit der Einführung von REACH sollen die Hersteller und Importeure von Stoffen und Zubereitungen ihren Kunden kommunizieren, welche Gefahren von ihren Stoffen ausgehen und unter welchen Umständen ein sicherer Umgang gewährleistet ist. Hierzu müssen die Hersteller die Anwendungsbedingungen bei ihren Kunden erfassen und prüfen, ob dabei die vom Gefahrenprofil des Stoffes vertretbare Expositionshöhe nicht überschritten wird. Falls erforderlich sind notwendige Schutz- und Sicherheitsmaßnahmen und sonstige Risikominderungsmaßnahmen mitzuteilen. Diese Expositionsanalyse ist nur möglich, wenn die Kunden ihren Lieferanten Informationen zur Verfügung stellen. Wollen sie dies z.B. wegen der Befürchtung eines Know-how-Verlustes nicht und ist die Verwendungsart nicht durch die Analyse des Herstellers erfasst, müssen sie die Expositionsbeurteilung selbst vornehmen. Es werden keine Vorgaben für ein Standardsystem von Expositionsszenarien gemacht. Somit besteht die Gefahr, dass die Stoffhersteller bei der Erstellung des chemischen Sicherheitsberichtes mangels einer effektiven Kommunikation mit den Stoffanwendern die Expositionsszenarien nach eigenen, sehr spezifischen Bedürfnissen ausrichten und dadurch die Stoffanwender – zumal wenn sie den Stoff von verschiedenen Lieferanten beziehen – mit sehr widersprüchlichen Informationen zur Exposition und den durch den Sicherheitsbericht des Herstellers abgedeckten Verwendungen konfrontieren. Je weniger spezifisch die dargestellten Expositionsszenarien sind, desto seltener kommen die Anwender in die Pflicht, größeren Aufwand zur Beurteilung von Exposition und Risiko für ihre Anwendung betreiben zu müssen. Der von den deutschen Bewertungsbehörden UBA, BfR und BAuA entwickelte Vorschlag der Verwendungs- und Expositionskategorien (UBA, 2004) verfolgt den Zweck einer standardisierten, stufenweise spezifischeren Expositionsbeurteilung. Es sollen im ersten Schritt standardisierte anstelle von individuellen Expositionsszenarien entwickelt werden. Vergleichbare Verwendungsarten und -tätigkeiten werden dabei zusammengefasst und durch Parameter wie Expositions- / Emissionspfade bezüglich Mensch und Umwelt, Dauer und Frequenz der Exposition, Art des Prozesses oder der Tätigkeit und der Emissionsquelle charakterisiert. Die (semi)quantitative Abschätzung der Expositionshöhe ist dabei unverzichtbar. Ziele des Konzeptes sind:

- den Stoffanwendern ein einfach handhabbares Instrument für die Bewertung der Expositionen für ihre Anwendungen zur Verfügung zu stellen,
- die Kommunikation innerhalb der Informationskette zu unterstützen und zu erleichtern,
- die Offenlegung von Betriebs- und Geschäftsgeheimnissen zu vermeiden und

– den Aufwand und die Registrierungskosten durch nachvollziehbare standardisierte Verfahren zu mindern.

Will man Stoffanwendern ermöglichen, auf der Basis von Informationen nachhaltige Lösungen ausfindig zu machen, so kommt man um ein gemeinsames Grundverständnis und eine gemeinsame Sprache nicht herum. Ein gemeinsames Verständnis in Bezug auf Stoffinformationen besteht zurzeit nur hinsichtlich der Gefährlichkeit von Stoffen und Zubereitungen. Das Einstufungs- und Kennzeichnungssystem der EG-Richtlinie 67/548/EWG (EU, 2003), das zunächst in REACH übernommen und demnächst von dem sehr ähnlichen weltweiten GHS-System („globally harmonized system") abgelöst wird, gibt klare Regeln, wann ein Stoff zum Beispiel als „giftig" zu bezeichnen ist. Bezüglich der Exposition könnte die Einführung der VEK (siehe oben) eine gewisse Verständigung bringen.

„Nicht gefährlich" bedeutet jedoch noch nicht unbedingt, dass eine Chemikalie für alle Schutzbereiche als „nachhaltig" bezeichnet werden kann. Für den Arbeitsschutz ist dies allerdings ein sehr tauglicher Ansatz. Nicht notwendige Gefahreneinstufungen bedeuten, dass die inhärente Sicherheit eines Stoffes hoch ist und damit nur einfache Schutz- und Sicherheitsmaßnahmen ausreichen, um den risikofreien Umgang der Beschäftigten mit ihm sicherstellen. Auf dieser Erkenntnis beruht ein Konzept der Bundesanstalt für Arbeitsschutz und Arbeitsmedizin, um Chemikaliensicherheit auch in Klein- und Mittelbetrieben zu gewährleisten (Packroff, 2004). Zwar kann man das Risiko gefährlicher Stoffe auch durch aufwändigere Expositionsminderungsmaßnahmen reduzieren, aber in der Realität haben kleine und mittlere Unternehmen erhebliche Schwierigkeiten, dies in der täglichen Praxis umzusetzen.

Für den Umweltschutz ist es nicht möglich, den Begriff der nachhaltigen Chemikalie unmittelbar mit der Einstufung und Kennzeichnung zu verknüpfen. Auch hier knüpft der Begriff jedoch an den intrinsischen Stoffeigenschaften an (siehe „Nachhaltige Chemikalien"). Damit wird es grundsätzlich möglich, Nachhaltigkeit zu einem Entwicklungsziel für Stoffe zu machen. Gibt es erst einmal eine Vereinbarung, bezüglich welcher Eigenschaften ein Stoff günstig sein soll, kann dies mit einer gewissen Sicherheit durch (quantitative) Struktur-Wirkungs-Beziehungen (QSAR) vorhergesagt und damit in der gezielten Entwicklung neuer

Stoffe umgesetzt werden. Derzeit fehlen offenbar derartige Impulse, sind doch die gut untersuchten angemeldeten Neustoffe nach Chemikaliengesetz hinsichtlich Einstufung und Kennzeichnung keineswegs ungefährlicher als Altstoffe. In Bezug auf die alte Diskussion, ob nun die Gefahr (‚hazard') oder das Risiko (‚risk', das die Exposition einschließt) die entscheidende Beurteilungskategorie für Stoffe ist, erfährt ‚hazard' eine Renaissance. Inhärente Stoffsicherheit wird zu einem Ziel, das gewiss für unterschiedliche Expositionssituationen nicht gleich bedeutsam ist. Für verbrauchernahe und umweltoffene Anwendungen lassen sich auf diese Weise Risiken im Vorfeld vermeiden. Auf reaktive Stoffe, die sich in geschlossenen Systemen sicher handhaben lassen, lässt sich dies aber nicht übertragen.

Nachhaltige Chemikalien

Können Chemikalien nachhaltig sein? Eine Chemikalie wird üblicherweise als sicher betrachtet, wenn nachgewiesen wird, dass mit ihr unter Einhaltung von Schutz- und Sicherheitsmaßnahmen, die das Risiko mindern, sicher umgegangen werden kann, d.h. die Exposition überschreitet keine Wirkungsschwellen. Dies reicht jedoch nicht für die Nachhaltigkeit aus. Nachhaltige Chemikalien sind *inhärent sicher*, d. h. sie bergen kein Risiko, sobald nur Grundregeln des sicheren Umgangs eingehalten wurden. Aus Sicht des Umweltschutzes sollten nachhaltige Chemikalien, einmal in die Umwelt freigesetzt, keine langfristigen Probleme verursachen. Scheringer fasste dies unter der Forderung nach „short range chemicals" zusammen (Scheringer, 1999). Dies bedeutet, dass sie in der Umwelt nicht persistent sind, sich nicht über größere Entfernungen ausbreiten und auch keine irreversiblen Wirkungen haben. In Abbildung 1 wird dies bildhaft dargestellt: Besonders gefährliche Stoffe, die zum Beispiel kanzerogen, mutagen oder reproduktionstoxisch wirken (CMR-Stoffe) oder die die für die Umwelt besonders kritische Eigenschaftskombination haben, langlebig (persistent) und anreicherungsfähig (bioakkumulierend) zu sein (sog. PBT- und vPvB-Stoffe), sind so gefährlich, dass ihre Herstellung und Verwendung staatlicher Regulierung bedarf, ggf. bis zum Verbot. Dem stehen Stoffe gegenüber, die solche Eigenschaften nicht aufweisen, d.h. weder gravierende Schadwirkungen (Toxizität / Ökotoxizität) haben noch so lange in der Umwelt verbleiben, dass bislang unbekannte schädliche Wirkungen zu einem Problem werden können. Dazwischen liegt die Mehrheit der Stoffe, die nicht ungefährlich sind und mit denen man vorsichtig umgehen sollte, aber die in der Regel keines Verbotes oder einer Verwendungsbeschränkung bedürfen (Steinhäuser, 2004).

Abbildung 1: Charakteristika für inhärent sichere Chemikalien

Aus Sicht der Nachhaltigkeit sollten jedoch nicht nur die inhärenten Stoffeigenschaften betrachtet werden, sondern auch die Bedingungen, unter denen der jeweilige Stoff hergestellt wurde, sowie welche Umweltbelastungen mit seiner Anwendung verbunden sind. Bezüglich der Herstellung ist der spezifische Ressourcenbedarf (in Bezug auf Energie, Roh- und Hilfsstoffe) von entscheidender Bedeutung. Die Ausbeute bei der Herstellung sowie die „Atomökonomie" der Herstellungsreaktion (d.h. welcher Anteil der eingesetzten Ausgangsstoffe findet sich aufgrund der Stöchiometrie im gewünschten Produkt wieder?) stellen weitere Kriterien dar, die zur Nachhaltigkeit des Stoffes beitragen. Zusätzliche Gesichtspunkte sind die mit der Herstellung verbundenen Abwasser- und Abfallmengen. Letztere können zum Beispiel durch den E-Faktor beschrieben werden, der das Verhältnis zwischen der bei der Herstellung entstehenden Menge Abfall je hergestellter Tonne Produkt beschreibt. Bei den meisten Grundchemikalien ist dieser Faktor relativ gering (<1 bis 5), während er bei zahlreichen Feinchemikalien Zahlen bis zu 50 einnehmen kann (Marscheider, 2003), was erheblichen Verbesserungsbedarf aufzeigt.

Ein Missverständnis gilt es unbedingt zu vermeiden: Auch nachhaltige Chemikalien dürfen nicht bedenkenlos und leichtsinnig eingesetzt werden. Die Grundregeln des sicheren Umgangs sind auch hier unabdingbar einzuhalten.

2.4 Kennzeichen für eine gute Kommunikation in der Kette

Wertschöpfungsketten sind auch in ihrer einfachen Form komplex. Sie sind dadurch gekennzeichnet, dass die Zahl der betroffenen Akteure von Stufe zu Stufe zunimmt. Ist die Zahl der Stoffhersteller meist noch begrenzt, geht die Zahl der Formulierer, die daraus anwendungsreife Zubereitungen fertigen, schon in die Zehntausende und die Zahl derer, die diese Stoffmischungen gewerblich nutzen, ist nochmals eine Größenordnung höher. Bei dieser vereinfachten Darstellung (Abbildung 2) sind Aspekte wie der Import und Export von Stoffen, Zubereitungen und Erzeugnissen sowie die Rollen des Handels und der Verbraucher noch gar nicht berücksichtigt. Die Kommunikation in einer solchen Kette, die eher einem Netz ähnelt, ist eine Herausforderung, die nur funktioniert, wenn alle sich daran beteiligen und sich von dieser Beteiligung auch eigene Vorteile versprechen können. Folgende Aspekte kennzeichnen eine funktionierende Kommunikation in der Kette insbesondere:

- Der Informationsfluss geht in beide Richtungen, d.h. nicht nur vom Hersteller zum Anwender sondern auch „stromaufwärts“. Für die stofflichen Entwicklungen der Hersteller und Formulierer im Sinne der Nachhaltigkeit ist es wichtig, dass sie von den Anwendern erfahren, ob Sicherheitsprobleme auftreten (im Pharmabereich gibt es hierzu ein fest installiertes System der Informationsvermittlung, die so genannte Pharmakovigilanz), welche Kundenwünsche bestehen und welche Anwendungscharakteristika für eine nachhaltige Produktion benötigt werden.
- Chemikalienhersteller bieten ihren Kunden nicht nur Stoffe an sondern auch anwendungsreife Dienstleistungen. Solche serviceorientierten Managementkonzepte sind unter dem Stichwort „Chemical leasing“ bekannt (Perthen-Palmisano, 2005). Sie ermöglichen insbesondere einen gezielten, Ressourcen sparenden Chemikalieneinsatz.

– Stoffanwender sind auf der Basis der ihnen zur Verfügung stehenden Informationen entweder selbst oder mit Hilfe von Beratern in der Lage, innovative, nachhaltige Lösungsansätze zu entwickeln. Dies schließt die Möglichkeit der vergleichenden Bewertung stofflicher Alternativen ein.

Abbildung 2 „Vereinfachte schematische Darstellung einer Wertschöpfungskette“

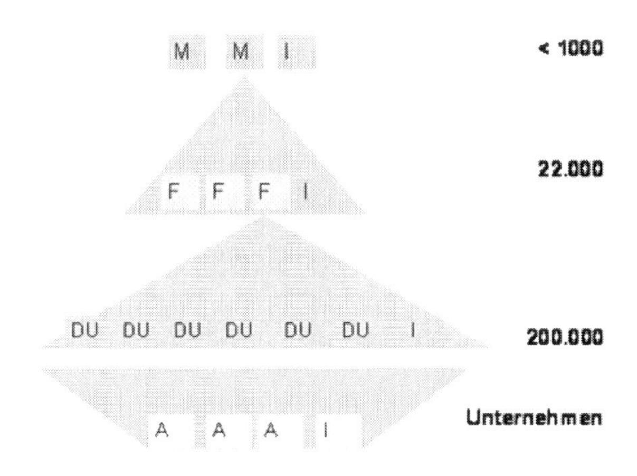

(Erklärung: M: Hersteller, I: Importeur, F: Formulierer, DU: Stoffanwender / “downstream user“, A: Abfallentsorger)

2.5 Rolle des Staates

An diesen Beispielen zeigt sich, dass die wirtschaftlichen Akteure selbst die wesentlichen Träger einer nachhaltigen Kommunikation in der Wertschöpfungskette sind. Es stellt sich die Frage nach der Rolle des Staates. Ihm lassen sich vier Aufgaben zuweisen:

– *Initiator:* Er soll Anreize geben, damit sich die Kommunikation qualitativ und quantitativ entwickelt.

- *Regelsetzer:* Er soll z.B. Mindestanforderungen an die Informationsübermittlung festlegen.
- *Moderator:* Er soll Beispiele guter, intensiver Kommunikation in der Wertschöpfungskette, z.B. durch Branchenkonzepte oder „Product panels“, in Gang setzen und managen.
- *Sanktionierer und Belohner:* Diese Rolle kann sich nur auf wenige herausragende Einzelfälle beschränken und kann – gerade angesichts der o.a. Komplexität der Ketten – keinesfalls eine weiträumige Überwachung der Informationsübermittlung bedeuten.

3 Chemikalien in Erzeugnissen

Nachhaltigkeit von Chemikalien in Wertschöpfungsketten soll anhand zweier Beispiele betrachtet werden, – beide handeln von Textilien. Der erste Fall betrachtet die unbeabsichtigte Freisetzung gefährlicher Inhaltsstoffe aus Textilien als Beispiel für nicht nachhaltige Produkte und stellt die Frage: „Gibt es Sicherheitslücken?“. Der zweite Fall betrachtet Textilien, aus denen absichtlich sichere Chemikalien freigesetzt werden, und stellt die Frage: „Sind diese Textilien nachhaltig?“

3.1 Sicherheitslücken bei unbeabsichtigter Freisetzung

Textilien sind ein Musterbeispiel für Produkte, die an die Kunden verkauft werden, meist ohne dass die Verkäufer ernsthaft garantieren können, dass Sicherheit vor dem schädlichen Einfluss von Chemikalien gewährleistet ist. Folgendes kennzeichnet die Situation:

- Nur wenige Textilien werden noch in der EU hergestellt. Die meisten stammen aus asiatischen Ländern, teilweise aus Osteuropa. Der Chemikalieneinsatz in den verschiedenen Herstellungs-, Veredlungs- und Verarbeitungsschritten geschieht dort.
- Textilien sind Erzeugnisse. Im rechtlichen Sinne bedeutet dies, dass eine Gefahreneinstufung und -kennzeichnung nicht erfolgen muss. Grundsätzlich ist es zwar verboten, dass bestimmte besonders gefährliche Stoffe enthalten sind. Dazu zählen z.B. bestimmte Azofarbstoffe, Formaldehyd und diesen Stoff freisetzende Substanzen, Penta-

chlorphenol (PCP). Relativ leicht lässt sich dies bei in Deutschland und Europa hergestellten Textilien sicherstellen, nicht jedoch bei Importtextilien. So wird heute noch – nach mehr als 10 Jahren Verbot – PCP in manchen Schwertextilien nachgewiesen.

- Die sonstige stoffliche Zusammensetzung kennen weder die Importeure noch die Hersteller von Fertigtextilien in Europa in einer Weise, dass sie über evtl. kritische Inhaltsstoffe und deren ungewollte Freisetzung beim Tragen der Kleidung oder beim Waschen Auskunft geben könnten. Manche Inhaltsstoffe liegen nicht nur auf der Haut sondern gehen „unter die Haut". Frisch erworbene Polstergarnituren riechen nach dem Kauf häufig etwas auffällig, ohne dass eine Identifikation der Chemikalien in der Regel möglich ist. Ausgasungen aus Textilien sind eine wichtige Quelle für die Luftbelastungen in Innenräumen und die gesundheitlichen Probleme, die einige Bürger damit haben.
- Da sonstige gesetzliche Bestimmungen (z.B. EG-Produktsicherheitsrichtlinie 2001/95/EG) keine weitergehenden stofflichen Sicherheitsanforderungen enthalten, stellen manche Händler – angeregt durch Kundenwünsche – Anforderungen an ihre Lieferanten, z.B. die teilweise deutlich über die gesetzlichen Anforderungen hinausgehen (Standards wie Umweltzeichen für Polstermöbel – RAL UZ117 – oder die Ökotex-Standards für Textilien). Diesen Standards unterwerfen sich dann auch Importeure und ausländische Hersteller, die Konformitätsbescheinigungen ausstellen. Solche Produkte sind jedoch (noch) ausgesprochene Nischenprodukte für eine Minderheit der Kunden.

Würden in Europa nur europäisch hergestellte Produkte vertrieben, wäre eine Lösung des Sicherheitsproblems der Freisetzung teilweise unbekannter Chemikalien aus Erzeugnissen vermutlich einigermaßen einfach zu lösen. Da dies aber nicht der Fall ist, müssen alle europäischen Anforderungen auch mit den Regeln des Welthandelsabkommens WTO konform sein, das strenge Voraussetzungen an derartige, potenziell handelsbeschränkende Maßnahmen stellt. Auch durch REACH sind nach derzeitigem Beratungsstand keine gesetzlichen Bestimmungen zu erwarten, die für die Verbraucher sicherstellen, dass sie keinen gesundheitsschädlichen Chemikalien aus Erzeugnissen ausgesetzt sind. Die Bestimmungen, denen Importerzeugnisse, (aus denen nicht absichtlich Stoffe freigesetzt werden), unterworfen sein werden, beschränken sich auf die

Anzeige von Inhaltsstoffen besonderer Gefährlichkeit wie kanzerogene, mutagene oder reproduktionstoxische Stoffe (CMR) sowie so genannte PBT/vPvB-Stoffe, die in besonderer Weise umweltgefährlich sind. Zahlreiche europäische Hersteller sehen darin eine Benachteiligung, da sie innerhalb der EU den ansonsten weitergehenden Bestimmungen für Chemikalien und Zubereitungen unterworfen sind, und kritisieren das derzeitige Verhandlungsergebnis ebenso wie Umwelt- und Verbraucherverbände als unzureichend. Es gelang nicht, Prüf- und Bewertungsverfahren festzulegen, nach denen sich die Exposition infolge der ungewollten Freisetzung von Chemikalien aus Erzeugnissen ermitteln lässt. Die Kunden, die Textilien wählen wollen, die nicht nur den Ansprüchen an Funktion und Geschmack genügen, sondern auch gleichzeitig sicher sind, werden bis auf weiteres auf freiwillige Sicherheitsstandards des Handels ausweichen müssen.

3.2 Die absichtliche Freisetzung „sicherer" Chemikalien – notwendig?

Einige spezielle Textilien setzen Chemikalien gezielt frei, – es ist Teil ihrer Funktion. Beispiele sind Erfrischungstücher, Feuchttücher, Textilien mit Waschinhaltsstoffen, kosmetisch imprägnierte Textilien sowie auswaschbare Jeans. Welche Inhaltsstoffe in Erfrischungstüchern enthalten sein können, zeigt Tabelle 1.

Tabelle 1: Freisetzbare Inhaltsstoffe von Erfrischungstüchern (Beispiel)

Inhaltstoffe	**Höchstwerte (Masse %)**
Ethanol	30
Feuchthaltemittel (z.B. Propylenglykol, Glycerin)	10
Anionische Tenside	5
Nichtionische Tenside	2
Weitere Inhaltstoffe (z.B. Pflanzenextrakte)	2
Parfümöle	1
Konservierungsstoffe, antimikrobielle Stoffe	0,5
Wasser	bis 100

Die in Tabelle 1 genannten Inhaltsstoffe stellen in der Regel kein Risiko für Mensch und Umwelt dar, – zumindest gilt dies auch für zahlreiche Parfümöle und Konservierungsstoffe, die in solchen Tüchern enthalten sind. Die Produkte können deshalb als sicher gelten. Aber sind sie somit auch nachhaltig? Hier sind – in einigen Fällen – Zweifel angebracht. Feuchttücher für medizinische Zwecke zur Behandlung von Neurodermitis: gewiss, aber sind kosmetische Zwecke genauso wichtig? Wozu sind auswaschbare Jeans notwendig? Ein krasseres Beispiel außerhalb des Textilsektors: Ist das Versetzen der Luft in Kaufhäusern mit Duftstoffen knapp unterhalb der Wahrnehmbarkeitsschwelle zur Steigerung der Kauflust eine vertretbare Funktionalität? Muss dieser Chemikalieneinsatz nicht völlig anders beurteilt werden als beispielsweise der Einsatz von Schädlingsbekämpfungsmitteln gegen krankheitsübertragende Gliedertiere?

Die Beurteilung von Funktionalitäten nach ihrem Nutzen ist sicherlich einer der schwierigsten Aspekte bei der Diskussion der Nachhaltigkeit in der Chemie. Wenn man krasse Beispiele nimmt wie die Notwendigkeit, Krankheitsüberträger zu bekämpfen, und diese der Versprühung von Duftstoffen in Kaufhäusern gegenüberstellt, wird man rasch Einigkeit erzielen, welcher Nutzen wichtiger und was verzichtbar ist. Die meisten Chemikalienverwendungen liegen aber „dazwischen". Die Nutzen von bestimmten Anwendungen, gerade wenn sie den Lebensstil betreffen, unterliegen sehr individuellen Wertentscheidungen, die sich mit der Zeit ändern können und außerdem von Kulturkreis zu Kulturkreis verschieden beantwortet werden. Wie damit umgehen angesichts der Notwendigkeit, den Ressourcenverbrauch im Chemikalieneinsatz zu minimieren? Ob eine Chemikalienverwendung unter dem Gesichtspunkt der Nachhaltigkeit gerechtfertigt ist oder nicht, ist in aller Regel keine staatliche Entscheidung. Es ist eine Entscheidung der Akteure in der Wertschöpfungskette und letztlich der Verbraucher. Wenn es zwei Möglichkeiten gibt, die eine bestimmte Funktionalität in gleicher Weise erfüllen, mag die Entscheidung zugunsten der nachhaltigeren Alternative leicht fallen und sich aus der Kommunikation in der Wertschöpfungskette auch ergeben. Falls sich aber die Frage stellt, ob die Funktionalität überhaupt von Belang ist und einen nicht unerheblichen Chemikalieneinsatz rechtfertigt, wird letztlich der Markt entscheiden und die Frage, wie sich die wesentlichen Marktteilnehmer mit den Nachhaltigkeitsaspekten dieser Funktionalität auseinandersetzen. Eines ist aber für diese Auseinandersetzung wesentlich: der Chemikalieneinsatz sollte transparent sein, d.h. die Marktteilnehmer sollten die Möglichkeit haben zu wissen, welchen Chemikalieneinsatz und Ressourcenbedarf der fragliche Konsum hat – ein weiteres Argument für eine intensive Kommunikation in der Kette.

Eine Ausnahme, bei der der Staat gefragt ist, den Nutzen einer Chemikalienverwendung zu beurteilen, stellt sich im Zusammenhang mit der Zulassung von Produkten, wenn das Risiko einer Anwendung für Umwelt oder Gesundheit eigentlich nicht mehr vertretbar ist, ein hoher Nutzen aber dies mangels geeigneter Alternativen unter Einschränkungen rechtfertigt. Beispiele hierfür lassen sich insbesondere bei umweltkritischen Humanarzneimitteln, bei bestimmten Pflanzenschutzmitteln oder bei problematischen Bioziden, die zur Bekämpfung sehr gefährlicher Schadorganismen essentiell sind, finden. Ein sehr prominentes Beispiel ist DDT, – für viele der Umweltschadstoff schlechthin. Die globale Stockholm-Konvention (UNEP, 2001), die ein Verbot auch dieses persistenten organischen Schadstoffs (POP) anstrebt, erkennt an, dass auf DDT in mehreren tropischen Ländern zur Bekämpfung von Malaria-Überträgern zurzeit noch nicht verzichtet werden kann. Die Kriterien und Wertentscheidungen, die seitens des Staates bei solchen Risiko-Nutzen-Abwägungen angelegt werden, sind einesteils Ergebnis gesellschaftlicher Wertentscheidungen und anderenteils wiederum geeignet, die Diskussion über den Nutzen von Funktionalitäten innerhalb der Wertschöpfungsketten zu befruchten.

4 Rahmenbedingungen für die Einführung nachhaltiger Chemie

4.1 Nachhaltige Chemie durch oder ohne Regulation?

Hört man einen der „Väter“ der Green Chemistry in den USA, Paul Anastas, so fasziniert seine Überzeugung, dass sie ein Alternativkonzept zur staatlichen Regulierung der Chemikaliensicherheit sein könnte (Anastas, 2003). Gerade die Zunahme staatlicher Gesetze und Verordnungen begründe die Notwendigkeit neue Wege zu beschreiten. Dieses Konzept ist von der Vision getragen, nachhaltige Chemie werde Schritt für Schritt Allgemeingut in Forschung, Lehre und in der industriellen Praxis. Durch diese Verankerung in den Köpfen statt in Paragrafen werden Bevölkerung und Staat mit der Chemie versöhnt und es entstehe ein

Raum, der keiner Regulation bedarf und in dem innovative Ideen zur Nachhaltigkeit entstehen und umgesetzt werden.

Diesem idealistischen Bild, das sehr amerikanische Züge trägt, steht die in Europa zum Teil nach wie vor verbreitete Meinung gegenüber, Fortschritte für Umwelt und Gesundheit ließen sich nur durch staatliche Vorschriften erzielen und stellten sich nicht freiwillig ein. Die Erfahrung habe gezeigt, dass sonst Nachhaltigkeit, Verantwortung und ökologisches Handeln nicht viel mehr seien als bloße Rhetorik in den Hochglanzbroschüren der Unternehmen und sich in der betriebliche Praxis nicht wieder fänden. In dieser These treffen sich sehr industriekritische Umwelt- und Verbraucherverbände mit Ökonomen, die erklären, die Unternehmen könnten es sich in der globalen Konkurrenz nicht leisten, anderen Kriterien als dem reinen Gewinnstreben einen höheren Stellenwert beizumessen. Nachhaltigkeit werde für das Image und nicht aus Überzeugung betrieben.

Vermutlich bildet keine der beiden radikalen Gegenpositionen einen geeigneten Rahmen für die Einführung nachhaltiger Chemie. Ohne Gesetze wird eine Entwicklung der Nachhaltigkeit in der Chemie nicht gelingen. Wie in den vorangehenden Kapiteln dargelegt, ist eine wesentliche Voraussetzung für nachhaltige Chemie der Austausch von Daten und Information in den Wertschöpfungsketten. Solche Daten stellen sich nicht von selbst ein, sondern ihre Generierung und Bereitstellung muss auf gesetzlichen Anforderungen beruhen. Diesem Grundgedanken folgen in Europa die IVU-Richtlinie 96/61/EG (EU, 1996) für den Bereich der Produktion in Industrieanlagen und die künftige Chemikalienverordnung REACH (siehe „REACH"). Beide Rechtsetzungen setzen einen Anforderungsrahmen, vermeiden aber Detailvorschriften. Sie legen die Hauptverantwortung in die Hände der Industrie. Zentraler Begriff der IVU-Richtlinie sind die bestverfügbaren Techniken (BAT). Die BAT werden nicht statisch festgeschrieben, sondern in einem europäischen Prozess des Informationsaustausches beschrieben und laufend aktualisiert (sog. Sevilla-Prozess). Sie bieten Raum für die Entwicklung und Verbreitung innovativer „emerging techniques", die noch nicht allgemein eingeführt sind, aber in ihrer Effektivität und Effizienz über den derzeitigen Stand der Technik hinausgehen. REACH fordert von Herstellern und Importeuren die Vorlage von Daten zu Wirkung und Exposition auch für so genannte Altstoffe und bürdet ihnen die Verantwortung auf, eine Risikobewertung nach vereinbarten Regeln selbst durchzuführen.

REACH

Im Jahr 2007 soll ein völlig neues Chemikalienmanagementsystem in Europa in Kraft treten: REACH, was eine Abkürzung für **R**egistrierung, **E**valuierung und **A**utorisierung von **CH**emikalien ist (Council, 2005). Die neue Chemikalienverordnung ist dadurch charakterisiert,

- dass künftig die Industrie die Nachweispflicht für die Sicherheit ihrer Chemikalien hat,
- dass gleiche Anforderungen an Neue und Alte Stoffe gestellt werden,
- dass besonders gefährliche Chemikalien zugelassen werden müssen,
- dass nicht nur die Stoffhersteller und Importeure sondern auch die Stoffanwender für die Sicherheit verantwortlich sind und Pflichten unterliegen.

Alle Hersteller und Importeure von Stoffen mit einer Herstellungs- oder Importmenge größer 1 Tonne pro Jahr müssen ein Registrierungsdossier mit Daten über diesen Stoff einreichen. Sowohl der Registrierungszeitpunkt als auch der Datenumfang sind von der Tonnage abhängig (d.h. hochtonnagige Stoffe zuerst und mit umfangreicheren Daten). Ab 10 t/a ist ein chemischer Sicherheitsbericht zu erstellen, der – unter gewissen Voraussetzungen – eine Risikobewertung enthält. Diese Informationen werden mittels eines erweiterten Sicherheitsdatenblatts an die Kunden übermittelt. Die Stoffanwender prüfen die übermittelten Informationen, ob sie ihren Bedingungen entsprechen und führen ggf. eigene Sicherheitsbeurteilungen durch (siehe auch den Abschnitt zu Verwendungs- und Expositionskategorien oben). Die europäische Chemikalienagentur in Helsinki und die Mitgliedstaaten sind in ein System einer gestuften Evaluierung der Dossiers einbezogen, das aber nur ca. 5 % der Stoffe erfassen wird. Der Rest wird nur auf Vollständigkeit geprüft. Hat ein Stoff besonders gefährliche Eigenschaften, sind seine Verwendungen zulassungsbedürftig. Diese Autorisierungen werden von der Agentur ausgesprochen, wenn der Stoff angemessen kontrolliert wird oder mangels Alternativen seine Verwendung aus sozioökonomischen Gründen notwendig ist.

REACH war in den vergangenen Jahren sehr umstritten, weil seitens zahlreicher Wirtschaftsverbände befürchtet wurde, der administrative Aufwand sei zu hoch und die Verordnung deshalb wirtschaftlich nicht tragbar. Die Diskussion führte zu zahlreichen Erleichterungen der Bestimmungen, so dass heute die These, dass REACH die Zahl der Chemikalien auf dem Markt deutlich reduzieren und damit die Möglichkeiten innovativer Lösungen mit Chemikalien einschränken werde, als widerlegt gelten muss. Im Gegenteil ist zu erwarten, dass allein die entfallende Diskriminierung der Neustoffe und die geringeren Daten für deren Registrierung sowie Erleichterungen für Forschung und Entwicklung Innovationsimpulse auslösen werden.

„Richtige" Gesetze, die die Entwicklung nachhaltiger Chemie unterstützen, haben demnach folgende Charakteristika:

- Sie *beschreiben Prinzipien*, nach denen sich auch unternehmerisches Handeln richten sollte.
- Sie *setzen Ziele*, die erreicht werden sollen, schreiben aber nicht den Weg dahin vor.
- Sie *schaffen organisatorische Arrangements*, die beispielsweise den Informationsaustausch zwischen den Akteuren befördern.
- Sie *geben Anreize* und *belohnen* besonders gute Beispiele. Innovation wird durch sie nicht gehemmt sondern gefördert.
- Sie *sanktionieren Fehlverhalten.*
- Unmittelbare *staatliche Regulation beschränkt sich auf Fälle besonders hoher potenzieller Risiken* (z.B. Zulassung besonders gefährlicher Stoffe bei REACH).

Ohne Gesetze, die zugleich fordern und ermutigen, bestünde in der Tat die Gefahr, dass Nachhaltigkeit in der Chemie nicht über Allgemeinplätze in Broschüren und Redebeiträgen hinauskommt.

4.2 Weitere Rahmenbedingungen für eine Einführung nachhaltiger Chemie

Da sich Nachhaltigkeit in der Chemie nicht gesetzlich verordnen lässt, müssen weitere Voraussetzungen erfüllt sein, dass sie nicht nur von einer kleinen Minderheit besonders umweltbewusster Unternehmen betrieben wird. Nachhaltige Lösungen werden nur dann gewählt, wenn die ökonomischen Randbedingungen stimmen, d.h. wenn sie Gewinn versprechen und der Markt sie nachfragt. Gegen den Markt wird es keine nachhaltige Chemie geben! Nachhaltigkeit stellt sich häufig jedoch selbst dann nicht ein, wenn es sich rechnet. Wie in Abschnitt 2.2 dargestellt, scheuen viele Unternehmen Wagnisse, und es ist deshalb notwendig, überschaubare, kalkulierbare Schritte in Richtung Nachhaltigkeit zu identifizieren, damit neue, innovative Wege beschritten werden. Gleichwohl besteht auch ein kognitives Problem: Das Motto „Lieber vorsichtig und keine Risiken eingehen!" ist gerade in Deutschland verbreitet, charakterisiert aber sicherlich nicht den Unternehmer, der mit Mut zu alternativen Lösungsansätzen neue Märkte sucht und neue Produkte entwickelt.

Zu einer Unternehmenskultur, die sich nachhaltige Lösungen zum Ziel setzt, gehört noch ein sehr traditioneller Wert: ethische Verantwortung. Nicht jede mutige Innovation ist ein Schritt in Richtung Nachhaltigkeit. Sie kann auch das genaue Gegenteil bedeuten. Innovation braucht deshalb Maßstäbe und eine Richtung. Wenn Nachhaltigkeit dieser Maßstab werden soll, muss der Dialog der Akteure in der Chemie auf der Basis einer verbesserten Kommunikation in der Wertschöpfungskette intensiviert werden, um das Wissen und das Bewusstsein der Beteiligten zu erweitern, Einigkeit über die Ziele zu erhalten und diese in Unternehmensleitbildern zu verankern. Nachhaltigkeit gedeiht nicht in einem Klima der Konfrontation sondern der Kommunikation. Diese Kommunikation zu fördern ist Aufgabe der Verbände und des Staates, die gemeinsam zum Beispiel Preise für besonders hervorragende Beispiele ausloben können. Eine „Nachhaltigkeitskultur" in der Chemie ist ferner dadurch gekennzeichnet, dass wissenschaftliche Forschung und Lehre schon in der Ausbildung Maßstäbe für Nachhaltigkeit vermitteln und Kunden vermehrt nach nachhaltigen Produkten und Dienstleistungen fragen.

Ein letzter Aspekt ist herauszustellen: Nachhaltige Chemie ist kein Luxusartikel für reiche Länder sondern eine globale Aufgabe! Dies ergibt sich schon allein daraus, dass Europa den Regeln der WTO gemäß Importbeschränkungen für Produkte nur dann erlassen kann, wenn ein potenzielles Risiko für Mensch oder Umwelt besteht. Sicherheit bedeutet aber noch nicht Nachhaltigkeit, d.h. weitergehende Beschränkungen wären nicht durchsetzbar. Ebenso wie andere Aspekte der nachhaltigen Entwicklung hat somit nachhaltige Chemie globale Bedeutung. Sie muss ein Exportartikel werden. Hierzu bedarf es staatlich geförderter Capacity building-Projekte im Rahmen der internationalen Chemikaliensicherheit, z.B. des SAICM-Prozesses (**S**trategic **A**pproach to **I**nternational **C**hemicals **M**anagement), die in Verbindung mit technischer Hilfe insbesondere in den armen Ländern mit Maßnahmeplänen zur Beschäftigung und zur Bekämpfung der Armut zu verknüpfen sind. Die wichtigsten und effektivsten Botschafter aber sind internationale Unternehmen, die globale Märkte nutzen und erobern wollen. Viele von ihnen – leider nicht alle – haben es sich zur Leitlinie gemacht, dass bei Investitionen im Ausland die gleichen Sicherheits- und Umweltstandards gelten wie im Inland und keine Risiken sondern nachhaltige Lösungen exportiert werden. Unterstützt wird dies durch Schulungen der einheimischen Beschäftigen, die häufig nicht denselben Ausbildungsstand haben wie in Europa. In diesem Sinne ist Paul Anastas Recht zu geben. Nachhaltige Chemie muss weltweit in die Köpfe, nicht in Paragraphen.

Literatur

Anastas P.T. (2003), Meeting the challenges to sustainability through green chemistry, Green Chemistry, April 2003, G 29-34

Council (2005): Proposal for a Regulation of the European Parliament and of the Council concerning the Registration, Evaluation, Authorisation and Restriction of Chemicals (REACH), Council of the European Union, 15921/05, Brüssel, 19. Dezember 2005

EU (1993): Council Regulation (EEC) No 793/93 of 23 March 1993 on the evaluation and control of the risks of existing substances, Official Journal of the European Community L 84, 1

EU (1996): Council-Directive 96/61/EG from 24.09.1996 for Integrated Prevention of Pollution Control (IPPC), Official Journal of the European Community L 257, 26

EU (2003): Richtlinie des Rates und des Parlaments 67/548/EWG zur Angleichung der Rechts- und Verwaltungsvorschriften für die Einstufung, Verpackung und Kennzeichnung gefährlicher Stoffe, zuletzt geändert am 16.05. 2003, Official Journal of the European Community L 122, 36

GDCh (2003): Green Chemistry – Nachhaltigkeit in der Chemie, 1. Auflage – Juni 2003, ISBN 3-527-30815-6 – Wiley-VCH, Weinheim

König B, Braig Ch; Hopf V, Nijakowski A, Bahadir M, Voigt R, Kreisel G, Diehlmann A, Ondruschka B, Nuechter M, Metzger J, Biermann U, Lenoir D, Parlar H, Wattenbach H, Jastorff B, Störmann R, Ranke J.

(2003): Nachhaltiges Organisches Praktikum, www.oc-praktikum.de (supported by Deutsche Bundesstiftung Umwelt, Osnabrück)

Marscheider-Weidemann F., Hüsing B. (2003): Forschungsbericht FKZ 201 94 313, „Abfallvermeidung bei Produktionen für organische Spezialchemikalien durch den Einsatz hochspezifischer Katalysatoren". Berlin, Umweltbundesamt, Oktober 2003, 25

Packroff R (2004): Inherently safe chemical products, Bundesanstalt für Arbeitsschutz und Arbeitsmedizin, Dortmund; Vortrag beim Workshop "Sustainable Chemistry – Integrated Management of Chemicals, Products and Processes", 27 to 29 January 2004, Dessau http://www.sustainable-chemistry.com

Perthen-Palmisano B., Jakl T. (2005): Chemical Leasing – Cooperative business models for sustainable chemicals management, ESPR – Environ Sci & Pollut Res, 12 (1), 49-53, (Lebensministerium, Wien) (2004)

Scheringer M. (1999)., Persistenz und Reichweite, Wiley Verlag 1999

Steinhäuser K.G. (2004): Richter S., Greiner P., Penning J., Angrick M.: Sustainable Chemistry – Principles and Perspectives, ESPR – Environ Sci & Pollut Res 11 (5), 2004, 284-290

UBA (2004): Das Konzept „Verwendungs- und Expositionskategorien – Standpunkt der deutschen Bewertungsbehörden", Umweltbundesamt Dessau, September 2004

UNEP (2001): Stockholm Convention on Persistent Organic Pollutants: http://www.pops.int/documents/convtext/convtext_en.pdf

Von Gleich (2006): in diesem Band

„Nachhaltige Chemie“ – ein Blick zurück, ein Blick voraus

Ulrich Steger

1 Rückblick auf rund 25 Jahre Chemie-Diskussion

Ja, es gab mal eine breite öffentliche Chemie-Diskussion, die auch als solche thematisch identifiziert werden konnte. Den Beginn kann man für Deutschland auf 1978 lokalisieren, als Koch/Vahrenholt den Bestseller „Serveso ist überall“ veröffentlichten. Neben großer, aber folgenloser Empörung von Seiten der Chemie-Industrie hatte das Buch vor allem einen Effekt: die Chemie-Industrie oben auf die Tagesordnung der Umweltpolitik zu setzen. Das Ozon-Loch und die verursachenden FCKWs wurden in den Augen vieler Kommentatoren zum Sinnbild der schleichenden Gefahren einer Industrie: geblendet vom Nutzen des technischen Fortschritt; vergessen wir die negativen Folgewirkungen – bis es zu spät ist. Dieser „Ritt auf dem Tiger“ erhielt eine neue Dimension als die Entsorgungsprobleme etwa Mitte der achtziger Jahre deutlich wurden. Verursacht oder auch nur beschleunigt durch die Umweltgesetzgebung, die nach den Emissionen nun auch den Abfallbereich regelte, wurde ein drastischer Engpass bei Sonderabfalldeponien und -verbrennungsanlagen deutlich. Je nach Standpunkt der Kombattanten befürchtete oder erhoffte man, die „gefährlichen Teile“ der Chemie würde quasi „von hinten“ stillgelegt.

Als sich dieser Bereich der Entsorgung entspannte, begann die „Schlacht um's Chlor“. Nachdem die Kernenergie (zivil wie militärisch) offenbar Angst und Zivilisationskritik nicht mehr bündeln konnte, wurde das Chloratom – insbesondere als chlorierte Kohlenwasserstoffe und auch in PVC – unter den Generalverdacht gestellt, für das „Übel dieser Welt“ verantwortlich zu sein. Gewiss ist diese Formulierung etwas polemisch, aber die symbolische – um nicht zu sagen mythologische – Bedeutung in diesen Kontroversen sollte man nicht unterschätzen. Denn es ging weniger um wissenschaftliche Kosten-Nutzen-Abschätzungen als um politische Wertkonflikte – die aber in den öffentlichen Auseinandersetzungen oft wenig transparent wurden. Danach, also etwa Mitte der neunziger Jahre wurde es um die Chemie bemerkenswert ruhig. Heute muss Greenpeace schon auf Baby-Beiß-Ringe zurückgreifen, um noch einen Erfolg gegen PVC zu erzielen …

Mehrere Gründe spielten dafür eine Rolle:

- zunächst wurden viele der Probleme durch die Chemie abgearbeitet – nicht zur Zufriedenheit aller Umweltschützer, aber doch so, dass es schwierig war, Mobilisierungsthemen aus den noch verbleibenden Problemkonstellationen zu identifizieren und daraus Kampagnen zu entwickeln (insofern sind die Umweltschützer „Opfer" ihres Erfolges geworden – sie haben was bewegt, aber damit auch den Druck weggenommen),
- zum anderen lernten die Unternehmer aus ihren (Kommunikations-) Fehlern relativ schnell. Seit Beginn gehört die Chemie zu den Spitzenreitern in der Umwelt- und Nachhaltigkeitsberichterstattung, hat ein professionelles „Issue-Management" aufgebaut und pflegt Stakeholder-Dialoge,
- des Weiteren lösten sich die „klassischen" integrierten Chemieunternehmen auf und wurden in die Bereiche Pharma, Feinchemikalien, Grundstoffchemie, Agrochemie etc. in unterschiedlichsten Konstellationen neu gegliedert. Heute ist die Branche weit buntscheckiger als ehedem – und damit ist es auch schwieriger, klare Konturen in eine „chemiepolitische" Debatte zu bringen,
- der Zusammenbruch der Sowjetunion und die Dynamik der Globalisierung führten zu einem beschleunigten Strukturwandel, indem die ökonomischen „Brot-und-Butter-Themen" wie Profitabilität, Arbeitsplätze und die Wettbewerbsfähigkeit der Regionen an Bedeutung gewannen,
- die erhebliche Zunahme von Direktinvestitionen machte – nicht nur in der Chemie-Industrie – den drastischen Unterschied deutlich, der in Schwellenländern (einschließlich Osteuropa) zwischen den mit mo-

dernen Technologien arbeitenden westlichen Firmen und den „Dreckschleudern“ der meist einheimischen Industrie besteht,

- und – last but not least – sind die interessanten technologischen Entwicklungen heute „Querschnittstechnologien“, die viele Branchen betreffen. Die Nanotechnologie wird z.B. die verschiedenen Segmente der Chemie nachhaltig beeinflussen, aber es wäre sicher schwierig, die Forschungsförderung oder Stakeholder-Dialoge als „Chemiepolitik“ zu organisieren (und deshalb geschieht es auch nicht).

Von daher ist es schwierig, irgendeine politische oder internationale Prioritätenliste zu finden, auf der „Nachhaltige Chemie“ zu den „Top 10“ gehört. Wie in vielen anderen Bereichen auch, hatten die „Issues“ der Chemie ihren Lebenszyklus und danach wandten sich Öffentlichkeit, Politik und Unternehmen anderen Themen zu. Was bleibt, ist natürlich immer eine Experten-Diskussion, die wissenschaftliche Kontroverse, die Verbesserung im Detail ... (wie auch die Tutzinger Tagung zeigte).

Ist die Kontroverse zum „REACH“ ein Gegenbeweis? Wohl kaum, zeigte sich doch hier die mangelnde Mobilisierungsfähigkeit der Umweltverbände sehr deutlich. Zweitens führt ja „REACH“ nicht zu neuen Ufern, sondern wollte eine neue Risiko-Management-Methodologie entlang der chemischen Wertschöpfungskette etablieren und dabei – die „eingeschlafene“ – Altstoff-Bewertung wieder aktivieren. Leider hatten die EU-Bürokraten die Kosten-Nutzen-Balance aus den Augen verloren (insbesondere für mittelständische Anwender) und waren damit politisch angreifbar. Nur wenige werden heute behaupten, dass REACH ein neues Kapitel für nachhaltige Chemiepolitik aufschlagen wird.

2 Was ist die Situation in den Unternehmen?

Zunächst einige empirische Hinweise (siehe Literaturhinweise am Schluss des Beitrages) zum Stand der Nachhaltigkeit in den Unternehmen, die Chemie-Industrie eingeschlossen, die sich aber nicht mehr signifikant von anderen Industrien in der Struktur der Probleme – wohl aber den spezifischen Issues – unterscheidet.

Nachhaltigkeitsthemen sind für die Industrie bestenfalls von zweitrangiger Bedeutung. In keinem (globalen) Unternehmen stehen solche Themen vorrangig auf der Tagesordnung oder werden zukünftig als strategisch prioritär eingeschätzt (wir reden hier über reales Verhalten, nicht Rhetorik).

Allerdings sind diese Themen wichtig genug, um professionell gemanagt zu werden und Risiken zu vermeiden, die sich aus einer „Nachzügler-Position“ ergeben könnten (die empirische Evidenz zeigt, dass meistens nicht Pioniere belohnt, sondern Nachzügler bestraft werden).

Selbst wo sich in einzelnen Bereichen ein „Business Case“ für Nachhaltigkeit bilden lässt, stoßen die zuständigen Manager auf zahlreiche Durch- und Umsetzungsbarrieren: die erhöhte Komplexität, Unwissen, schwierige Quantifizierung etc.

Extern werden die Kunden und die Investoren/Finanzmärkte – also die wichtigsten Stakeholder – zugleich als die Desinteressierten in Sachen Nachhaltigkeit angesehen. Gewerkschaften und lokale Institutionen sind eher (skeptische) Zuschauer. Und die aktivsten Stakeholder in Sachen Nachhaltigkeit – wie Umwelt- und Verbraucherverbände – sind zugleich die für Unternehmen unwichtigsten und nach eigener Einschätzung nicht in der Lage, ein Umsteuern der Unternehmen zu erreichen (die Daten für die Chemie-Industrie sind dabei nicht signifikant anders als der Durchschnitt der 9 untersuchten Industrien). Nur im politischen Streit haben sie Glaubwürdigkeitsvorteile, den sie nun oft für Kooperationen nutzen wollen.

Man muss die klaren empirischen Fakten so deutlich formulieren, weil die „Nachhaltigkeits-Community“ ihre eigene Rhetorik pflegt, die oft mehr auf Wunschdenken, denn einer strategisch realistischen Einschätzung beruht. Wie das obige Beispiel der Chemieindustrie zeigt: der Druck auf Unternehmen zu mehr Umweltschutz und Nachhaltigkeit ist themenbezogen und zyklisch, keineswegs generell steigend. Und dem Staat wird nicht mehr viel zugetraut, da er in einer globalen Konkurrenzsituation mehr an Wettbewerbsfähigkeit interessiert ist als an Nachhaltigkeit (nicht umsonst adressiert daher ein größer werdender Teil der „Nachhaltigkeits-Bewegung“ ihre Forderungen an die Unternehmen – und auch in dieser Tagung war vom Akteur „Politik“ nicht mehr die Rede).

Um die Tragweite des fehlenden „Nachhaltigkeits-Druckes“ richtig zu verstehen, muss man ins Kalkül ziehen, dass ein anderer Druck auf die Unternehmen mächtig gestiegen ist: der der Kapitalmärkte auf eine Rendite, die risikogewichteten Kapitalkosten (die in der Chemie meist über 10% liegen) als dominantes Ziel immer zu erreichen. Dieser Druck ist in den Unternehmen real, in Prozesse und Anreizsysteme integriert und daher ständig präsent. Es gibt – unternehmensindividuell – sicher Schnittmengen zwischen Rentabilität und Nachhaltigkeit, aber – wie oben skizziert – riesig sind sie nicht.

Die gestiegene Nachhaltigkeitsberichterstattung der Unternehmen wird aber gerne als Beleg dafür angeführt, wie wichtig heute das Thema Nachhaltigkeit für Unternehmen sei. Aber dieses Kriterium verwechselt Kommunikation mit Performance – es gibt gute Gründe für die Annahme, dass Nachhaltigkeit heute mehr und besser dokumentiert wird (wie auch in der Finanz-Berichterstattung heute viel mehr Transparenz herrscht), nicht unbedingt, dass viel mehr gemacht wird.

3 Wie geht es weiter?

Was sind im Rahmen dieser Gesamteinschätzung die drei wichtigsten Themen, mit denen die Chemie-Industrie wie andere Industrien konfrontiert wird? Meine Stichworte lauten: Mega-Issues, Supply Chain Management und Reichweite der Produktverantwortung (jedenfalls sind diese Themen von den 30 globalen Mitgliedsfirmen des Forums für Corporate Sustainability Management (CSM) an IMD gewählt worden).

„Mega-Issues“: Während früher eine „industriepolitische“ Diskussion gepflegt wurde, ist die heutige Diskussion wegen der Interdependenzen eher auf Themen fokussiert. Die 3 Mega-Themen sind m.E.: Klima, Wasser, Armut. Jedes Thema wirkt sich im Detail, aber nicht so sehr strukturell verschieden auf Industriebranchen aus. Die Chemie ist z.B. beim Thema „Wasser“ sicher mit involviert wie auch die Nahrungsmittelindustrie, aber die wichtigere Einflussvariable ist hier die Region (in Irland stellt sich das Thema anders als in Subsahara-Afrika). Insgesamt müssen wir hier eine Diskussion führen, die nicht nur Problemlösungsstrategien umfasst, sondern die auch klärt, wie denn die Arbeitsteilung zwischen den Verantwortlichen – nationale und internationale Politik-Institutionen, Wirtschaft und NGOs – organisiert wird und welche Kooperationen wo geboten sind.

Dies kann am nächsten Thema – Supply Chain Management – verdeutlicht werden. Wenn zum Beispiel in bestimmten Regionen Lateinamerikas Landarbeiter wie Leibeigene behandelt oder in Myramar das Militär Zwangsarbeiter für den Bau einer Pipeline rekrutiert, dann ist dies zunächst Politikversagen. Denn die Nationalstaaten haben die internationalen Verträge ratifiziert und sind für die Einhaltung verantwortlich, nach denen diese Praktiken verboten sind. Was man mit guten Gründen von den Unternehmen erwarten kann, ist, dass sie diese Probleme nicht opportunistisch ignorieren und über sie hinwegsehen.

Aber dieser „Common Sense“ Grundsatz stößt auf zwei Schwierigkeiten: Erstens kann man von Unternehmen mehr Moral verlangen als von Regierungen? Denn niemand wird leugnen, dass auch Regierungen Menschenrechtsverletzungen gegen andere außenpolitische Interessen abwägen (z.B. Saudi Arabien und Diskriminierung der Frauen).

Zum zweiten: Was können Unternehmen (und gemeint sind hier: die Zentralen eines „typischen“ Multi-Nationals) in diesen Ländern konkret bewirken? Ein nicht untypisches Beispiel eines chemienahen Unternehmens mag dieses Problem verdeutlichen: Knapp 40% des in 108 Ländern erzielten Umsatzes werden von Lieferanten eingekauft. Von diesen rund 20 Mrd $ werden etwa 15% zentral/weltweit von etwa 40 Lieferanten eingekauft, etwa 30% werden „regional koordiniert“ (etwa innerhalb der lateinamerikanischen Töchter), die Zahl der Lieferanten liegt geschätzt über 3000. Der größere Teil wird lokal von – geschätzt – circa 15.000 – 20.000 Lieferanten eingekauft, meist kleinen Unternehmen oder Handwerkern. Wie kann ein Unternehmen unter diesen Bedingungen sicherstellen, dass es zu keiner Kinderarbeit oder anderen Formen der Ausbeutung kommt? Was kann als kulturelle Unterschiede toleriert werden und was nicht? Und was kann konkret vor Ort getan werden? Denn nicht immer ist gut gemeint auch gut … (siehe etwa die Berichte aus Pakistan, wo die Bekämpfung von Kinderarbeit den Nebeneffekt hatte, dass Heimarbeit substituiert wurde – und damit auch Frauen die Erwerbsmöglichkeiten genommen wurden). Unabhängig davon ist deutlich geworden, dass es bei den Mega-Themen wie ihrer Anwendung auf die gesamte Wertschöpfungskette schwierig ist, Prioritäten für einzelne Industriezweige vorab zu identifizieren.

Geht das Thema „Supply Chain“ mehr in Richtung Lieferanten, so ist das Thema „Produktverantwortung“ mehr „downstream“ in Richtung Kunden zu verstehen und umfasst sicher mehr als Qualitätssicherung, Produkthaftung und Service. Hier hat die Chemie durch „Responsible Care“ eine mittlerweile lange Tradition und in vielen – kritisierten – Fällen ging es weniger um das Prinzip, sondern um die Anwendung im konkreten Fall. Und: Was kann man von Unternehmen verlangen, wenn die

Kunden nicht mitspielen? Wäre es dann nicht Aufgabe des Gesetzgebers, Standards und Verantwortlichkeiten neu zu definieren? Und wenn es um (industrieweite) Kooperationen geht, die Grenzen des Wettbewerbsrechtes neu zu definieren? Aber auch hier kann man schwer generell „chemiepolitische" Fragestellungen isolieren.

Was bleibt sind natürlich zahlreiche Detailprobleme. Es ist ja gerade eine Schwierigkeit der Nachhaltigkeits-Diskussion, dass sie jenseits der großen, aber abstrakten Themen in tausende von Details zerfleddert. Natürlich sind z.B. Volatile Organic Compounds noch immer ein Thema für Experten – aber rechtfertigt dies als zentrales Issue eine breite öffentliche Debatte um „Nachhaltige Chemie"???

4 Fazit

Als Fazit bleibt für mich festzuhalten, dass der Begriff „Nachhaltige Chemie" heute – anders als vor 10 Jahren – nicht mehr sinnvoll ist. Er ist nicht geeignet, Entwicklungstrends und Probleme „auf den Begriff" zu bringen und als Leitthema auf einer (europäischen oder nationalen) Diskussionsplattform zu dienen, da die Mega-Themen zu vernetzt und komplex sind, als dass man sie auf eine Branche fokussieren könnte. Die Problemlösungsstrategien der Zukunft sind mehr „issue orientiert". Viele der neueren Initiativen organisieren sich um solche Issues: Aids, Human Rights, oder sie verfolgen Issues entlang der Wertschöpfungskette von bedeutenden Produktlinien, wie z.B. Sustainale Agriculture, wo die Agro-Chemie einer der Akteure ist.

Industriespezifische Besonderheiten gibt es für jede Branche, aber strukturell sind die Probleme ähnlich (wie auch die Themen der Tagung zeigen). Es gibt keinen Grund mehr, die Chemie-Industrie besonders hervorzuheben. Aber klarer als bisher müssen wir sehen, was von Unternehmen erwartet werden kann – solange sie im (globalen) Wettbewerb stehen und ihre Licence To-Operate eine ökonomische ist.

Politikversagen durch Nachhaltigkeitsstrategien der Unternehmen kompensieren zu wollen, wird weder in der Chemie noch sonst wo funktionieren.

Der hier vorgenommene Versuch, die Nachhaltigkeitsthemen in den Kontext von ökonomischen und politischen Trends zu stellen, soll nicht die interessante Diskussion um die Implementierung der Nachhaltigkeit in der Chemieindustrie, einer der drei großen globalen Industrien, entmutigen, sondern sie auf eine realistische, weniger pompöse Basis stellen.

Weiterführende Literatur

Steger, U. (ed.) (2004): The Business of Sustainability, Wiley

CSM-Arbeitspapier "Business Case for Corporate Sustainaility in the Chemical Industry"

Steger, U. (ed.) (2006): Inside the Mind of Stakeholders, Palgrave Macmillan

Steger, U. (2003): Performing under pressure, European Management Journal

Steger, U. (2004): Corporate diplomacy, deutsche Übersetzung, Vahlen

Positionspapier der Gesellschaft Deutscher Chemiker (GDCh)

Nachhaltige Chemie in der GDCh

Der Arbeitskreis „Ressourcen- und umweltschonende Synthesen und Prozesse“ der Fachgruppe Umweltchemie und Ökotoxikologie bündelt die wesentlichen Themen der nachhaltigen Chemie in der GDCh. Gegenwärtig hat der Arbeitskreis fünf Programmschwerpunkte:

1. Nachwachsende Rohstoffe (J.O. Metzger, Oldenburg)
2. Katalytische Verfahren einschl. Biokatalyse (A. Beller, Rostock)
3. Alternative Reaktionsbedingungen (W. Leitner, Aachen)
4. Bewertung von Synthesen im Hinblick auf Ressourcenverbrauch und potenzielle Umweltbelastung (J. O. Metzger)
5. Nachhaltigkeit in Lehre und Ausbildung (B. Jastorff, Bremen)

Eine wichtige Aktivität des Arbeitskreises ist die alle 2 Jahre stattfindende Tagung „Ressourcen- und umweltschonende Synthesen und Prozesse“, die gemeinsam mit der Liebig Vereinigung für Organische Chemie veranstaltet wird. Nach Tübingen, Oldenburg und Jena fand die letzte Jahrestagung des Arbeitskreises vom 28. Februar bis 01. März 2005 in Rostock statt mit dem Schwerpunkt „Nachhaltigkeit durch katalytische Prozesse“. Die First International IUPAC Conference on Green-Sustainable Chemistry wird am 10. – 15. September 2006 in Leipzig unter Beteiligung der GDCh stattfinden. Der Arbeitskreis hat verschiedene Aktivitäten der GDCh initiiert wie die Erklärung des GDCh-Vorstandes zur Fortschreibung der Kapitels 19 der Agenda 21 vom Juli 2002 anlässlich des Weltgipfels zur nachhaltigen Entwicklung in Johannesburg.

Die GDCh hat die wachsende Bedeutung der nachhaltigen Chemie erkannt. Deshalb soll der Arbeitskreis der Fachgruppe Umweltchemie und Ökotoxikologie in einer Arbeitsgemeinschaft Nachhaltige Chemie der GDCh übergehen, die allen Fachgruppen und Mitgliedern der GDCh offen stehen wird und alle Aktivitäten der GDCh auf diesem Gebiet noch bessere zusammenfassen und nach außen, auch gegenüber der internationalen Green Chemistry Community in den verschiedenen chemischen Gesellschaften vertreten soll. Voraussetzung ist eine kräftige Entwicklung der Mitgliederzahlen des Arbeitskreises.

Alle GDCh-Mitglieder, die an der Nachhaltigen Chemie interessiert sind, sind eingeladen Mitglied in dem Arbeitskreis „Ressourcen- und umweltschonende Synthesen und Prozesse" zu werden.

Weitere Informationen auf der Website der Fachgruppe Umweltchemie und Ökotoxikologie http://www.oekochemie.tu-bs.de/ak-umweltchemie/akberichte.php?navi=D25#aktuell und bei

Prof. Dr. Jürgen O. Metzger
Institut für Reine und Angewandte Chemie
Carl von Ossietzky Universität Oldenburg
Postfach 2503
D-26111 Oldenburg
Germany
Tel +49/441/7983718
Fax+49/441/7983618
http://www.chemie.uni-oldenburg.de/oc/metzger

Erklärung der Gesellschaft Deutscher Chemiker zur Fortschreibung des Kapitel 19 der Agenda 21

Die Gesellschaft Deutscher Chemiker hat auf der Initiative ihrer Fachgruppe Umweltchemie und Ökotoxikologie folgendes Positionspapier zur Fortschreibung des Kapitels 19 der Agenda 21 erarbeitet, welches den Regierungen der am Weltgipfel für nachhaltige Entwicklung in Johannesburg teilnehmenden Staaten vorgelegt werden soll.

Wir haben in diesem Papier bewusst einen mutigen Blick in die Zukunft geworfen. Die formulierten Ziele sind sehr ehrgeizig und daher nicht als konkrete Handlungsanweisungen, sondern als richtungsweisende Orientierungspunkte für die weitere Entwicklung nachhaltiger Konzepte in der Chemie zu verstehen. Die politischen, gesellschaftlichen und ökonomischen Randbedingungen müssen bei der weiteren Entwicklung nachhaltigen Handelns berücksichtigt werden. Sie erfordern einen pragmatischen und ausgewogenen Umgang mit dem Politikfeld „Nachhaltige Entwicklung“. Überzogenen, unrealistischen Forderungen muss Einhalt geboten werden, dennoch dürfen die übergeordneten Zielstellungen, so wie sie in unserer Stellungnahme zum Ausdruck kommen, nicht aus den Augen verloren werden.

1. Die in der Agenda 21, Kapitel 19 formulierten sechs Programmbereiche müssen vollständig umgesetzt werden. Die Agenda 21 hatte die Prüfung von mehreren hundert HPV-Chemikalien (Chemikalien, die mit mehr als 1000 Tonnen pro Jahr in mindestens einem OECD-Mitgliedsland produziert werden) bis zum Jahr 2000 vorgeschlagen. Bisher sind von den über 5200 HPVs der OECD Liste ca. 270 abschließen beurteilt, weitere ca. 510 befinden sich mit unterschiedlichem Bearbeitungsstatus auf der Bearbeitungsliste. Die Prüfung von insgesamt etwa 2800 HPVs soll durch die „HPV chemical testing programm“, unter Einschluss der vom Weltchemieverband ICCA übernommenen 1000 Stoffe, bis zum Jahr 2004 durchgeführt werden. Die restlichen HPVs der OECD Liste sollen in einem überschaubaren Zeitraum geprüft werden. Die Gesellschaft Deutscher Chemiker ist durch die Mitarbeit ihres Beratungsgremiums für Altstoffe (BUA) als „Peer Review Group“ und „Focal Point“ unmittelbar am OECD/ICCA-Programm beteiligt. Die politische und finanzielle Unterstützung der BUA-Arbeit durch Industrie und Staatsseite zur Sicherstellung der Qualität der Ergebnisse ist daher auch zukünftig sicherzustellen.

2. Nachhaltige chemische Prozesse und Produkte sind zielgerichtet zu entwickeln. Eine absolute Quantifizierbarkeit von Nachhaltigkeit kann aufgrund der komplexen Interdependenz der ökonomischen, ökologischen und sozialen Dimensionen dieses Begriffes nicht geleistet werden. Dennoch sind zur vergleichenden Bewertung von chemischen Prozessen und Produkten bezüglich ihres Beitrags zu einer nachhaltigen Entwicklung wissenschaftlich fundierte Methoden und Kriterien notwendig. Dazu ist ein System mit Bausteinen der wichtigsten Prozessketten für eine Bewertung von Synthesen bzw. Prozessen zu entwickeln, das Ressourcenbedarf und Umweltbelastung mit Hilfe von Kennzahlen auch quantitativ abzudecken erlaubt und auf einem konsistenten Basisdatensatz beruht. Die Bewertungsansätze der Ökobilanzierung, der Ökoeffizienz-Analyse sowie

sozio-politische Bewertungsdimensionen sind weiterzuentwickeln. Bei Substitution von Prozessen und Produkten sind geeignete vergleichbare Bewertungen durchzuführen. Diese müssen frühzeitig im Verlauf der Entwicklung, möglichst bereits im Labor, eine tragfähige Entscheidung zwischen den Prozess- und Produktalternativen ermöglichen.

3. Die ressourcenschonende Produktion von Basischemikalien – Chemikalien, die weltweit mit mehr als 1 Million t/a hergestellt werden – ist aufgrund der großen produzierten Mengen und der darauf aufbauenden Produktlinien für eine nachhaltige Entwicklung von besonderer Bedeutung. Zahlreiche Prozesse zur Produktion dieser Basischemikalien erzeugen eine große Menge von z.T. nicht mehr verwertbaren Nebenprodukten. Dies macht die Entwicklung neuer Prozesse für diese Basischemikalien oder gegebenenfalls die Substitution durch neue Basischemikalien, die ressourcenschonend und umweltverträglich produziert werden können, erforderlich. Dazu sind insbesondere auch neue Prozesse auf der Basis von nachwachsenden Rohstoffen von Bedeutung. Die meisten Produkte, die aus nachwachsenden Rohstoffen erhalten werden können, sind zwar gegenwärtig im Vergleich zu den Produkten der Petrochemie noch nicht konkurrenzfähig, was sich aber bei zunehmender Verknappung und damit Verteuerung des Erdöls ändern wird. Die Gesellschaft Deutscher Chemiker appelliert an die Regierung, die Förderung der notwendigen, grundlegenden Untersuchungen zu intensivieren bzw. Randbedingungen zu schaffen, um entsprechende privatwirtschaftliche Forschungsaktivitäten verstärkt zu stimulieren, damit nachhaltigere Substitutionsprozesse und -produkte rechtzeitig zu Verfügung stehen.

4. Die Produkte der chemischen Industrie zeichnen sich durch eine große chemische Vielfalt aus. Die Agenda 21 geht von etwa 100.000 chemischen Substanzen aus, die weltweit von der chemischen Industrie in den Handel gebracht werden, wobei auf etwa 1.500 Stoffe 95% der gesamten Weltproduktion entfallen. (Agenda 21, Kap. 19.11). Die Gesellschaft Deutscher Chemiker setzt sich nachdrücklich dafür ein, toxische Chemikalien, von denen wissenschaftlich nachgewiesen eine nicht vertretbare Gefahr für Umwelt und Gesundheit ausgeht, durch wenige schädliche Substanzen zu ersetzten oder durch geänderte Verfahren entbehrlich zu machen und die Rückgewinnung

und Verwertung chemischer Grundstoffe gemäß der Nachhaltigkeitskriterien zu optimieren. Die Herausforderung für die Chemie besteht darin, die vielfältigen chemischen Produkte und Wirkstoffe so zu gestalten, dass sie durch möglichst nachhaltige Prozesse erzeugt werden, ihre Aufgabe bzw. die gewünschte Wirkung bei minimalem Gefährdungspotential erfüllen, die Umwelt nicht beeinträchtigen und biologisch abbaubar sind. Die Produkte der chemischen Industrie müssen auch unweltverträglich weiterverarbeitet werden können. Von besonderer Bedeutung ist dabei die Reduktion der Emission von flüchtigen organischen Chemikalien (VOCs), die zur Bildung des troposphärischen Ozons beitragen.

5. Wo immer dies möglich ist, müssen nicht-nachhaltige Prozesse und Produkte substituiert werden. Die Regierungen werden aufgefordert, alle Regelungen, die die Substitution nicht-nachhaltiger durch nachhaltigere Prozesse und Produkte behindern, möglichst rasch aufzuheben. Anreize zur Förderung der Substitution sind einzuführen und in den kommenden 10 Jahren nach Johannesburg umzusetzen.

6. Zur Lösung dieser Probleme muss die Grundlagen- und anwendungsorientierte Forschung zum Beitrag der Chemie zu einer nachhaltigen Entwicklung stark intensiviert und gefördert werden. Dieser Aspekt gilt allen einer nachhaltigen Entwicklung dienlichen Wissenschaften. Angesichts der enormen Anforderungen an Grundlagen- und anwendungsorientierte Forschung sowie Entwicklung werden die Regierungen daher aufgefordert, die öffentlichen Mittel zur Förderung von Projekten zur Umsetzung der Grundsätze von Rio und der Agenda 21 in erheblichem Umfang zu erhöhen.

7. Die Konzepte zum Beitrag der Chemie zu einer nachhaltigen Entwicklung sind auch in die Lehre an Schulen und Hochschulen einzubringen.

Nachwort und Ausblick

„DDT soll doch wieder die Malaria bekämpfen – Ein geächtetes Gift wird rehabilitiert“[1]. Schlagzeilen wie diese lassen aufhorchen. „Natürlich gefährdet DDT die Umwelt – na und?“, so ein kanadischer Malariaexperte, „die Risiken sind winzig im Vergleich zur Bedrohung durch die Krankheit selbst“[2]. Ironie der Geschichte: ausgerechnet DDT, der Stoff, dessen Auswirkungen auf Mensch und Umwelt gleichsam den Urknall der „Chemiediskussion“ zündeten (Rachel Carson, Der stumme Frühling, 1962), steht jetzt erneut für einen Paradigmenwechsel in der Umweltpolitik. Nachdem die „klassischen“ Umweltprobleme unserer Industriegesellschaft bis in die neunziger Jahre des letzten Jahrhunderts weitgehend gelöst wurden, weitet sich jetzt – insbesondere im Zeichen der Globalisierung – der Blick auf andere Themen und neue Prioritäten. Rio und Johannesburg haben isolierte, eindimensional auf ökologische Faktoren ausgerichtete Politiken aufgesprengt und durch eine integrierte Perspektive der Nachhaltigkeit ersetzt, die gleichermaßen auf wirtschaftliche, ökologische und soziale Ziele wie auch auf intergenerative Gerechtigkeit setzt. Das heißt natürlich nicht, die erreichten ökologischen Fortschritte, Kenntnisse und Technologien der entwickelten Staaten aufzugeben. Gerade Unternehmen sind gefordert, ihre hohen Standards bei Umwelt- und Gesundheitsschutz, Arbeits- und Anlagensicherheit, Produktentwicklung und -verantwortung auch in ihrer globalen Expansion sicherzustellen. Gleiches gilt auch für die Ziele im sozialen Bereich, beispielsweise bei der Umsetzung der international anerkannten Kernarbeitsnormen oder bei der Zusammenarbeit in den globalen Zulieferketten. Neu entstandene Lernplattformen wie der Global Compact der Vereinten Nationen oder die CSR Alliance der EU helfen den Unternehmen dabei, ihrer „Corporate Social Responsibility“ besser gerecht zu werden.

[1] Frankfurter Rundschau, 29.07.2006.

[2] „Der Seuchen-Rambo“, in DER SPIEGEL Nr. 31, 31.07.2006.

Aber gerade unter einer globalen Entwicklungsperspektive gewinnt auch die ökonomische Dimension neues Gewicht. Ausländische Direktinvestitionen in Entwicklungs- und Schwellenländern und ihr nachhaltiger Beitrag zur lokalen und regionalen wirtschaftlichen Entwicklung sind hier ebenso von Bedeutung wie die Erfüllung der „Millenium Development Goals" der internationalen Staatengemeinschaft. Diese Ziele sind aber nur erreichbar, wenn wir durch die Entwicklung neuer, intelligenter Produkte und Geschäftsmodelle auch jene Menschen am wirtschaftlichen Leben teilhaben lassen, die zwar die globale Bevölkerungsmehrheit darstellen, aber von der Wirtschaft bis heute nicht als relevanter Markt wahrgenommen werden.

Eine Rückbesinnung auf die ökonomischen Fundamente der Umweltpolitik und der Nachhaltigen Chemie ist aber auch vor dem Hintergrund eines zunehmenden Wettbewerbsdrucks in einer globalisierten Welt mehr denn je erforderlich. Konnte man sich angesichts eines scheinbar unbegrenzten Wirtschafts- und Wohlstandswachstums in den Industriegesellschaften noch eine ständige Aufwärtsspirale umweltpolitischer Regulierungen „leisten", so rückt heute die Frage nach ökonomisch effizienten Instrumenten der Umweltvorsorge im Staat wie auch in Unternehmen in den Blickpunkt. Immer häufiger ist es daher der Rat von Umweltökonomen, der gefragt ist: Wie können wir Umweltprobleme mit optimaler Wirkung bei geringsten Kosten lösen? Auch die immer wichtiger werdenden Fragestellungen im Zusammenhang mit Ressourcenknappheit und -allokation sind primär ökonomische und können auch im Kontext des Umweltschutzes nur mit marktwirtschaftlich effizienten Instrumenten gelöst werden. Unternehmen wie die BASF verfügen heute über die entsprechenden Instrumente, wie etwa die Ökoeffizienz-Analyse, die eine ganzheitliche Kosten-Nutzen-Untersuchung unter Betrachtung des gesamten Lebenswegs ermöglicht. Insbesondere durch den Vergleich mehrerer Produkt- oder Verfahrensalternativen, die das gleiche Ziel mit unterschiedlichen Ansätzen erreichen können (also z.B.: Getränkeverpackungen wie Glas, PET-Kunststoff oder Karton, jeweils als Einweg- oder Mehrwegverpackung), kann die ökoeffizienteste Variante identifiziert werden. Solche Entscheidungshilfen werden auch für eine rationale und vorurteilsfreie Chancen-Risiko-Abwägung immer wichtiger, sei es bei der Bewertung von Mitteln zur Malariabekämpfung oder etwa im Bereich der Nanotechnologie.

Standen zu Beginn der „Chemiediskussion“ noch produktions- und prozessbezogene Themen und damit „lokale“ Umweltprobleme sowie Auseinandersetzungen über die Umwelt- und Gesundheitsverträglichkeit von Produkten im Vordergrund, so sind die neuen Herausforderungen globaler Natur und stellen sich allen gesellschaftlichen Akteuren gleichermaßen. Zu diesen Herausforderungen gehört die Frage einer langfristig gesicherten Energieversorgung ebenso wie die eines nachhaltigen Klimaschutzes oder der erneuerbaren Ressourcen. Die Chemie wird dabei erneut – aber diesmal im positiven Sinne – im Fokus stehen, nämlich als Schlüsselwissenschaft und -industrie für die notwendigen Lösungen. Ohne Innovationen wie die Entwicklung neuer Systeme der Energieumwandlung und -speicherung, neuer Produkte zur Steigerung der Energieeffizienz, ohne neuartige fermentative Prozesse zum Aufschluss ganzer Pflanzen oder Pflanzenabfälle, ohne den systematischen Einsatz von Pflanzen als „grüne Fabriken“ auf Basis der grünen Gentechnik und vieles andere mehr wird es nicht gelingen, die globalen Herausforderungen zu meistern. Den dabei notwendigen gesellschaftlichen Dialogprozess im nationalen und internationalen Kontext proaktiv zu gestalten – das ist zentrale Herausforderung und die große Chance für die Nachhaltige Chemie.

Lothar Meinzer, Leiter Sustainability Center, BASF AG

Die Autorinnen, Autoren und Herausgeber

Angrick, Michael

Geboren 1952 in Berlin-Charlottenburg, Dr. rer. nat., Dipl.-Chemiker, nach einer Beschäftigung in der Chemischen Industrie und in einem Universitätsklinikum seit 1986 im Umweltbundesamt tätig. Seit 1994 Abteilungsleiter in verschiedenen Bereichen des Amtes, verantwortlich für die Aspekte der Nachhaltigen Produktion und für das Thema „Ressourcenschutz".

E-Mail: michael.angrick@uba.de

Antranikian, Garabed

Studierte Biologie an der American University in Beirut (1976). Anschließend promovierte und habilitierte er in Göttingen. Im Jahr 1989 wurde er als Professor für Mikrobiologie an die TU Hamburg-Harburg berufen, leitet dort seit 1990 die Arbeitsgruppe „Technische Mikrobiologie" und ist seit 2003 Direktor des Instituts für Technische Mikrobiologie. Von 1993-1999 koordinierte er die EU-Netzwerkprojekte „Extremophiles as Cell Factories" (58 Partner, davon 13 Industriepartner) sowie „Biotechnology of Extremophiles" mit 39 Partnern. Von 2000-2003 übernahm Prof. Antranikian die Koordination des DBU-Projektes „Verbund Biokatalyse" (11 Projekte, 60 Partner) und seit 2002 das „InnovationsCentrum Biokatalyse" (ICBio). Er ist Präsident der „International Society for Extremophiles" und Mitherausgeber zahlreicher Fachzeitschriften. 2004 wurde ihm der Umweltpreis der Deutschen Bundesstiftung Umwelt verliehen und seit März 2006 ist er Mitglied der Union der deutschen Akademien der technischen Wissenschaften (acatech).

E-Mail: antranikian@tu-harburg.de

Beyer, Walter

Geboren 1956 in Wien, technische Ausbildung und betriebswirtschaftliches Studium an der Wirtschaftsuniversität Wien; nach der Tätigkeit in der Bankabteilung eines Industriebetriebs, Mitarbeit im Umweltministe-

rium in Wien; nach der Tätigkeit im Bereich Marketing und PR bei einem Umwelttechnik-Anlagenbauers seit 1990 als Unternehmensberater selbstständig. Arbeitsschwerpunkte: Abfallwirtschaft, Managementsysteme, Strategieentwicklung und Entwicklung neuer Geschäftsmodelle und -ideen, Finanzierung und Förderung; Ausbildner für Gefahrgutlenker, Abfallbeauftragte und interne Auditoren; Leitender Umweltgutachter zur Zertifizierung von Umweltmanagementsystemen nach ISO 14001 und EMAS;
E-Mail: office@beyer.at

Fehr, Erich

Geboren 1944 in Minden, Studium der Chemie in Braunschweig zum Dipl. Chemiker und Promotion zum Dr. rer. nat.. Seit 1973 bei der BASF und Wintershall in verschiedenen Bereichen der Mineralölindustrie tätig, derzeit Teamleiter Alternative Kraftstoffe bei der BASF in Ludwigshafen.
E-Mail: erich.fehr@basf.com

Gnass, Katarina

Geboren 1967 in Hamburg, Diplomingenieurin (FH) für Umwelttechnik, Studium an der Fachhhochschule Hamburg Bergedorf, seit 2004 bei LimnoMar tätig in den Arbeitsabereichen Antifouling-Systeme, Schadstoffeffekte auf aquatische Organismen und Inhaltsstoffe von Beschichtungssystemen, insbesondere Lösungsmittel in Schiffsfarben.

Grote, Ralf

Jahrgang 1969, Studium der Biologie in Marburg/Lahn. Im Jahr 2000 Promotion zum Dr. rer. nat. am Institut für Technische Mikrobiologie der Technischen Universität Hamburg-Harburg. Seit 2000 Wissenschaftlicher Mitarbeiter und Oberingenieur am Institut für Technische Mikrobiologie. Leiter des Koordinationsbüros der DBU-geförderten Programme Verbund Biokatalyse und InnovationsCentrum Biokatalyse und seit 2005 stellvertretender wissenschaftlicher Direktor der International Collection of Biocatalysts (BiocatCollection).
E-Mail: grote@tuhh.de

Hardy, Jeff

Manager, Environment, Sustainability and Energy at the Royal Society of Chemistry. Responsible for science policy relating to sustainable

water, sustainable energy, green chemical technology and chemistry of the natural environment. The RSC is the largest organisation in Europe for advancing the chemical sciences. Supported by a worldwide network of members and an international publishing business, our activities span education, conferences, science policy and the promotion of chemistry to the public.
E-Mail: hardyj@rsc.org

Held, Martin
Geboren 1950 in Nördlingen, Dr. rer. pol., Diplom-Ökonom. Er studierte Ökonomie und Sozialwissenschaften an der Universität Augsburg. Nach Beschäftigung bei der Stadt Augsburg und an der Universität Essen im Projekt „Sozialverträglichkeit von Energiesystemen" ist er seit 1984 Studienleiter an der Evangelischen Akademie Tutzing, zunächst für Wirtschaft und seit 1997 für Wirtschaft und nachhaltige Entwicklung. 1992-1994 war er Mitglied der Enquete-Kommission „Schutz des Menschen und der Umwelt" zu Stoffstrommanagement des Deutschen Bundestags.
E-Mail: held@ev-akademie-tutzing.de

Henseling, Karl Otto
Geboren 1945 in Berlin, Dr.-Ing., Dipl.-Chemiker, Studienrat für die Fächer Chemie und Biologie. Von 1975 bis 1991 in der Curriculumentwicklung und Lehrerfortbildung tätig. Publikation zahlreicher wissenschafts- und technikhistorischer sowie umweltpolitischer Arbeiten. Von 1992 bis 1994 wissenschaftlicher Mitarbeiter bei der Enquete-Kommission „Schutz des Menschen und der Umwelt" des Deutschen Bundestages. Seit 1994 im Umweltbundesamt, Wissenschaftlicher Oberrat.
E-Mail: karl-otto.henseling@t-online.de

Hoppenheidt, Klaus
Geboren 1961 in Helmstedt, Dr. rer. nat., Mikrobiologe. Studium der Biologie und Promotion am Institut für Mikrobiologie der TU Braunschweig; Schwerpunkt: Biologische Dekontamination von chlororganisch verunreinigten Grundwässern. Seit 1992 zunächst wissenschaftlicher Mitarbeiter und seit 1997 Stellvertretender Leiter der Abteilung Umwelttoxikologie, -hygiene und -biotechnologie des Bayerischen Instituts für Angewandte Umweltforschung und -technik – BIfA GmbH in Augsburg. Schwerpunkte der Arbeiten sind die Nutzung von biologi-

schen Verfahren im Dienste des vor- und nachsorgenden Umweltschutzes sowie die Erfassung der damit verbundenen Risiken für Mensch und Umwelt. Dr. Hoppenheidt war von 1998-2001 Lehrbeauftragter für Umweltbiotechnologie an der FH Weihenstephan und ist seit 2001 Lehrbeauftragter für Biologische Verfahrenstechnik im Studiengang Umwelttechnik der FH Augsburg.
E-Mail: khoppenheidt@bifa.de

Kümmerer, Klaus

Jahrgang 1959, Studium der Chemie in Würzburg und Tübingen, Fernstudium Ökologie und ihre biologischen Grundlagen am Deutschen Institut für Fernstudien. Nach der Promotion zum Dr. rer. nat. in Tübingen Wechsel an das Ökoinstitut in Freiburg als Leiter des Bereichs Chemie. Im Herbst 1992 Wechsel an das Institut für Umweltmedizin und Krankenhaushygiene der Universität Freiburg. 1999 Habilitation in den Fächern Umweltchemie und Umwelthygiene. 2001 Ernennung zum Leiter der neu eingerichteten Sektion für Angewandte Umweltforschung an der Universitätsklinik Freiburg. 2005 Ernennung zum Professor
E-Mail: Klaus.Kuemmerer@uniklinik-freiburg.de

Meinzer, Lothar

Geboren 1953 in Karlsruhe. Nach dem Abitur studierte er von 1972 bis 1978 in Mannheim und legte dort sein Examen in Englisch und Geschichte ab. Von 1978 bis 1985 arbeitete er als wissenschaftlicher Assistent am Europa-Institut der Universität Mannheim. Dort wurde er 1983 zum Dr. phil. in Neuerer Geschichte promoviert. 1985 trat Lothar Meinzer als Leiter des Unternehmensarchivs in die BASF ein. Er publizierte verschiedene Aufsätze und Bücher über Industrie-, Regional- und BASF-Geschichte.1995 übernahm Dr. Meinzer die Leitung der Einheit Umfeldkommunikation in der Unternehmenskommunikation der BASF. Im Mai 2001 wurde er zum Leiter der neu gegründeten Einheit Sustainability Center ernannt. Die Aufgaben des Sustainability Centers liegen in der Koordination der SD-Strategien und der jeweiligen Projektteams, des Corporate Issue Management und der Kommunikation im Bereich Sustainability.r. Meinzer ist verheiratet und hat zwei Kinder.
E-Mail: lothar.meinzer@basf.com

Menthe, Jürgen,
Geb. 03.05.1971, Studium der Fächer Chemie und Politik für das Lehramt, Promotion am Institut für die Didaktik der Naturwissenschaften in Kiel zum Thema „Urteilen im Chemieunterricht“, derzeit wissenschaftlicher Mitarbeiter in der Didaktik der Chemie an der Universität Oldenburg. Forschungsschwerpunkte: Chemie im Kontext, Entwicklung von Urteils- und Bewertungskompetenz.
E-Mail: juergen@menthe.de

Parchmann, Ilka
Geboren am 11.06.69 in Wilhelmshaven, Studium der Fächer Chemie und Biologie für das Lehramt an Gymnasien, Promotion in der Didaktik der Chemie zu Schülervorstellungen, Mediendarstellungen und experimentellen Unterrichtskonzeptionen zu Themengebieten der Umweltchemie, fünf Jahre wissenschaftliche Mitarbeiterin und stellvertretende Abteilungsleiterin der Didaktik der Chemie am IPN in Kiel, seit 2004 Professorin für Chemiedidaktik an der Carl von Ossietzky Universität Oldenburg. Forschungsschwerpunkte: Kontextbasiertes Lernen, Curriculumentwicklung und Implementation und Lehrerbildung.
E-Mail: ilka.parchmann@uni-oldenburg.de

Richter, Steffi
Geboren 01.10.1964 in Woltersdorf, verheiratet, 2 Kinder, 1994 Promotion zum Dr. rer. nat. im Bereich Physikalische Chemie; „Anodische Oxidation von CdHgTe in sulfidischen Elektrolytlösungen zur Herstellung dünner Schichten“; 1988 – 1992 Angewandte Forschungstätigkeit in der Humboldt-Universität Berlin mit dem Werk für Fernsehelektronik (Berlin) mit: „Untersuchung elektrochemischer Verfahren zur Abscheidung von Schwermetallen im Abwasser” und; „Herstellung von passiven dünnen Schichten durch anodische Oxidation auf Halbleitermaterialien“;1983 – 1988 Studium der Chemie an der Humboldt-Universität in Berlin Seit 2003 Fachgebietsleitung IV 1.1 des Umweltbundesamtes; „Nationale und Internationale Chemikalienpolitik“; 1992-2003 Wissenschaftliche Mitarbeiterin im Fachgebiet III 2.3 des Umweltbundesamtes „Umweltfreundliche Verfahren und Produkte der chemischen und Mineralölverarbeitenden Industrie“
E-Mail: steffi.richter@uba.de

Schröder, Frank Roland
Geboren in 1956 in Detmold/Lippe. Nach dem Studium der Diplomchemie an der Universität Göttingen und der Promotion am Max-Planck-Institut für Experimentelle Medizin in Göttingen zum Dr. rer. nat. erfolgte im Jahre 1985 der Eintritt in die Henkel KGaA. Von 1985-1990 Projektarbeit biotechnologische Forschung in der Henkel KGaA sowie der Lion KK, Odawara, Japan. Danach unterschiedliche Positionen in der Qualitätssicherung, Ökologie und Produktsicherheit. Seit 2005 Leiter Nachhaltigkeit sowie Umwelt- und Verbraucherschutz im Unternehmensbereich Wasch- und Reinigungsmittel der Henkel Gruppe.
E-Mail: Roland.Schroeder@henkel.com

Schwanhold, Ernst
Geboren 1948 in Osnabrück. Nach einer Ausbildung als Laborant studierte er in Paderborn Verfahrenstechnik Chemie mit Abschluss Diplomingenieur. Bis 1990 Prokurist und Betriebsleiter in einer mittelständigen Lackfabrik, Schwerpunkte: Investitionsplanung, Verkauf, Betriebsleitung; 1990-2000 Mitglied des Bundestages;1992-1995 Vorsitzender der Enquete-Kommission „Schutz des Menschen und der Umwelt"; 1995-2000 wirtschaftpolitischer Sprecher der SPD-Fraktion und Mitglied des Fraktionsvorstandes sowie stellvertretender Vorsitzender der SPD-Fraktion im Bundestag; 2000-2002 Minister für Wirtschaft und Mittelstand, Energie und Verkehr des Landes Nordrhein-Westfalen; 2003 selbstständiger Unternehmensberater unter anderem für die BASF Aktiengesellschaft in energie- und umweltpolitischen Fragen; Jan. 2004 Eintritt in die BASF Aktiengesellschaft; Mrz. 2004 Leiter des Kompetenzzentrums Umwelt, Sicherheit und Energie

Steger, Ulrich
holds the Alcan Chair of Environmental Management at IMD and is Director of IMD's research project on Corporate Sustainability Management, CSM. He is Director of Building High Performance Boards. and other major partnership programs. E.g. DaimlerChrysler& Allianz Excellence Program. He is also a member of the supervisory and advisory boards of several major companies and organizations. He was a member of the Managing Board of Volkswagen, in charge of environment and traffic matters and, in particular, the implementation of an environmental strategy within the VW group worldwide. Before becoming involved in

management education, he was active in German politics. He was Minister of Economics and Technology in the State of Hesse with particular responsibility for transport, traffic and energy. Before that, he was a member of the German Bundestag, specializing in energy, technology, industry, and foreign trade issues. Previously, Professor Steger was a full professor at the European Business School, a Guest Professor at St. Gallen University and a Fellow at Harvard University. He holds a Ph.D. from Ruhr University, Bochum.
E-Mail: steger@imd.ch

Steinhäuser, Klaus Günter
Geb. 1950; Dipl. Chem., Fachbereichsleiter Chemikalien- und Biologische Sicherheit im Umweltbundesamt Dessau, Studium der Chemie in Erlangen und Hamburg, nach 3 Jahren als Postdoc am Max Planck-Institut für molekulare Genetik in Berlin Wechsel zum Bayer. Landesamt für Wasserwirtschaft , dort verantwortlich für die Bewertung wassergefährdender Stoffe und für die Bewertung von Grundwasserschäden. 1990 Wechsel zum Institut für Wasser-, Boden- und Lufthygiene des Bundesgesundheitsamtes als Leiter eines Fachgebietes für ökotoxikologische Prüfung und Bewertung von Stoffen, im Umweltbundesamt seit 1995 zunächst als Abteilungsleiter, danach als Fachbereichsleiter verantwortlich für Stoffbewertung und Chemikaliensicherheit.
E-Mail: klaus-g.steinhaeuser@uba.de

von Gleich, Arnim
Geb. 1949, Studium der Biologie u. Sozialwissenschaften an der Universität Tübingen, Promotion am FB Sozial- und Geisteswissenschaften der Universität Hannover. Mitarbeiter und danach viele Jahre Mitglied des Vorstandes des Instituts für ökologische Wirtschaftsforschung Berlin (IÖW) gGmbH. Forschungsprojekte zu Umweltwirkungen Neuer Werkstoffe, Nachhaltige Metallwirtschaft, Gefahrstoffsubstitution, Bionik u. Nanotechnologie. Von 1994 bis Ende 2002 Professor für Technikbewertung am FB Maschinenbau u. Chemieingenieurwesen der Fachhochschule Hamburg. Seit 2003 Professor für Technikgestaltung und Technologieentwicklung am FB Produktionstechnik der Universität Bremen. Prof. von Gleich war Mitglied der Enquete-Kommission „Schutz des Menschen u. der Umwelt“ des 13. Deutschen Bundestages und der Risikokommission der Bundesministerien für Umwelt und Gesundheit. Er ist

Mitglied des wissenschaftlichen Beirates der Zeitschrift GAIA und des Ausschusses für Gefahrstoffe beim Bundesministerium für Arbeit und Soziales.
E-Mail: gleich@uni-bremen.de

Watermann, Burkard Theodor

Geboren 1951 in Minden/Westfalen, Dr. rer. nat. Dipl. Biologe, 1979 – 1983 wissenschaftlicher Angestellter der Bundesforschungsanstalt für Fischerei Hamburg zur Untersuchung von Fischkrankheiten. 1983 – 1991 wissenschaftlicher Angestellter des Zoologisches Instituts und Zoologischen Museums, Universität Hamburg, Durchführung von Forschungsprojekten zur Untersuchung von Fischkrankheiten und der Einsetzbarkeit von umweltfreundlichen Unterwasseranstrichen für Schiffe (Antifouling-Systeme). 1991 Gründung des Labors für limnische/marine Forschung und vergleichende Pathologie aquatischer Organismen (LimnoMar) in Hamburg, 2002 Eröffnung der marinen Versuchsstation LimnoMar auf Norderney. Durchführung von zahlreichen Forschungsprojekten zum Einsatz von umweltfreundlichen und biozidfreien Antifouling-Systemen sowie zur histopathologischen Untersuchung von Schadstoffeffekten auf aquatische Organismen
E-Mail: watermann@limnomar.de